电力系统源-荷智能预测技术

黄南天　著

U0220651

科学出版社

北京

内 容 简 介

电力系统源-荷智能预测技术一直是电气领域的研究热点，是多学科交叉渗透的综合性研究课题。以多元源-荷特性分析为基础，对风、光等清洁能源进行预测是实现智能电网可持续发展的重要保证之一。本书首先介绍源-荷的背景意义（负荷预测相关理论）及国内外研究现状，然后介绍源-荷智能预测的主要关键问题，如能源特性分析、用户需求响应等，基于随机森林、面积灰关联决策、循环神经网络等多种智能方法进行源-荷预测，最后针对几个实例介绍电力系统源-荷智能预测技术的应用。

本书可供从事电力系统源-荷预测工作的科研人员和相关专业高校教师使用和参考，也可供电气、自动化相关专业研究生和高年级本科生研究和参考使用。

图书在版编目（CIP）数据

电力系统源-荷智能预测技术 / 黄南天著. — 北京：科学出版社，2024.2

ISBN 978-7-03-077993-9

Ⅰ.①电… Ⅱ.①黄… Ⅲ.①电力系统－智能控制－预测控制－研究 Ⅳ.①TM76

中国版本图书馆 CIP 数据核字（2024）第 020066 号

责任编辑：范运年 / 责任校对：王萌萌
责任印制：赵 博 / 封面设计：蓝正设计

科学出版社 出版
北京东黄城根北街 16 号
邮政编码：100717
http://www.sciencep.com
北京厚诚则铭印刷科技有限公司印刷
科学出版社发行 各地新华书店经销

*

2024 年 2 月第 一 版 开本：720×1 000 B5
2025 年 2 月第二次印刷 印张：16 1/4
字数：320 000

定价：138.00 元

（如有印装质量问题，我社负责调换）

前　言

在全球化碳达峰碳中和背景下，继续大力推进可再生能源高比例并网发电与高效利用是实现我国"双碳"目标的重要途径与国家明确的政策导向，但电源侧大体量、强波动的规模化风、光可再生能源并网，负荷侧以温控负荷、充电负荷为代表的随机性、冲击性新兴用电负荷大规模接入，给电力系统调度运行带来新的挑战。"源随荷动"的传统电力调度方式已难以应对电力系统电量总量充盈但电力时-空不平衡的新矛盾。迫切需要针对现有多源-荷预测方法开展深入的研究，以应对"双碳"目标下电力系统源-荷双侧的波动性冲击。

由于电能是一种无法进行大规模经济存储的能源，即电能的生产、输送、分配和使用需要实时平衡，因此各个发电厂在当前时刻的发电总和必须与该时刻所有用户的负荷需求和电网输送损耗之和持平。如果供给远大于需求，则会造成发电资源的浪费，影响电力行业的经济性；若供给小于需求，则会造成用户的用电需求得不到满足，从而引发社会问题。因此，对于负荷的变化趋势及特点，必须进行提前分析和评估，以便提前合理安排发电计划，保证正常有序供电。负荷预测是传统电网规划、运行、调度等的基础，可令智能电网系统更具效率，减小系统峰-谷负荷差，最小化生产和运营成本，是合理消纳可再生能源的前提与基础。

大规模、强波动性的风、光并网给电力系统运行稳定性带来挑战。当风、光波动性超过电力系统所能承受的极限时，会引起电网的电能质量大幅降低；而且风、光发电机组受极端气候等影响退出运行更会对电网造成强烈冲击。因此准确的风、光功率预测能够辅助电网调度部门制定调度计划，提高电网风光消纳水平，降低系统平衡风、光功率波动所需的备用容量，降低火电机组投入成本从而提高电力系统运行的经济性，对风电与光伏产业的健康发展具有重要的战略意义。

本书对电力系统负荷与风、光出力预测方法开展研究。研究目标是在安全、可靠、低碳、优质供电的前提下，尽量降低电力系统的运行成本。

本书是在借鉴诸多学者辛勤劳动成果的基础上撰写而成的，这些成果已列于参考文献中，在此表示深深的感谢。感谢为本书提供参考资料的同学、朋友。

作　者

2023 年 5 月

目　　录

第一篇　电力系统负荷预测研究

第 1 章　电力系统负荷预测概述

电力系统负荷预测作为电力系统正常运行的重要环节，在电网实时安全分析、经济调度、发电检修计划和规划中起着重要作用。电能无法大量存储的特点要求电网中电能的供需必须平衡。若电能供大于求，将造成本就缺乏的煤炭等资源的浪费；若供小于求，那么在用电高峰时，势必要拉闸限电，造成部分用户的用电需求得不到满足，更严重时将导致经济损失。而随着社会的发展和科技的进步，影响电力负荷的因素以及其内在特点也在不断地发生着变化，进一步增加了电力系统负荷的波动性。因此，在如今的复杂环境下准确预测电力系统负荷变得尤为重要。

1.1　研究背景及意义

随着中国各行各业的不断发展，电力显得尤为重要，各行业的稳定发展均离不开电力，因此电网的安全稳定运行也就直接影响着全国各行业的稳定发展。社会的逐渐进步、经济的不断发展、人类对生活质量要求的不断提高都与电力的持续、稳定、安全运行有着密不可分的联系。负荷预测是根据历史负荷数据及其他外界因素对未来的负荷需求进行预测的过程，在电力系统规划、调度过程中有着重要作用。由于电力系统具有同时性这一特有属性，即发电、变电、输电、配电同时发生，且电能不能大量储存，这也就要求电力系统要尽量做到供需平衡才能保证市场利益最大化。若某一时刻电网发电量远大于用户端用电量，则会导致大量电能滞销造成化石能源或新能源的浪费；反之，若该时刻电网发电量远小于用户端用电量，则供不应求，用户的用电需求无法得到可靠的保障，将对人类的生产生活造成严重的负面影响。因此准确的负荷预测结果能够保障电力系统的可靠、经济运行，同时也是使智能电网系统更具效率、减小系统峰谷负荷差、最小化生产和运营成本以及合理消纳可再生能源的前提与基础[1]。

负荷预测的结果影响电力供需平衡。按照常规预测周期划分原则，可以将负荷预测划分为以下类别。

（1）长期负荷预测。以预测未来几年的电力负荷需求为目标，主要用于电网远景规划和改造。此外，新能源接入电网以及新建电网网架电压等级的确定等，都需要以长期负荷预测结果作为依据。

（2）中期负荷预测。以月为预测时段，以月度用电需求作为预测目标，用于合理安排电力系统中期运行检修计划，是电力计划部门的重要工作。中期负荷预测结

果受大型电力用户生产计划、产业结构调整情况等因素的影响较大。

（3）短期负荷预测。短期负荷预测结果作为电网未来几日的负荷需求依据，多用于日/周调度计划安排、次日发电计划安排、机组启停计划安排、火电和水电机组输出功率配合以及负荷需求响应等。短期负荷预测的精度受日类型、气象因素以及电价影响较为明显。

（4）超短期负荷预测。超短期负荷预测又可称为时分负荷预测，即以分钟或小时为单位进行预测，预测当前时刻后的若干时段的负荷。可用于电网的实时安全分析和经济调度。

负荷预测的分类如图 1-1 所示。

图 1-1　负荷预测的分类

负荷预测的误差不可避免，引起负荷预测结果误差的因素主要有如下几方面。

（1）负荷不确定性。电力系统负荷预测是对未来某个时刻或者某个时段的负荷进行预测，而负荷是具有不确定性的，存在多种可能。如果未来的负荷是确定的、不变的、唯一的，那么负荷预测就失去了其实际意义。

（2）历史负荷数据缺失。造成历史负荷数据缺失的原因包括历史负荷数据的采集、传输、存储过程中部分数据的丢失，以及数据在读写过程中产生的错误。当使用这些历史负荷数据进行预测时，会造成预测结果的不准确。

（3）影响负荷的因素多。温度、降水、气候、季节、国民经济发展情况等都在一定程度上影响电力的负荷。进行负荷预测时，如果需要考虑这些因素，其本身就存在一定的误差，会进一步影响到负荷预测的结果，造成进一步的误差。

（4）预测模型本身的缺陷。现有的负荷预测模型大都存在一定的局限性，即使某个模型能够完美地解析历史负荷数据，也未必能够完全准确地预测未来负荷的大小。此外，选取训练模型的历史数据时，无法将所有对负荷产生影响的因素都包含进去，必定忽略一部分特征，这些也会对负荷预测结果产生一定的影响。

（5）负荷预测人员的知识储备差异。负荷预测人员使用何种模型进行预测、考虑哪些影响因素、是否对预测结果进行检查修正都取决于个人的经验、专业素质、理论知识以及分析判断能力，存在很大的主观性，负荷预测人员的每一步选择都会对最终的负荷预测结果造成影响。

1.2 负荷预测相关理论

负荷预测的理论基础对负荷预测具有指导意义，主要包括以下几方面[2-4]。

（1）可能性原理：事物的发展是由内因和外因共同作用而推动的，事物发展过程中会产生很多种可能性的变化。对负荷的预测，就是对负荷未来的发展趋势及具体数值的可能性预测。

（2）可知性原理：所有事物都是可以被人们所认知的，通过分析事物的发展规律，获得经验与知识，由此推断事物未来的发展趋势及变化。在负荷预测中，可以通过对历史数据的分析与总结，预估未来负荷的发展趋势。

（3）反馈性原理：预测模型不可能完美，预测值与真实值之间必定存在误差，可以利用误差来修正预测模型，使其获得更高的预测精度，即通过误差分析反馈，对模型的输入和结构参数做出调整，从而改善预测效果。

（4）相似性原理：在通常情况下，事物当前的发展状况与该事物过去的发展状况有一定的相似性。那么，事物的未来发展状况与现在和过去的发展状况也必定存在联系，因此可以依据历史数据来推测事物的未来发展情况。相似性原理同样适用于负荷预测，在传统预测技术中，类推法或历史类比法就是以相似性原理为指导的预测方法。

1.3 研 究 现 状

国内外学者在短期负荷预测领域进行了较全面的研究，提出了各种预测方法[5-9]。随着人工智能技术的不断发展，将电力系统负荷预测与人工智能相结合的方法也不断涌现，与传统的预测方法相比，表现出了一定的优势。

1.3.1 城市及配电网的负荷预测

1）城市负荷预测

现今，主要的城市负荷预测（主要为短期负荷预测）方法逐渐由传统方法过渡到人工智能方法。传统预测方法主要包括指数平滑法[10]、回归分析法、时间序列法[11]和自回归滑动平均法[12,13]等。文献[14]采用马哈拉诺比斯距离提取数据，提出一种模糊多项式回归负荷预测方法，并在预测过程中考虑了天气因素的影响，提升了负荷预测的精度。但是，气象预测中存在的误差将会影响预测模型结果的精度。文献[15]将季节性自回归算法和滑动平均算法相结合构成预测模型，同时采用另外一种神经网络预测模型，并使用小波去噪降低噪声数据对预测结果的影响。最后综合考虑两种模型的预测结果来确定最终预测值。传统预测方法原理简单、技术成熟，但是缺乏自学习能力，很难对复杂的非线性模型进行准确的描述[16]。

人工智能预测方法主要包括模糊逻辑法[17]、人工神经网络[18,19]、支持向量回归和随机森林等。

模糊逻辑法具有较强的自适应性，但是其学习能力不强，映射输出比较粗糙。一些研究中构建了一种模糊逻辑推理模型，并使用模拟回弹算法为该模型选择输入变量，当一种新的用电模式出现或者相对误差不能满足要求的时候，可对输入变量重新进行选择。

人工神经网络具有非常优秀的自我学习能力，容错能力强，但容易陷入过拟合和局部最优，对网络结构和连接权重的选择也缺少统一规则，导致负荷预测时会存在一定的误差与不稳定性。文献[19]使用多种方法来提升传统人工神经网络模型的收敛速度，利用遗传算法（genetic algorithm，GA）的全局搜索能力来优化人工神经网络参数，避免其陷入局部最优。文献[20]提出一种三层预测结构模型，采用自组织映射（self-organizing map，SOM）对各种用电模式进行识别，使用 k 近邻算法对用电模式进行聚类分析，最后使用多层感知器模型对每一类负荷分别进行预测。

支持向量回归模型采用结构风险最小化原则，可在一定程度上克服神经网络方法的局部最优缺陷。但是，该模型也存在部分参数优选困难的问题。因此，构建预测模型时需要根据具体模型结构，优化支持向量回归模型。文献[21]提出一种支持向量回归模型和改进的萤火虫算法相结合的负荷预测方法，利用支持向量回归模型的非线性映射能力进行负荷的非线性回归分析，采用改进的萤火虫算法来优化支持向量回归模型参数。文献[22]提出一种在构建自适应模型过程中最小化操作员交互动作的一般性策略，同时，使用粒子群优化算法对支持向量回归模型进行优化。

随机森林是一种既可以用来进行分类分析，也可以用来进行回归分析的算法。随机森林是基于决策树与集成算法的智能算法，需要优化的参数少，具有良好的抗噪性，且不易陷入过拟合，因而在各领域应用广泛。文献[23]比较了模糊逻辑推理、随机森林、神经网络以及自回归积分滑动平均模型在建筑负荷预测上的精度，并分析了各模型在不同的电力消费模式下的可延展性，分别总结了优缺点。文献[24]在使用随机森林进行负荷预测前，加入了特征选择环节，根据随机森林训练过程得到的各属性重要度值的大小，将冗余特征删除，缩减了特征子集的规模，降低了随机森林模型的复杂度，降低了计算的时间成本和空间成本，提升了预测的精度。

此外，对于以上方法，预测使用的特征集合直接影响到负荷预测的精度与预测模型的效率[25]。因此，通过特征选择方法，获得有效的预测模型最优特征子集，提高预测精度与效率是研究热点之一。多数人工智能方法本身并不能够进行特征选择，往往需要结合其他算法，增加了算法的时间开支。文献[26]将支持向量回归模型与一种近似凸面最优化框架相结合，以最优特征子集维度 m 的三个不同初始值收敛到同一个值为停止条件，得到最优特征子集，将最优特征子集作为支持向量回归模型的输入向量，得到了较为满意的预测结果。文献[27]结合人工智能的前沿理论，提出一种基于多模型融合 Stacking 集成学习方式的负荷预测方法，考虑不同算法的数据观测与训练原理差异，充分发挥各模型优势，构建多个机器学习算法嵌入的 Stacking 集成学习的负荷预测模型，模型的基学习器包含 XGBoost（极度梯度提升）树集成算法和长短期记忆网络算法。文献[28]将小波变换、两步特征选择算法和级联式人工神经网络组合构建负荷预测模型，该级联式的人工神经网络相比传统人工神经网络能更有效地提取输入向量和输出之间的非线性映射关系，并采用交叉验证来获取特征选择算法和人工神经网络的各参数。在特征选择的过程中，特征子集维度的改变使得预测模型的参数也需要进行调整、优化。由于最优特征子集的预测效果需要以模型的预测误差进行评估，因此，基于支持向量回归、神经网络等建立的预测模型难以确定不同子集下的最小预测误差，难以体现特征选择的效果。

2）配电网负荷预测

配电网负荷类型众多，不同类型的负荷对天气、经济、日期等因素的响应机制不同，因此预测的复杂程度远超过传统负荷预测。空间电力负荷预测（spatial load forecasting，SLF）方法[29]是现在主流的配电网负荷预测方法，其原理为根据国标规定的不同电压水平，将整个供电区域按照一定准则分割为若干小区，对每个小区的历史负荷数据进行分析，并对小区内所有的土地利用形式以及其未来的发展变化规律进行相应的分析，最终预测小区中所有电力用户的用电行为。文献[30]通过前向时间序列分析方法，根据邻域配电网负荷水平，实现了部分负荷预测区域通信失败前提下的准确负荷预测。

除采用空间电力负荷预测方法实现区域负荷预测外，建筑负荷预测[31]、中央空调系统负荷预测[32]、家庭负荷预测[33]等配电网内部特定典型负荷的预测也具有重要意义。相较于传统的配电区域总体预测，特定对象的负荷变化随机性更大，其负荷与天气、经济、日期等因素之间的关联性各有不同。因此，对特定负荷对象的分析需要考虑不同外在因素与负荷之间的影响权重。现有研究中采用智能分析方法，对不同影响因素的权重进行衡量，一方面选择最相关的属性开展预测；另一方面通过调节属性权重，进一步提高负荷预测模型的预测能力。文献[34]将特征选择作为分析重点，采用混沌相空间重构法，将 M 维数据向量重构为 L 维向量（$M>L$），从而实现属性约简，在降低神经网络预测模型复杂度的前提下，提高预测精度。

此外，不同居民用户的用电行为对负荷波动的影响显著，因此，居民用电行为分析也是研究的一个重点。文献[35]对安装了智能电表小区的所有居民的用电行为进行了分析，搭建了云计算平台，构建以负荷率为代表的原始特征集合，并采用一种基于熵的权重算法计算每一个特征的权重，实现了用户类型分类。在研究结果基础上，将具有良好的可扩展性的云计算平台用于用电行为分析，为大规模用电行为分析工作做出了有益的探索。文献[36]综合分析了不同住宅因素对用户用电行为的影响，分析了用电行为与气候、建筑特性、居住行为、电气设备特性等因素之间的互动关系。

随着我国城市建设与人口流动速度的加快，配电网区域对应的负荷类型与用户类型变化迅速，预先设定负荷类型的分析方法难以适应配电负荷的快速变化；更加精细的空间负荷预测需要更广泛的数据支持和更高效的分析方法。

1.3.2　基于智能电表大数据的负荷预测

随着通信网络技术和传感器技术的发展，智能电表采集了海量用户实测数据。对电网用户侧数据的采集、传输和存储，并结合累积的海量多元历史数据进行快速分析可有效改善需求侧管理，对用户侧数据进行管理与处理对智能电网安全、坚强、可靠运行具有重要意义。随着大规模智能电表的普及，我国已经开始将传统电网升级为主动配电网（active distributed net，ADN）。不同于传统电网，ADN通过安装到户的智能电表采集每一个用户的用电数据，得到更加精细且规模巨大的负荷数据。主动配电网具有灵活且便于调节的网络拓扑结构，能够对分布式能源进行接入和消纳[37]。

主动配电网的实现是以智能电表为代表的高级量测设备的广泛应用为基础的。智能电表（smart meter，SM）能够采集终端用户的用电量、有功功率、无功功率等信息，智能电表采集数据作为用户的收费依据，数据相对准确。同时，智能电表监测分析作为一种非侵入式的监测手段，更容易被用户接受，并无须付出额外的通信、设备等费用[38,39]。我国很多城市已经开始着手ADN的建设升级工作，全国已安装超过1.55亿个智能电表，实现了大规模用电用户的精细化用电数据采集。此外，电动汽车的快速发展促进了充电站和充电桩的大规模建设，因此采集到的此类用电数据将迅速增长[40]。智能电表的广泛应用为配电网负荷的精确分析提供了数据支撑。

通过智能电表数据可以对配电网用户进行更精细化的分析。文献[41]通过到户智能电表采集的用电数据，可以实现精确到户的居民用户用电行为分析，通过聚类分析获得精确的配电网用户划分，并针对智能配电区域开展负荷预测。这些都是提高负荷预测精度的有效途径，也为经济行为、用电行为、电力政策制定提供正确的决策参考。文献[42]以3941户智能电表用电数据为依据，尝试将分散数据在聚类基础上开展数据库管理，并针对聚类结果进行针对性的负荷预测，并进行了用电行为分析与用户类型分析，初步探讨了海量数据处理问题。除此之外，根据智能电表获取的数据，国外研究人员还初步实现了建筑负荷分解[43]、家庭负载建模[44]及变压器寿命预测[45]等，充分证实了智能电表数据分析的有效性与适用性。但是，现有研究一般以单一配电网研究对象或较小的分析数据集合为分析对象。文献[46]将商业应

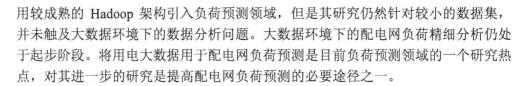

用较成熟的 Hadoop 架构引入负荷预测领域，但是其研究仍然针对较小的数据集，并未触及大数据环境下的数据分析问题。大数据环境下的配电网负荷精细分析仍处于起步阶段。将用电大数据用于配电网负荷预测是目前负荷预测领域的一个研究热点，对其进一步的研究是提高配电网负荷预测的必要途径之一。

1.3.3　概率短期负荷预测

不同于确定性短期负荷预测方法，概率预测方法，如确定性预测中的回归分析、时间序列、灰色理论等传统方法，或者机器学习与深度学习等智能方法，很难简单地划分类别。在相关研究的早期，概率预测方法研究分散，而后在康重庆、洪涛、何耀耀等学者的努力下，相关研究方法不断发展，初步形成体系。由于概率预测方法具有结合概率统计理论与负荷预测理论的特点，按照研究成果时间顺序，概率短期负荷预测方法如下。

（1）在 1993～2000 年。文献[47]通过正态拟合与统计检验，建立了负荷预测误差的概率密度模型，并成功应用于实际系统负荷预测的误差分析。该方法为后续基于预测误差统计的概率短期负荷预测方法奠定了理论基础，但仅用唯一的概率密度函数描述误差变化预测结果尚有待于进一步提升。文献[48]提出了一种获得前 24h 日峰荷均值与预测区间的方法，首先采用历史负荷训练神经网络，在不考虑输入变量不确定性的条件下进行预测；然后结合神经网络参数与输入变量的均值和方差，通过一系列公式获得预测结果的均值与方差。该文献只验证了这一方法的预测误差值，但未对概率预测结果进行评价。

（2）在 2001～2010 年。文献[49]将气象集合预报与短期负荷预测相结合，在确定性预测基础上通过卡方检验获得预测区间，但研究重点在于确定性预测准确性方面，并非概率预测结果。文献[50]提出了基于分层贝叶斯估计的高斯过程回归方法，得到确定性与概率预测结果,其确定性预测效果优于神经网络与支持向量机等方法，并通过预测值落入置信区间的百分比评估概率预测效果。文献[51]提出预测误差分布特性统计法，依照样本典型日负荷曲线的变动特性分割统计时段和需求时段，为保证每个时段内样本量的一致性，对各时段再一次进行分割或合并，分别统计所有被分割时段内的预测误差，获得预测误差的概率分布图线簇，继而依据确定性负荷预测结果落入相应统计时段的预测误差分布图线，推算出与确定性预测结果对应的概率性结论。该算法具有易操作，并可结合任意确定性预测方法实现概率预测的优势，但预测误差分区具有主观性，统计工作繁杂，且离不开大量历史负荷预测误差数据的支持。文献[52]提出了基于混沌时间序列的概率短期负荷预测方法，根据历史误差样本的分位数估计值，构建预测区间。这一方法在统计预测误差时，假设预测误差样本符合正态分布，但实际预测误差分布形式仍有待商榷。文献[53]在文献[51]所提方法框架基础上，结合径向基函数（RBF）神经网络验证了该方法的有效性。

（3）2011年至今。文献[54]提出了基于分位数回归神经网络的概率密度预测方法，将确定性预测方法与分位数回归融合，设定多个分位点，获取基于各个分位点的概率性结果，并依照这一结果构造预测区间或结合非参数估计得到待预测时刻负荷的概率密度曲线。文献[55]分析了引入温度特征对概率密度预测的影响，提出的考虑温度影响的概率密度曲线峰值更贴近真实值，预测更准确。文献[56]给出了将支持向量与分位数回归融合的概率密度预测方法，并引入电价特征，有助于预测精度的提高，但加大了区间宽度。这类方法的预测结果给出了负荷值的预测区间及其概率密度曲线，获取的信息较为丰富。但模型复杂度与需要确定的参数维度会随预测时段和样本输入维度的提高而不断增加，预测时间明显上升。文献[57]采用高斯过程回归获得短期负荷预测区间，并对确定性预测结果与概率预测结果分别开展评价。文献[58]进一步采用面积灰关联决策的高斯过程回归模型获得概率预测结果，不仅验证了协方差函数这一重要参数对概率预测结果的影响，还对预测结果开展综合评价，解决了不同评价指标间结论相互冲突的问题。

综上，现有概率短期负荷预测方法可根据预测结果形式分为区间预测法与概率密度预测法。其中，区间预测法主要包括预测误差分布特性统计法、上下限估计法、分位数回归平均法、概率式预测法等；文献[59]提出的概率密度预测法取得了良好的预测效果。上述各类方法各有优劣，仍需进一步研究，以获得更精确可靠的概率短期负荷预测结果。

第 2 章　基于用电大数据分析的配电网负荷预测

电力系统的稳定对于国家安全、人民生活安定有着重要影响。准确的负荷预测对于调度安排开停机计划、机组最优组合、经济调度和电力市场交易有着重要意义。随着智能电网的不断发展以及智能电表的不断普及，用户侧累积了海量的、种类繁多的数据。这也给负荷预测带来了新的机遇和挑战。首先，针对爱尔兰智能电表大数据在单机条件下难以处理、短时无法有效提取特征的问题，采用 MapReduce 对数据进行分块计算、并行处理。然后，针对聚类得到的各类负荷对于各特征的响应程度不同，分别对各类负荷进行特征选择，获取建模用特征子集。最后，针对不同用电用户在不同时刻的用电行为不同，采用一种分时特征选择负荷预测方法，证明了分时特征选择负荷预测在负荷预测中的适用性。

2.1　基于用电行为特征的智能电表负荷聚类分析

智能电表根据用户的分布情况安装于配电区域的不同地点。由于配电区域内的地理环境差异、居民用户个体之间经济水平生活方式的差别、商业用户之间经营模式和工作时段的不同，智能电表采集到的数据差异巨大。此外，配电网内所有智能电表采集的用户用电数据量巨大，在进行数据处理时，计算机将面临内存不足的问题而难以对数据进行处理。本章首先采用 MapReduce 为大数据算法（外存算法）提供了编程模型和分布式并行运行环境，在处理大数据时无须再满足"无限大内存"条件，可在 MapReduce 框架下实现对用电大数据中用户用电行为特征的提取；然后通过 Canopy 算法确定用户的聚类数，避免用户分类不合理对聚类结果造成影响；最后采用 K-means（K 均值）聚类算法实现对用户的聚类分析。

2.1.1　智能电表数据的获取

在智能电网概念提出之前，电网的信息化以业务为驱动，受限于数据采集和数据存储的高昂成本，一般只采集少量电力数据满足业务需求，而忽略了其他信息的潜在价值。随着智能电网的大规模建设，数据采集设备及数据存储设备的生产成本降低，海量用电数据采集与存储成为现实，使基于大数据分析的配电网负荷预测成为可能。

本章采用爱尔兰某配电区域内 5000 多个电力用户智能电表负荷数据作为实验数据，数据的采样周期为 30min。参与用户可分为普通居民用户、中小型企业用户（商业）和其他用户三类。

2.1.2 不同类型的负荷分析

1）普通居民用户负荷特性分析

随机选取 4 个普通居民用户同一天的负荷曲线，如图 2-1 所示。

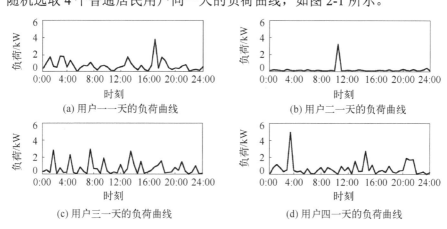

(a) 用户一一天的负荷曲线

(b) 用户二一天的负荷曲线

(c) 用户三一天的负荷曲线

(d) 用户四一天的负荷曲线

图 2-1　普通居民用户同日的负荷曲线

从图 2-1 可知，所选用户在这一天的负荷曲线变化情况具有明显差异。用户一的负荷峰值出现在 17:00，且最大负荷不超过 4kW；用户二的最大负荷出现 11:00，且全天负荷非常小；用户三的用电情况较为不稳定，一天之中出现了多个负荷峰值；而用户四的最大负荷则出现在 4:00 左右。出现上述用户用电负荷不同的原因是不同用户的经济水平、生活方式、家庭成员构成和成员年龄结构等之间存在较大差异。

普通居民用户的用电行为受天气、生活习惯和其他因素的影响，使得每一天相同时间的用电行为不同，导致每天相同时间段内的用电负荷也不同。随机选取某普通居民用户连续一个星期的负荷曲线，如图 2-2 所示。

由图 2-2 可以看出，将一个星期划分为工作日和非工作日。在工作日期间，该用户全天的负荷都较低；在非工作日，其负荷量明显升高。此外，气象因素、日期类型等因素也影响该用户的负荷。受不同季节气候的影响，电力用户用电行为可能出现一定的变化，某普通居民用户不同季节的负荷曲线如图 2-3 所示。

由图 2-3 可知，该用户在不同季节具有相似的用电模式，即在 0:00 至 12:00 时处于一个低负荷水平，在 12:00 之后，负荷急剧上升；在分析不同季节的负荷时可以发现，由于气候为主导影响因素，该用户夏季和冬季的负荷水平明显高于春秋两季的负荷。

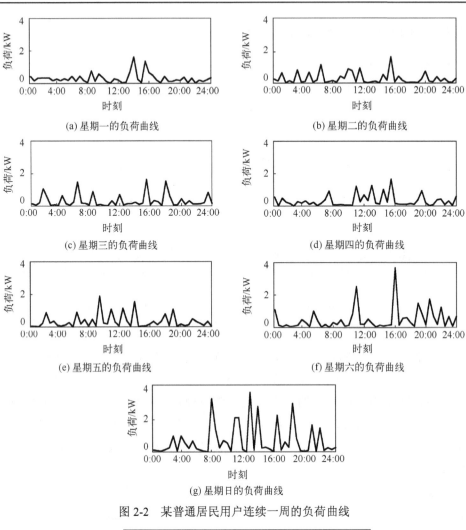

(a) 星期一的负荷曲线　　　　　　(b) 星期二的负荷曲线

(c) 星期三的负荷曲线　　　　　　(d) 星期四的负荷曲线

(e) 星期五的负荷曲线　　　　　　(f) 星期六的负荷曲线

(g) 星期日的负荷曲线

图 2-2　某普通居民用户连续一周的负荷曲线

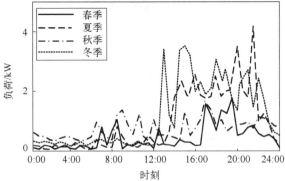

图 2-3　某普通居民用户不同季节的负荷曲线

2）中小型企业用户负荷特性分析

普通居民用户一天的用电具有很强的随机性，波动较大，但负荷量较小，而中小型企业用户一天的用电情况较为稳定。图2-4为随机选择的4个中小型企业同一天的负荷曲线。由图可以看出，该类用户的负荷量明显大于普通居民用户的负荷，且负荷波动较小。与普通居民用户之间的用电情况差异相似，在一天中，每个中小型企业的用电情况也是不同的。

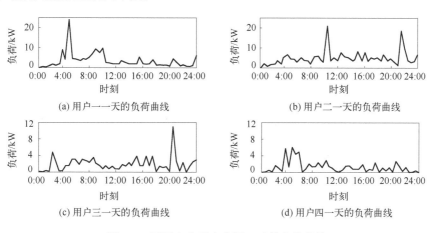

图2-4 不同中小型企业同一天的负荷曲线

同样，中小型企业一星期内负荷的变化情况也有所不同。中小型企业的地理位置、周边的人口流动情况是影响中小型企业（商户）用电方式的重要因素。如图2-5所示，该中小型企业每天的负荷变化幅度不大，只出现少量负荷峰值，且在这一个星期内每一时刻的负荷量基本稳定。

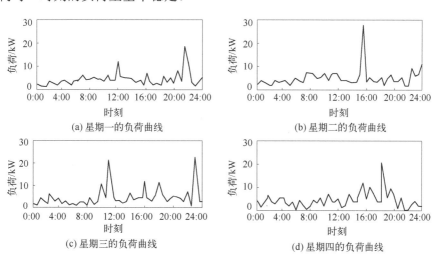

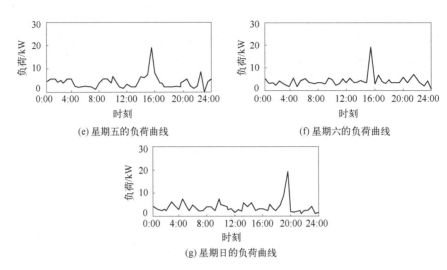

(e) 星期五的负荷曲线   (f) 星期六的负荷曲线

(g) 星期日的负荷曲线

图 2-5　某一中小型企业连续一周的负荷曲线

图 2-6 为某一中小型企业不同季节的负荷曲线。与普通居民用户负荷量的变化情况相似，该用户在一年四季中的负荷也呈现春秋小、夏冬大的趋势。与普通居民用户用电情况不同的是，该用户的负荷从 8:00 开始逐渐增加，表明企业员工开始上班，各种用电设备开始投入运行。

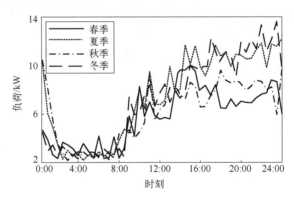

图 2-6　某一中小型企业不同季节的负荷曲线

3）区域总负荷特性分析

配电区域层级的负荷数据与由单个用户的智能电表采集的负荷数据之间的差异很大。配电区域层级的负荷可以近似认为是该配电区域内所有用户用电的总量之和（不考虑网损），由于不同用户用电行为不同，负荷曲线变化也有所不同。在所有用户不同用电行为的作用下，可得到配电区域层级的负荷变化情况。

配电区域内的所有用户负荷量累加可得到总负荷量。图 2-7 所示为用户的总负荷与单一用户的负荷曲线图。由图可以看出总负荷和单一用户的负荷曲线之间的明显差别在于，该配电区域出现负荷峰值的时间与用户的用电高峰时间的不同，这是由某些工业行业的生产特性、当地的分时电价政策以及居民的生活用电习惯导致的。此外，配网级负荷具有非常明显的循环特性，每一天的负荷变化趋势和负荷量基本一致。用户级负荷的用电随机性强，负荷变化不稳定，但其用电模式基本保持一致，图 2-7 中所示单一用户负荷在每一天的 12:00 前都处于较低状态，在 12:00 后，负荷明显增加。

分析可知，配网级的负荷特性和用户级的负荷特性之间存在明显差异，用户级之间的负荷曲线也有所不同。智能电表采集的大量用户用电数据包含了用户丰富的用电行为，给负荷分析和预测提供了数据支撑。

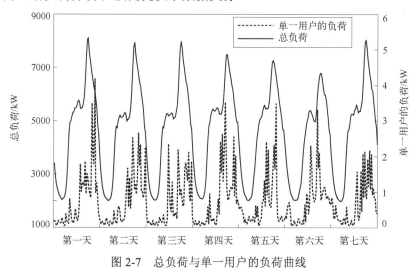

图 2-7　总负荷与单一用户的负荷曲线

2.1.3　基于 MapReduce 的用电行为特征提取

MapReduce 是谷歌公司研发的一种专门用于大数据处理的编程模型,具有简单、高效、易伸缩和容错性高的特点。在面对海量用电数据时，采用 MapReduce 将大量的用电数据分解成多组少量的数据，进而实现对海量用电数据的分析。

在执行 MapReduce 时，可将 MapReduce 分解成 Map 任务和 Reduce 任务，即先利用 Map 程序将数据分解成相互独立的数据块，然后通过计算机进行并行计算，最后利用 Reduce 程序汇总得到的结果。MapReduce 程序只包含 Map 函数和 Reduce 函数，二者的输入和输出均为用户自定义格式的键值对。MapReduce 的执行流程如图 2-8 所示。

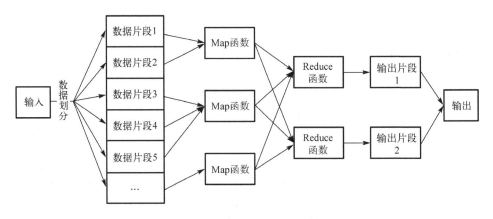

图 2-8 MapReduce 的执行流程

在 MapReduce 的执行过程中，需要利用 Map 函数和 Reduce 函数通过一定的映射关系将键名的输入和输出进行转换，将 $\langle \text{Key}_m^{in}, \text{Value}_m^{in} \rangle$ 作为 Map 函数的输入，$\langle \text{Key}_m^{out}, \text{Value}_m^{out} \rangle$ 作为 Map 函数的输出；将 $\langle \text{Key}_r^{in}, \text{Value}_r^{in} \rangle$ 作为 Reduce 函数的输入，$\langle \text{Key}_r^{out}, \text{Value}_r^{out} \rangle$ 作为输出，其中 Key_m^{out} 需要能隐式地转换为 Key_r^{in}，Value_r^{in} 是保存 Value_m^{out} 的集合。

MapReduce 将作业分割成多个子任务并在每个节点上执行。

首先，在执行 Map 函数的第一阶段中，程序将输入数据分割成 m 份，分别送到各 Map 函数中；然后，Map 函数读取一份输入中的每一条数据，并进行一定的过滤和转换，而后将输出键值格式为 $\langle \text{Key}_m^{out}, \text{Value}_m^{out} \rangle$ 的中间结果按 Key_r^{in} 的个数分割为 r 个不重合的分组。当所有的 Map 函数都执行完毕时，得到 m 个 Map 函数映射后的 $m \times r$ 个中间文件，输出结果保存于 $F_{ij} \left(1 \leqslant i \leqslant m, 1 \leqslant j \leqslant r \right)$ 文件中。在执行 Reduce 函数的第二阶段中，Reduce 函数输入文件 F_{ij} 的键值 $\langle \text{Key}_r^{in}, \text{Value}_r^{in} \rangle$，输出若干键值 $\langle \text{Key}_r^{out}, \text{Value}_r^{out} \rangle$ 格式的记录。所有从 Map 函数阶段产生的具有相同 Hash（哈希）值的 $\langle \text{Key}_m^{out}, \text{Value}_m^{out} \rangle$ 输出条目具备相同的 Reduce 函数处理。

执行 Map 任务可由 Maps 算法实现，常用的两种 Maps 算法包括搜索算法和数据清洗/变换算法。

（1）搜索算法。搜索算法是一种通过执行单个 Map 任务实现的算法，包括线性搜索（linear search，LS）算法和二分搜索（binary search，BS）算法。线性搜索算法在执行 Map 任务时通过遍历数据的方式查找条件匹配数据，若发现匹配数据，则输出该数据；若未能成功匹配，则查询结束，搜索失败。二分搜索算法将待查询的数据建立一个有序表，并设置左标为 0 右标为数组长度。查询时将条件与表中元素进行匹配，查询成功则直接返回中间索引；若小于中间索引则令右标等于中间索引，若大于中间索引，则令左标等于中间索引。由于二分搜索算法采用二分的方式对数据进行搜索，其匹配的次数大大减少，在搜索算法中具有较低的时间复杂度。

（2）数据清洗/变换算法。在处理分析大量数据时，常常要花费高昂的硬件成本和大量时间成本，搭建良好的分析平台和进一步的算法研究可以充分挖掘大数据中的潜在信息。在对海量负荷数据分析之前需要对其进行处理，以提高数据质量。数据预处理方法包括数据清洗、数据集成、数据变换和数据归约。其中数据清洗和数据变换是常用的数据预处理方法。数据清洗通过对数据中缺失值的填补、对噪声数据的平滑以及去除无关数据来达到"清洗"的目的。数据变换则是通过对大数据进行规范化处理将其转换成适合数据挖掘的形式。在 MapReduce 平台下可以通过执行一个或者多个 Map 任务实现对数据的清洗/变换。

数据量和节点数对 Maps 算法的执行时间影响较大。数据量越少，参与运算的节点数越多，则 Maps 算法的执行时间就越短。MapReduce 通过将处理逻辑移动到数据端的方式对数据进行独立处理，不需要同步操作，避免了处理过程中节点相互等待的情况，并行性很好。但是 Maps 算法缺少 Reduce 任务那样能够将各节点计算结果汇集的能力，因此此类算法适用范围较小。

执行 Reduce 任务时则采用 Reduces 算法。在 MapReduce 平台中实现 Reduces 算法至少需要一对完整的 MapReduce 任务。数据采用 Maps 算法进行处理之后，再通过 Reduces 算法汇集。常见的 Reduces 算法包括聚集算法、连接算法和排序算法。

（1）聚集算法。聚集算法的主要思想是把一组数据分别分组聚成一个甚至若干个值。常见的聚集算法包括求和、求极值和求取均值等。聚集算法可分为分布、代数等类型。分布的聚集算法定义为：对于包含 n 个集合的数据，使用聚集算法分别对每一个集合计算聚集值，设数据被划分为 n 个集合，在每一个集合上计算得到一个聚集值，若此方法得出的结果与将算法应用于所有数据得出的结果相同，则定义算法是分布的。代数的聚集算法的定义为：若一个含有 M 个参数的代数函数可以计算聚集算法，且该函数中的任意参数都可由分布聚集算法计算，则判定该算法是代数的。

（2）连接算法。连接算法的思想是将处理后多个数据集的结果按照某种规则组合成一个数据集。连接运算有内连接、交叉连接和外连接等方式，内连接是大多数数据库系统默认采用的连接方式，最后得到的数据集中只存在满足所设定规则的数据。采用外连接方式的连接数据集中除了包含那些满足所设定规则的行数据外，还包含其中某个数据集的全部行。左外连接、右外连接、全外连接是外连接的三种形式。

（3）排序算法。在 MapReduce 平台中可以实现大部分排序算法，如 MapReduce 的 Reduce 任务溢出文件合并过程默认使用的就是归并排序。

智能电表采集的用电数据中包含用户用电行为特征，通过挖掘数据中的信息有助于电网运营人员深入了解用户的用电需求，有利于为用户制定个性化、差异化服务，提高服务水平，有利于电网公司进一步拓展服务深度和广度，为未来的电力需求侧响应政策的制定提供数据支撑。

结合对智能电表用电数据的分析，针对不同用户之间出现负荷峰值、谷值的时间不同，且同一用户在一天之内可能会出现多个负荷峰值的情况，本节基于用电数据集，采用以下聚类分析特征。

（1）峰谷差平均值：

$$峰谷差平均值 = \frac{\sum_{i=1}^{n}(最大负荷-最小负荷)}{n}$$

式中，n 为总天数。

（2）峰值负荷均值：统计日内峰值负荷的平均值。

（3）谷值负荷均值：统计日内谷值负荷的平均值。

（4）负荷均值：统计日内负荷的平均值。

（5）峰谷差率均值：[（最大负荷-最小负荷）/最大负荷]/总天数。

（6）负荷峰值出现的时间段。

（7）负荷谷值出现的时间段。

基于 MapReduce 的特征提取基本流程如图 2-9 所示。

此外，受不同气候的影响，用户在不同季节的用电量有明显差异，但用户的用电行为是长期以来形成的，在不同季节会有固定的用电模式，例如，在夏季和冬季，多数用户会选择开启空调来保证室内温度的舒适性，在春季和秋季则一般不使用空调。因此，需要按照季节对用户用电行为进行进一步分析。

图 2-10～图 2-13 分别给出了不同季节爱尔兰居民峰值负荷出现在不同时刻的用户数。观察可知，每个季节分布在不同时刻的用户数量是相似的，说明该配电区域内用户的用电模式基本是不变的。此外，根据用户数的

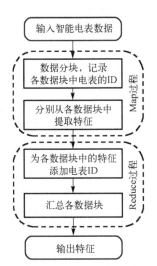

图 2-9　特征提取基本流程图

分布情况，可将一天 24h 划分为 4 个时段：0:00～5:00、5:00～12:00、12:00～17:00
和 17:00～24:00，并提取四个时段中负荷的最大值、最小值和平均值作为聚类分析
的特征。

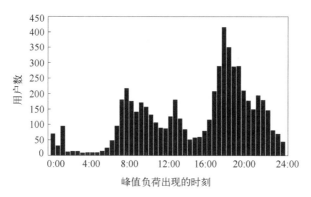

图 2-10 春季各用户峰值负荷时刻分布图

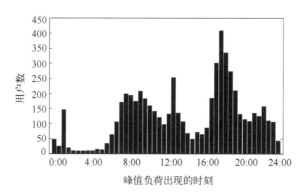

图 2-11 夏季各用户峰值负荷时刻分布图

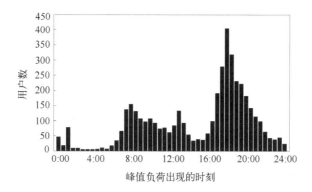

图 2-12 秋季各用户峰值负荷时刻分布图

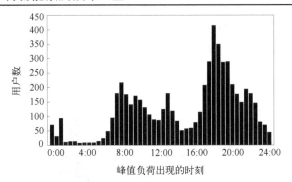

图 2-13 冬季各用户峰值负荷时刻分布图

2.1.4 基于 *K*-means 的智能电表大数据的用户聚类

爱尔兰智能电表数据集共包含 5000 多个用户一年的用电数据。现有研究一般根据用户的用电模式直接对用户进行聚类，该方法简单快速，但难以描述用户用电行为之间的相似性，例如，在某一时间段内，用户 A 和用户 B 的负荷曲线非常相似，而在其他时间段的负荷曲线不相似，在利用负荷曲线进行直接聚类时，负荷相似段的关系降低了这两个用户之间的差异性，无法对用户进行准确的聚类。智能电表采集的用电数据中包含了丰富的用户用电行为信息，因此，采用从数据中提取用户用电行为特征的方法对用户进行聚类。

1）聚类算法

聚类算法属于无监督学习方法，用于分析和挖掘某一数据集并提取该数据集中各种数据之间的相似性和差异性。聚类结果是否为最优可通过同类数据之间距离是否最小以及不同类数据之间距离是否最大进行评价。目前基于欧几里得距离、曼哈顿距离和闵可夫斯基距离的度量方式是衡量聚类效果的常用标准，三种度量方式的表达式分别如式（2-1）～式（2-3）所示。

$$d_1(i,j) = \sqrt{|x_1 - y_1|^2 + |x_2 - y_2|^2 + \cdots + |x_n - y_n|^2} \tag{2-1}$$

$$d_2(i,j) = |x_1 - y_1| + |x_2 - y_2| + \cdots + |x_n - y_n| \tag{2-2}$$

$$d_3(i,j) = \sqrt[m]{|x_1 - y_1|^m + |x_2 - y_2|^m + \cdots + |x_n - y_n|^m} \tag{2-3}$$

式中，$(x_1, x_2, \cdots, x_n)$ 和 $(y_1, y_2, \cdots, y_n)$ 分别为数据集中两个维度为 n 的数据集合。

大规模使用的聚类算法可划分为五个大类。

（1）基于划分的聚类。基于划分的聚类方法的中心思想是对于一个具有 n 个数据样本点的数据集，若采用某一种聚类算法将该数据集划分成 K 类，且在每一类中至少存在一个样本点，在划分过程中每个样本点只能归为某一类别，则属于硬聚类。

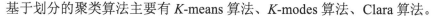

基于划分的聚类算法主要有 K-means 算法、K-modes 算法、Clara 算法。

（2）层次聚类。层次聚类是对数据"逐层聚类"，包括分裂聚类方法和凝聚聚类方法。分裂聚类方法对数据由上向下将大类别逐步分割成小类别，其主要思想是：对于一个具有 n 个样本的数据集，首先将所有样本归为一类，然后采用某种准则（一般为两个样本之间的距离）对这一大类进行逐步的分裂，直到满足设定的条件或达到设定的分类数目，则聚类过程结束。凝聚聚类方法的聚类过程与分裂聚类相反：首先将每个数据样本单独作为一类，初始类数为样本数；然后根据某种准则对这些类进行合并，直到满足终止条件或达到设定的分类数目，聚类过程结束。层次聚类方法耗时大于基于划分的聚类方法，因此适用于小数据集。常用的基于层次的聚类方法主要有互联 CURE 算法、Chameleon 算法、Ward 算法等。

（3）基于密度的聚类。聚类方法中多数是通过计算对象之间的距离进行聚类，但基于密度的聚类方法的核心思想则是从某个核心点出发，不断向密度可达区域扩张，从而得到一个包含核心点和边界点的最大化区域。采用基于密度的聚类可以发现任意形状的聚类，且能够处理噪声数据。它的代表性算法有 DBSCAN 算法、FDBA 算法、OPTICS 算法等。

（4）基于网格的聚类。其基本思想是将每个属性的可能值分割成多个相邻的区间，创建网格单元集合。每个样本落入一个网格单元，并产生对应的属性空间。基于网格的聚类方法聚类效率较高。典型的网格聚类方法有 STING 算法、GDILC 算法、CLIQUE 算法等。

（5）模糊聚类。由于每个样本属于各类别的程度不同，因此引入模糊数学确定每个样本属于各类的隶属度，并确定不同样本之间的模糊关系，最后进行聚类。

2）基于 Canopy 的 K-means 聚类

K-means 算法是一种典型的基于距离的聚类算法，采用距离作为相似性指标。K-means 算法认为类是由距离靠近的对象组成的，因此，把紧凑并且独立的类作为最终的聚类目标。计算得出的两个对象的距离越近，表示二者的相似度越大。

设 $X = \{x_i\}$，$i = 1, 2, \cdots, n$ 是一个包含了 n 个数据对象的待聚类数据集。K-means 算法将数据集 X 进行划分，使得类中心与类内每一个对象的误差平方最小。误差平方的计算公式如式（2-4）所示。

$$J(c_k) = \sum_{x_i \in c_k} \|x_i - \alpha_k\|^2 \tag{2-4}$$

式中，α_k 为类 c_k 的类中心。K-means 算法的最终目标是使所有类的平方误差和最小，即

$$J(C) = \sum_{k=1}^{K} J(c_k) \tag{2-5}$$

采用 K-means 算法进行聚类分析时，首先给定 K 个类中心，然后分别计算数据集中每个数据样本到 K 个类中心的距离，根据计算结果以数据到中心的距离最小进行分类。之后重新计算该类的类中心，并将计算结果取代原类中心。重复更新类中心直到聚类样本不再发生变化。

K-means 算法具有简单、快速的特点，对于大量数据聚类效率高，并且当数据量增加时，在时间的复杂度上的变化是呈线性的。但是采用 K-means 算法时需要先对聚类中类的个数进行设定，且 K 不容易估计。此外，该算法的聚类结果在一定程度上受到初始聚类中心选择的影响。如果选取了不合理的聚类中心，将无法得到有效的聚类结果。Canopy 聚类算法是一个将对象分组到类的简单、快速、精确的方法，在聚类时无须设置类的个数，在一定程度上克服了 K-means 算法的缺点。该算法使用一个快速近似距离度量和两个距离阈值 T_1、T_2（阈值 T_1、T_2 可由交叉验证得到，$T_1>T_2$）来处理。Canopy 算法的基本思想是从一个点集合开始并且随机删除一个点，创建一个包含这个点的 Canopy，并在剩余的点集合上迭代。对原始数据进行随机排序后得到数据列，在数据列中随机选择一个样本数据，并计算样本数据到每一个 Canopy 质心的距离。如果距离最小值小于 T_1，则将样本数据存入与其距离最小的 Canopy 中，并添加一个弱标记；如果这个距离小于 T_2，则将样本数据存入与其距离最小的 Canopy 中，并添加一个强标记，并将所有强标记样本的中心位置更新为该 Canopy 的质心，从数据列中将样本数据删除；如果这个距离大于 T_1，将样本数据设置为新的 Canopy 的质心，并从数据列中将样本数据删除，直到算法循环到初始集合为空为止。因此，根据 Canopy 和 K-means 算法各自的优点，先通过 Canopy 对数据进行初步聚类得到聚类的类别数和初始聚类中心，然后采用 K-means 算法对数据进行准确的聚类。算法流程如图 2-14 所示。

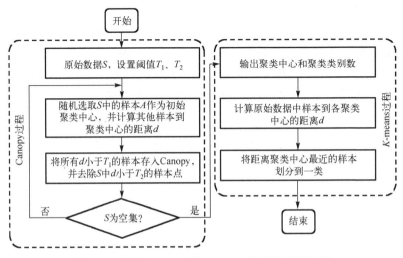

图 2-14　基于 Canopy 的 K-means 算法的聚类过程

具体过程描述如下。

（1）集合 S 为一个具有 k 个数据样本的数据集，设置阈值 $T_1 > T_2$。

（2）从集合 S 中随机选取一个样本数据 s_1，将样本 s_1 设置为初始 Canopy 子集质心，并将该样本从集合 S 中删除。

（3）从集合 S 中随机选取一个样本数据 s_2，计算该样本到现有的每一个 Canopy 质心的距离，选择这些距离中的最小值 d_2。若 $d_2 < T_1$，将 s_2 存入与其距离最小的 Canopy 中，并附加一个弱标记；若 $d_2 < T_2$，将 s_2 存入与其距离最小的 Canopy 中，为其附加一个强标记，并将所有强标记样本的中心位置更新为该 Canopy 的质心，将此 s_2 从 S 中删除。

（4）重复步骤（3），直到 S 为空集，得到初始聚类中心和聚类类别数。

（5）从原始样本 S 中选取一个样本，计算该样本到所有初始聚类中心的距离，并将该样本划分到最近的聚类中心所在类。

（6）重复步骤（5），直到样本划分结束。

3）用户聚类结果分析

不同季节的聚类类别以及每类中的用户数如表 2-1 所示。

表 2-1　不同季节的用户的聚类结果

季节	类别	用户数
春季	第一类	78
	第二类	1423
	第三类	4208
夏季	第一类	60
	第二类	1712
	第三类	3937
秋季	第一类	111
	第二类	5598
冬季	第一类	4096
	第二类	1508
	第三类	105

受气候的影响，不同用户在不同季节的用电情况会有明显差异。根据所处的季节不同，对所有用户分别开展聚类。由表 2-1 可知，在春、夏、秋、冬四个季节中，春、夏、冬三个季节的用户都被分成 3 类，且每类用户数不相同，秋季的用户则被分成 2 类。在同一类用户中相似或相同的用电行为作用下产生了该类用户的总负荷曲线。在不同用户不同用电行为模式的综合作用下，最终将产生不同的类总负荷曲线。

图 2-15～图 2-18 给出的是对不同季节各类用户的负荷进行聚类的曲线。同一季节中各类负荷之间具有明显差异，证明了根据用户用电行为先对用户进行聚类的必要性；此外，各季节的用户进行聚类后的类总负荷曲线之间也具有明显差异，表明用户在不同季节的用电行为有所不同，在聚类时同一用户会被划归为不同类。

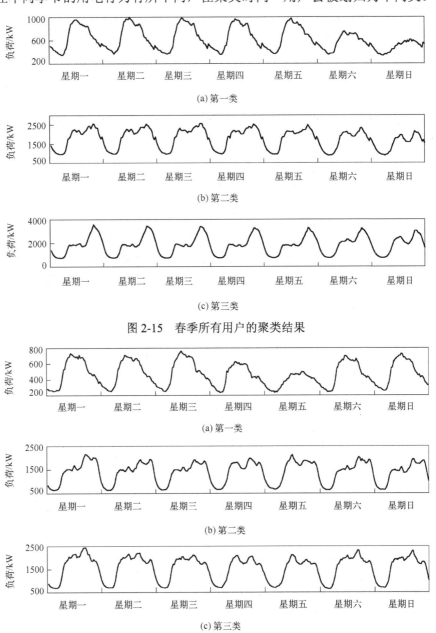

(a) 第一类

(b) 第二类

(c) 第三类

图 2-15　春季所有用户的聚类结果

(a) 第一类

(b) 第二类

(c) 第三类

图 2-16　夏季所有用户的聚类结果

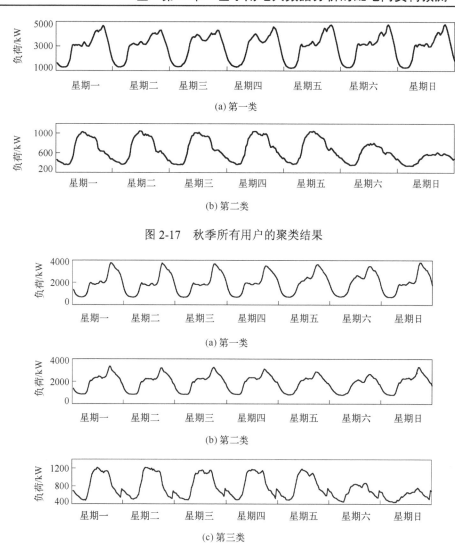

(a) 第一类

(b) 第二类

图 2-17　秋季所有用户的聚类结果

(a) 第一类

(b) 第二类

(c) 第三类

图 2-18　冬季所有用户的聚类结果

　　对不同数量的用户进行聚类,直接提取特征和采用 MapReduce 提取特征所用的时间成本如图 2-19 所示。

　　如图 2-19 所示,当被聚类的用户数量较少时,采用 MapReduce 进行特征提取消耗的时间与直接提取特征消耗的时间接近,随着用户数量的增加,直接提取特征消耗的时间快速增加,远大于采用 MapReduce 提取特征消耗的时间。例如,采用 MapReduce 进行特征提取时,当用户数量从 1000 增加到 5000 时,其提取特征消耗的时间增加缓慢,因而,采用 MapReduce 算法可有效降低提取特征的时间成本。

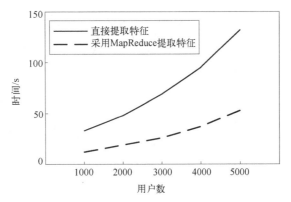

图 2-19　对不同数量的用户进行特征提取时的时间成本

2.2　计及特征冗余性的短期负荷预测

预测模型效果受输入特征影响。特征维度过高导致预测模型复杂，且建模成本增加。因此，需要对原始特征进行分析，在保证预测模型精度的前提下，筛除冗余特征，降低模型复杂度。本章以爱尔兰配电网智能电表数据的分析及用户数据聚类为研究基础，以广义最大相关最小冗余为特征选择方法，以随机森林为负荷预测模型开展短期负荷预测。首先，分别对每季节中的各类负荷建立原始特征集合，并采用广义最大相关最小冗余特征选择方法对各类负荷的特征进行分析；然后，以随机森林算法建立预测模型，以平均绝对百分比误差作为评判标准，确定各最优特征子集；最后，以最优特征子集作为输入特征重新训练随机森林，开展短期负荷预测。

2.2.1　广义最大相关最小冗余特征选择

最大相关最小冗余（maximal-relevance and minimal-redundancy，mRMR）是一种用互信息度量特征之间信息量的算法。基于互信息（mutual information，MI）的mRMR 综合考虑特征与目标变量之间的有效的信息、特征与特征之间的重复的信息，在处理高维数据时具有选择特征准确的优势。

对于给定的两个随机变量 X 和 Y，其边际密度函数分别为 $P_X(x)$ 和 $P_Y(y)$，二者的联合概率密度函数为 $P_{X,Y}(X,Y)$。那么，X 和 Y 之间的互信息可以由式（2-6）表示。

$$I(X,Y) = \sum_{X,Y} P_{X,Y}(x,y) \lg \frac{P_{X,Y}(x,y)}{P_X(x)P_Y(y)} \tag{2-6}$$

基于互信息的特征选择是在一个含有 m 个特征的集合 F_m 中寻找一个含有 n 个与目标变量具有最大相关性特征的特征子集 J。采用特征子集 J 中所有特征 x_i 与目

标变量 l 的互信息 $I(x_i, l)$ 的平均值 $D(J, l)$ 作为衡量相关性的标准，得到最大相关度的特征子集。定义最大相关评判标准为

$$\max D(J, l), \quad D = \frac{1}{|J|} \sum_{x_i \in J} I(x_i, l) \tag{2-7}$$

特征间冗余度描述了特征之间的重复信息，以互信息表示。互信息越大，二者的依赖程度越高，重复信息越多。在选择最大相关特征的同时，特征子集中特征间的冗余可能会增加。在加入一个具有高依赖性的特征时，分类器或预测器的准确性不会提高。最小冗余要求每个特征之间的依赖程度最小，即计算得到特征间互信息最小的特征。定义最小冗余评判标准为

$$\min R(J), \quad R = \frac{1}{|J|^2} \sum_{x_i, x_j \in J} I(x_i, x_j) \tag{2-8}$$

特征选择的最终目标是特征与类的相关性最大、特征之间的冗余性最小。综合考虑式（2-7）、式（2-8），得到最大相关最小冗余评判标准：

$$\max \psi(D, R), \quad \psi = D - R \tag{2-9}$$

采用增量搜索方法寻找最优特征的过程为：假设已选的 $n-1$ 个特征构成子集 J_{n-1}，根据式（2-9），需要在剩余集合 $F_m - J_{n-1}$ 中选出第 n 个特征构成完整的特征子集 J。增量搜索算法应满足以下条件：

$$\text{mRMR}: \max_{x_j \in F_m - J_{n-1}} \left[I(x_j, l) - \frac{1}{|J_{n-1}|} \sum_{x_i \in J_{n-1}} I(x_j, x_i) \right] \tag{2-10}$$

式中，$|J_{n-1}|$ 为集合 J_{n-1} 中所含特征的个数。

在式（2-10）中引入权重因子 α 用于平衡相关性和冗余性，得到广义最大相关最小冗余（generalized maximal-relevance and minimal-redundancy，G-mRMR）：

$$\text{G-mRMR}: \max_{x_j \in F_m - J_{n-1}} \left[I(x_j, l) - \alpha \sum_{x_i \in J_{n-1}} I(x_j, x_i) \right] \tag{2-11}$$

当 $\alpha = \frac{1}{|J_{n-1}|}$ 时，式（2-11）为标准型 mRMR；当 $\alpha = 1$ 时，式（2-11）为 MI 特征选择方法。

2.2.2　随机森林

随机森林（random forest，RF）是由 Leo Breiman 提出的一种结合了分类回归树和 Bagging 的机器学习算法。RF 通过自助重抽样方法获取多个样本构造不同决策树模型，每棵决策树分别进行预测，最后投票得出最终的预测结果。

1）分类回归树

分类回归树（classification and regression tree，CART）是一种二分递归划分技术，通过学习大量训练样本得到一种以树形结构表示的规则，并生成预测模型，最后对未知数据进行分类或预测。CART 由根节点、非叶子节点、分支和叶子节点组成，如图 2-20 所示。

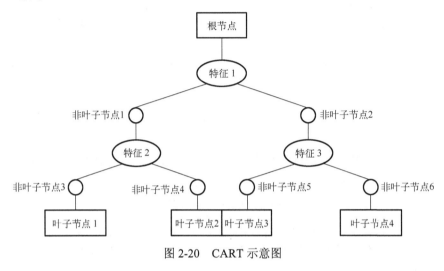

图 2-20　CART 示意图

在 CART 的生长过程中，每个非叶子节点都需要通过最优特征进行分裂，直到满足停止条件。

在节点分裂过程中，CART 选择具有最小基尼指数的特征用于节点分裂。设有一个含有 C 个类别的数据集 D 由 d 个样本组成，则数据集 D 的基尼指数可表示为

$$G(D) = 1 - \sum_{i=1}^{C} \left(\frac{d_i}{d} \right)^2 \tag{2-12}$$

式中，d_i 为第 i 类样本数。

假设要对某一节点 T 进行分裂，由特征 f 的二元划分将数据集 D 分成 D_1 和 D_2，则划分后数据集 D 的基尼指数为

$$G_{split}(D, T) = \frac{d_1}{d} G(D_1) + \frac{d_2}{d} G(D_2) \tag{2-13}$$

2）Bagging

Bagging 算法是由 Leo Breiman 提出的一种集成学习算法。给定一种学习算法 H 和原始数据集 B，采用自助重抽样（bootstrap sampling, BS）法从 B 中抽取多个训练样本集（原始数据中的样本可能多次出现在某一训练样本集中或者一次也不出现），然后由算法 H 进行多轮学习得到一个由一组预测模型序列构成的预测系统，最后应

用简单平均法得到回归问题的预测结果。Bagging 方法能够有效提高 CART 和神经网络等不稳定的学习算法的预测精度。

3）随机森林

随机森林是一个由多棵 CART 组成的预测器 $\{p(x,\Theta_k), k=1,2,\cdots\}$ 的集合，其中 x 是输入向量，$\{\Theta_k\}$ 是独立同分布的随机向量，决定了单棵树的生长过程；预测器 $\{p(x,\Theta_k)\}$ 是由 CART 算法得到的完全生长并不进行剪枝操作的分类回归树。

随机森林的算法步骤如下。

（1）采用自助重抽样方法有放回地从原始数据集中随机抽取 k 组新的自助样本集。

（2）从具有 M 个特征的原始样本集中随机选取 mtry 个特征，并在这 mtry 个特征中选择最好的划分训练样本的特征，并用每个样本集作为训练样本构造 k 棵决策树。

（3）单个决策树在产生样本集和确定特征后，使用 CART 算法计算，不做剪枝操作。

（4）k 棵回归树生长完全后形成随机森林，最后对所需数据进行预测。

建立随机森林模型的流程如图 2-21 所示。

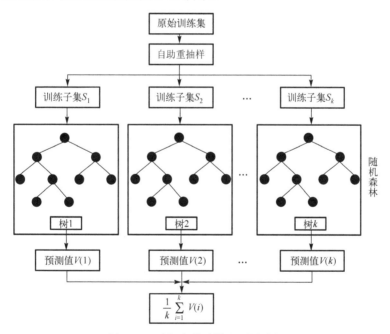

图 2-21　随机森林建模和预测过程

在随机森林建模过程中，Bagging 方法和随机选择特征进行分裂保证了其性能的优越性。

（1）用自助重抽样方法生成与原始数据集具有相同容量 q 的训练集，这保证了每个样本被抽到的概率为 $1/q$，每个训练集中同一样本可能出现多次，某些样本可能不出现，这降低了不同训练集训练得到的树之间的相关性，增强了单棵树的性能。

（2）通过选取随机特征进行节点分裂，引入了随机性，保证了模型的泛化性能。

在运用随机森林的时候，需要对参数随机选择的特征个数 mtry 和随机森林规模 nTree 进行设置。其中随机特征个数有三种可能，分别是 $\log_2 M + 1$、$\sqrt{M}$ 和 $M/3$。而随机森林的规模一般由经验选取，规模尽量取大，以提高随机森林中树的多样性，保证随机森林的预测性能。

2.2.3 基于广义最大相关最小冗余特征选择的随机森林短期负荷预测

本节提出一种基于广义最大相关最小冗余与随机森林的短期负荷预测特征选择方法。首先，采用 G-mRMR 综合衡量原始特征集合 F_m 中的 291 个特征与待预测负荷间的相关性以及特征间的冗余性，获得特征 G-mRMR 值降序排列；之后，结合随机森林，采用序列向前的搜索办法，搜索最优特征子集。特征选择过程中，将平均绝对百分比误差作为特征选择过程中的决策值，其定义如下：

$$\text{MAPE} = \frac{1}{N} \sum_{i=1}^{N} \left| \frac{Z_i - \hat{Z}_i}{Z_i} \right| \times 100\% \qquad (2\text{-}14)$$

式中，Z_i 为负荷真实值；$\hat{Z}_i$ 为负荷预测值；N 为样本个数。

结合 G-mRMR 和随机森林的具体特征选择过程如下。

（1）权重因子 α 赋值。$\alpha \in [0,1]$，步长为 0.1，即 $\alpha_i = 0, 0.1, \cdots, 1, 0 \leqslant i \leqslant 10$，得到不同相关-冗余权重因子下的特征 G-mRMR 值序列。

（2）初始化随机森林。

（3）对基于不同权重因子 G-mRMR 值降序排列的特征序列，采用序列向前搜索方法，使用随机森林进行预测，计算各特征序列中不同特征子集的决策值，并记录。

（4）比较决策值。优先选择具有最小决策值（MAPE）的特征子集，若出现多组特征子集得到相同决策值，则优先选择特征个数少的特征子集作为最优特征集。

最优特征子集选择及短期负荷预测流程如图 2-22 所示。

1. 实验数据

1）数据描述

实验数据采用 2009 年 12 月 1 日至 2010 年 11 月 30 日爱尔兰某配电网内 5000 多户智能电表采集的数据。根据用户在不同季节用电情况的差异性，将用电数据按季节分成春夏秋冬四个季节，并取每个季节数据的 90% 作为训练集，5% 作为验证集和 5% 作为测试集。其中，训练集用于训练随机森林模型；验证集用于确定 G-mRMR

的最佳权重因子 α 并确定各个季节建模用的最优特征子集；测试集用于验证采用最佳权重因子 α 进行特征选择后得到的最优特征子集重新训练随机森林后进行预测的有效性。表 2-2 列出了实验数据集划分的详细信息。

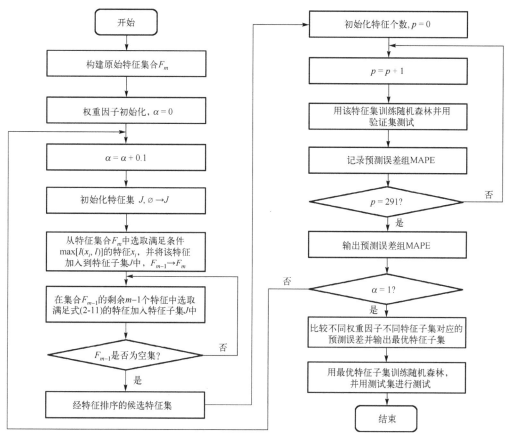

图 2-22 最优特征子集选择过程及预测流程图

p 为特征个数

表 2-2 实验数据信息

集合	春季	夏季	秋季	冬季
训练集	3 月 1 日至 5 月 21 日	6 月 1 日至 8 月 21 日	9 月 1 日至 11 月 20 日	12 月 1 日至翌年 2 月 19 日
验证集	5 月 22 日至 5 月 26 日	8 月 22 日至 8 月 26 日	11 月 21 日至 11 月 25 日	2 月 20 日至 2 月 24 日
测试集	5 月 27 日至 5 月 31 日	8 月 27 日至 8 月 31 日	11 月 26 日至 11 月 30 日	2 月 25 日至 2 月 28 日

2）原始特征集构建

爱尔兰智能电表的数据采样周期为 30min，一天所采集的数据点为 48 个。在智能电表聚类的结果的分析基础之上，分别对各季节各类负荷建立原始特征集合。设

预测时刻为 t，则在构建原始特征集时，一般考虑将预测时刻前 7 天的历史负荷以及预测日对应的时刻和日类型作为特征。在开展日前负荷预测时，是从 t 时刻前 24h 的负荷值 $L(t-49)$ 开始，因此采用 288 个共 6 天的历史负荷值。此外，还考虑到工作日和非工作日的负荷之间具有一定的差异性，所以构建如表 2-3 所示的 291 个特征构成的原始特征集合。

表 2-3 原始特征集合

特征类型	特征名	特征含义
负荷特征	$F_{(t-i)}$，$i=49,50,\cdots,336$	在 $t-i$ 时刻的历史负荷值
时间特征	F_{time}	预测点的时刻
	F_{WW}	预测点是否为工作日
	F_{DW}	预测点所属日类型

3）评价指标

除了采用式（2-14）作为评价指标外，还在预测结果评价指标中进一步引入均方根误差（root mean square error，RMSE），其定义为

$$\text{RMSE} = \sqrt{\frac{1}{N}\sum_{i=1}^{N}\left(Z_i - \hat{Z}_i\right)^2} \tag{2-15}$$

式中，Z_i 为预测值；$\hat{Z}_i$ 为真实值；N 为预测值个数。

RMSE 仅作为预测精度评价指标，不参与特征选择过程。

2. 特征选择结果分析

本节采用基于 G-mRMR 与随机森林的特征选择方法，以实测数据开展负荷预测特征选择。以不同权重因子 α 值下测试集的 MAPE 作为子集负荷预测精度评价标准确定最优特征子集。

以下以春季聚类结果中的第一类负荷为例进行特征选择分析。图 2-23 是不同权重因子下验证集的 MAPE 曲线图。由图 2-23（b）可知，当权重因子 $\alpha = 0.4$ 时，得到最优特征数量和最小预测 MAPE，分别为 20 和 4.803%。由图可知，随着特征数量的增加，预测误差逐渐减小，在到达一个最小值后，将基本保持不变或稍有增加，这表明在达到最小误差后再增加特征并没有改善预测模型的预测性能，有些反而给预测效果带来了不利的影响，证明了特征选择在负荷预测中的重要性。在取不同权重值时，预测误差下降的速率、最小预测误差和最小预测误差所对应的特征数量均不相同。当 α 取较小值时，误差下降速率快，说明加入的特征具有有效信息，使得随机森林的预测性能快速提高；当 α 取较大值时，由于过多考虑了特征间的冗余程度，因此加入的特征不具有足够的信息，随机森林的预测误差下降速率缓慢，证明选择合适的权重能够有效平衡相关性和冗余性，有利于提高预测精度。

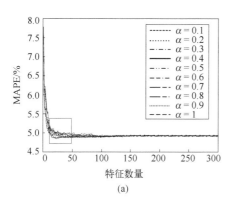 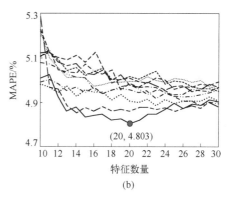

(a) (b)

图 2-23 春季第一类负荷的预测误差曲线图

表 2-4 为对四个季节不同类进行特征选择后所对应的最佳权重因子、最优特征子集维度及最小 MAPE。由表可知，不同季节的最优权重因子不同，且同一季节内不同类负荷对应的最优权重因子也有所不同，说明在进行不同类负荷的预测时，需要用不同的权重因子来平衡所选特征与负荷之间的相关性以及特征之间的冗余性。此外，在采用不同的权重因子后，每类负荷所用的最优特征子集中的特征数量均不相同，这也说明了在进行不同类负荷的预测时，需要采用不同的特征进行模型的建立及预测。

表 2-4 不同季节不同类负荷的最佳权重因子、最优特征子集维度及最小 MAPE

季节	负荷类别	最佳权重因子	最优特征子集维度	最小 MAPE/%	最优特征子集
春季	第一类	0.4	20	4.803	F_{DW}, $F_{(t-336)}$, $F_{(t-49)}$, $F_{(t-50)}$, $F_{(t-289)}$, F_{WW}, $F_{(t-145)}$, $F_{(t-97)}$, $F_{(t-333)}$, $F_{(t-323)}$, $F_{(t-100)}$, $F_{(t-102)}$, $F_{(t-243)}$, $F_{(t-334)}$, $F_{(t-283)}$, $F_{(t-322)}$, $F_{(t-307)}$, $F_{(t-331)}$, $F_{(t-335)}$, $F_{(t-51)}$
	第二类	0.6	26	2.522	F_{DW}, $F_{(t-49)}$, $F_{(t-336)}$, F_{WW}, $F_{(t-50)}$, $F_{(t-335)}$, $F_{(t-289)}$, $F_{(t-145)}$, $F_{(t-97)}$, $F_{(t-52)}$, $F_{(t-51)}$, F_{time}, $F_{(t-144)}$, $F_{(t-70)}$, $F_{(t-193)}$, $F_{(t-53)}$, $F_{(t-290)}$, $F_{(t-143)}$, $F_{(t-103)}$, $F_{(t-105)}$, $F_{(t-296)}$, $F_{(t-77)}$, $F_{(t-195)}$, $F_{(t-272)}$, $F_{(t-71)}$, $F_{(t-241)}$
	第三类	0.4	6	2.597	$F_{(t-336)}$, F_{WW}, $F_{(t-49)}$, $F_{(t-289)}$, F_{DW}, F_{time}
夏季	第一类	0.7	13	1.445	F_{WW}, F_{DW}, $F_{(t-336)}$, $F_{(t-49)}$, F_{time}, $F_{(t-289)}$, $F_{(t-335)}$, $F_{(t-315)}$, $F_{(t-326)}$, $F_{(t-65)}$, $F_{(t-90)}$, $F_{(t-271)}$, $F_{(t-286)}$
	第二类	0.4	6	2.107	F_{WW}, $F_{(t-336)}$, $F_{(t-49)}$, F_{DW}, F_{time}, $F_{(t-289)}$
	第三类	0.3	13	2.385	$F_{(t-336)}$, F_{WW}, $F_{(t-49)}$, F_{DW}, F_{time}, $F_{(t-50)}$, $F_{(t-335)}$, $F_{(t-150)}$, $F_{(t-149)}$, $F_{(t-266)}$, $F_{(t-334)}$, $F_{(t-52)}$, $F_{(t-51)}$
秋季	第一类	0.8	9	1.299	F_{WW}, $F_{(t-49)}$, $F_{(t-289)}$, F_{DW}, $F_{(t-336)}$, $F_{(t-316)}$, $F_{(t-334)}$, $F_{(t-50)}$, $F_{(t-69)}$
	第二类	0.5	20	3.193	$F_{(t-336)}$, $F_{(t-49)}$, $F_{(t-335)}$, $F_{(t-289)}$, F_{WW}, F_{DW}, $F_{(t-241)}$, $F_{(t-50)}$, $F_{(t-97)}$, $F_{(t-290)}$, $F_{(t-145)}$, $F_{(t-288)}$, $F_{(t-52)}$, $F_{(t-334)}$, $F_{(t-322)}$, $F_{(t-155)}$, F_{time}, $F_{(t-65)}$, $F_{(t-262)}$, $F_{(t-119)}$

季节	负荷类别	最佳权重因子	最优特征子集维度	最小MAPE/%	最优特征子集
冬季	第一类	0.6	25	2.627	F_{WW}, $F_{(t-49)}$, F_{DW}, $F_{(t-50)}$, $F_{(t-335)}$, $F_{(t-326)}$, $F_{(t-289)}$, $F_{(t-52)}$, $F_{(t-336)}$, $F_{(t-241)}$, $F_{(t-324)}$, $F_{(t-316)}$, $F_{(t-323)}$, $F_{(t-97)}$, $F_{(t-63)}$, F_{time}, $F_{(t-194)}$, $F_{(t-98)}$, $F_{(t-240)}$, $F_{(t-321)}$, $F_{(t-145)}$, $F_{(t-193)}$, $F_{(t-309)}$, $F_{(t-55)}$, $F_{(t-61)}$
	第二类	0.6	15	1.979	F_{WW}, $F_{(t-49)}$, F_{DW}, $F_{(t-336)}$, $F_{(t-50)}$, $F_{(t-51)}$, $F_{(t-242)}$, $F_{(t-95)}$, $F_{(t-289)}$, $F_{(t-335)}$, $F_{(t-240)}$, $F_{(t-334)}$, F_{time}, $F_{(t-195)}$, $F_{(t-97)}$
	第三类	0.4	25	2.272	$F_{(t-49)}$, $F_{(t-336)}$, $F_{(t-50)}$, $F_{(t-335)}$, F_{WW}, $F_{(t-289)}$, $F_{(t-51)}$, $F_{(t-241)}$, $F_{(t-97)}$, F_{DW}, $F_{(t-193)}$, $F_{(t-69)}$, $F_{(t-145)}$, $F_{(t-87)}$, $F_{(t-290)}$, $F_{(t-195)}$, $F_{(t-212)}$, $F_{(t-66)}$, $F_{(t-144)}$, $F_{(t-287)}$, $F_{(t-196)}$, $F_{(t-147)}$, $F_{(t-291)}$, $F_{(t-151)}$, $F_{(t-309)}$

3. 预测结果及分析

1）不同特征选择方法比较

为验证所用方法特征选择的效果，根据获得的各季节的聚类结果，以随机森林作为预测器，以原始特征集合作为输入，分别采用Pearson（皮尔逊）相关系数法、MI法与G-mRMR进行特征选择，验证G-mRMR特征选择的有效性。表2-5给出了不同季节不同类负荷采用不同特征选择方法后得到的最优特征子集维度和对应的最小MAPE。

表2-5 不同特征选择方法的最优特征子集维度及最小MAPE

季节	负荷类别	G-mRMR		MI法		Pearson相关系数法	
		最优特征子集维度	最小MAPE/%	最优特征子集维度	最小MAPE/%	最优特征子集维度	最小MAPE/%
春季	第一类	20	4.803	28	5.122	30	5.151
	第二类	26	2.522	35	3.299	39	3.347
	第三类	6	2.597	31	3.332	26	4.315
夏季	第一类	13	1.445	38	3.583	33	3.618
	第二类	6	2.107	35	3.549	37	3.689
	第三类	13	2.385	40	3.414	38	4.677
秋季	第一类	9	1.299	9	6.122	6	6.088
	第二类	20	3.193	35	4.243	37	4.194
冬季	第一类	25	2.627	28	2.991	36	2.986
	第二类	15	1.979	35	3.351	35	3.338
	第三类	25	2.272	37	3.255	40	3.276

由表2-5可以看出，无论哪个季节，采用G-mRMR进行特征选择结合随机森林得到的最优特征子集维度以及对应的最小MAPE几乎都要小于以MI法和Pearson相关系数法作为特征选择方法得到的最优特征子集维度及最小MAPE。以G-mRMR作为特征选择方法的优势在对夏季第二类负荷进行特征选择时尤为明显，其最优特

征子集维度仅为 MI 法和 Pearson 相关系数法所选特征子集维度的 1/6 左右。这充分说明了采用 G-mRMR 进行特征选择的优越性。

为验证上述三种特征选择方法所选特征子集在开展负荷预测时的适用性，分别以上述特征选择方法所选特征子集作为输入特征，以 RF 为预测方法，对不同季节中的不同类负荷进行预测，将预测得到的负荷进行叠加得到各季节的最终预测结果。图 2-24 显示的是四个季节中 2 月 24 日、5 月 27 日、8 月 27 日以及 11 月 26 日的负荷预测曲线。

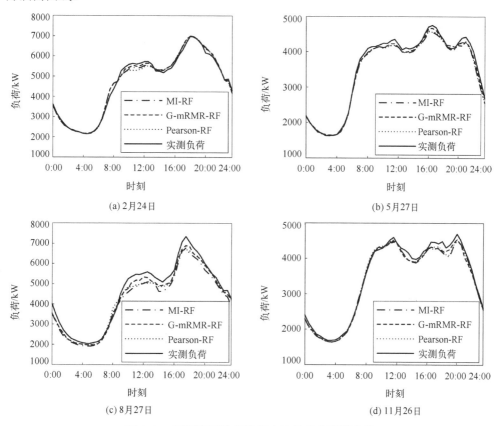

图 2-24 采用不同特征选择方法的负荷预测曲线

由图 2-24 可知，以随机森林为预测方法结合 G-mRMR、MI 法和 Pearson 相关系数法三种特征选择方法的预测曲线均与实测负荷曲线相近，预测误差很小。相比之下，采用 G-mRMR 进行特征选择后再用随机森林进行预测得到的预测曲线跟实测负荷曲线更为接近，这也间接说明采用 G-mRMR 特征选择方法得到的特征子集具有更好的适用性。

表 2-6 给出了以随机森林为预测方法，不同季节的测试集下的预测误差。由表

可知,采用 G-mRMR-RF 对各季节负荷进行预测得到的误差(MAPE)分别为 3.693%、3.003%、6.680%、2.529%,比采用 MI-RF 的预测误差分别降低了 0.551 个百分点、0.152 个百分点、3.628 个百分点和 0.031 个百分点,比 Pearson-RF 的预测误差分别降低了 0.510 个百分点、0.185 个百分点、−0.380 个百分点和 0.073 个百分点。此外,通过误差平均值的比较也可以得出采用 G-mRMR-RF 进行负荷预测能提高预测精度的这一结论。

表 2-6   不同季节的预测误差

季节	G-mRMR-RF		MI-RF		Pearson-RF	
	MAPE/%	RMSE/kW	MAPE/%	RMSE/kW	MAPE/%	RMSE/kW
春季	3.693	194.357	4.244	222.004	4.203	219.035
夏季	3.003	158.051	3.155	159.393	3.188	161.399
秋季	6.680	386.903	10.308	565.563	6.300	358.734
冬季	2.529	171.846	2.560	174.241	2.602	180.743
平均值	3.976	227.789	5.066	280.300	4.073	229.977

2)不同预测模型的比较

人工神经网络(artificial neural network,ANN)通过对训练样本的学习,获取输入和输出变量之间复杂的非线性关系,以提高自身的预测性能,具有强大的预测能力。单隐含层 ANN 的结构如图 2-25 所示。ANN 中各层均由多个独立的神经元构成,各层之间由权重值相互连接。当有数据输入时,输入层的神经元接收数据并将数据传递至隐含层;而隐含层和输出层之间的神经元则通过建立一种复杂非线性的映射关系进行信息传递,最后输出结果。

支持向量机(support vector machine,SVM)基于统计学理论和结构风险最小化准则,把要处理的问题转化为一个二次规划问题,求得全局最优解,克服了神经网络的不足。SVM 通过某一映射函数将低维的输入向量映射到高维的特征空间,并在该特征空间中构造一个最优超平面,使得所有样本到该超平面的距离均小于给定误差。

为比较不同预测器对特征选择与短期负荷预测的影响,本节以 G-mRMR 作为特征选择方法,以 SVM 和 ANN 作为短期负荷预测模型与 RF 开展对比试验,验证 G-mRMR-RF 的有效性。SVM 参数设置:惩罚参数 $C=100$,不敏感损失函数 $\varepsilon=0.1$,核宽 $\delta^2=2$。ANN 参数设置:隐含层神经元个数 $N_{neu}=2N_{feature}+1$($N_{feature}$ 为特征个数),迭代次数 $T=2000$。

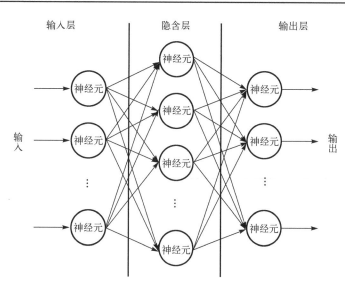

输入层　　　　　　隐含层　　　　　　输出层

图 2-25　单隐含层 ANN 的结构示意图

实验数据分成训练集、验证集和测试集。分别用 SVM 和 ANN 对 G-mRMR 的特征选择结果进行最优特征子集的选取，最优特征子集如表 2-7 和表 2-8 所示。对比表 2-4、表 2-7 和表 2-8 可以发现，RF 相比于 SVM 和 ANN 所选择的最优特征子集中特征个数相对较多，但以 RF 为预测模型所选择得到的最优特征子集所对应的各类误差均最小。由此可以说明，虽然 SVM 和 ANN 能够选择相对较少的特征用于建立预测模型，但二者无法保证可靠的预测精度，而 RF 可以在合理增加特征个数的情况下提高预测的可靠性，体现了 RF 在选择特征方面的优势。

表 2-7　以 SVM 为预测方法的不同季节不同类的最佳权重因子、最优特征子集维度及最小 MAPE

季节	负荷类别	最佳权重因子	最优特征子集维度	最小 MAPE/%	最优特征子集
春季	第一类	1	5	3.519	F_{DW}, $F_{(t-336)}$, $F_{(t-49)}$, $F_{(t-50)}$, $F_{(t-289)}$
	第二类	0.7	26	3.176	F_{WW}, $F_{(t-50)}$, $F_{(t-335)}$, $F_{(t-289)}$, $F_{(t-145)}$, $F_{(t-97)}$, $F_{(t-52)}$, $F_{(t-51)}$, F_{time}, $F_{(t-144)}$, $F_{(t-70)}$, $F_{(t-193)}$, $F_{(t-53)}$, $F_{(t-290)}$, $F_{(t-143)}$, $F_{(t-103)}$, $F_{(t-105)}$, $F_{(t-296)}$, $F_{(t-77)}$, $F_{(t-195)}$, $F_{(t-272)}$, $F_{(t-71)}$, $F_{(t-241)}$, $F_{(t-57)}$, $F_{(t-98)}$, $F_{(t-69)}$
	第三类	0.2	6	2.872	$F_{(t-336)}$, F_{WW}, $F_{(t-49)}$, $F_{(t-289)}$, F_{DW}, F_{time}
夏季	第一类	0.2	7	1.953	F_{WW}, F_{DW}, $F_{(t-336)}$, $F_{(t-49)}$, F_{time}, $F_{(t-289)}$, $F_{(t-335)}$
	第二类	0.7	14	2.452	F_{WW}, $F_{(t-336)}$, $F_{(t-49)}$, F_{DW}, F_{time}, $F_{(t-289)}$, $F_{(t-330)}$, $F_{(t-302)}$, $F_{(t-331)}$, $F_{(t-303)}$, $F_{(t-326)}$, $F_{(t-310)}$, $F_{(t-290)}$, $F_{(t-335)}$
	第三类	0.5	28	2.621	$F_{(t-336)}$, F_{WW}, $F_{(t-49)}$, F_{DW}, F_{time}, $F_{(t-50)}$, $F_{(t-335)}$, $F_{(t-150)}$, $F_{(t-149)}$, $F_{(t-266)}$, $F_{(t-334)}$, $F_{(t-52)}$, $F_{(t-51)}$, $F_{(t-61)}$, $F_{(t-292)}$, $F_{(t-290)}$, $F_{(t-329)}$, $F_{(t-70)}$, $F_{(t-307)}$, $F_{(t-310)}$, $F_{(t-267)}$, $F_{(t-97)}$, $F_{(t-289)}$, $F_{(t-309)}$, $F_{(t-272)}$, $F_{(t-260)}$, $F_{(t-291)}$, $F_{(t-53)}$

续表

季节	负荷类别	最佳权重因子	最优特征子集维度	最小MAPE/%	最优特征子集
秋季	第一类	0.8	5	1.937	F_{WW}, $F_{(t-49)}$, $F_{(t-289)}$, F_{DW}, $F_{(t-336)}$
	第二类	0.4	10	2.617	$F_{(t-336)}$, $F_{(t-49)}$, $F_{(t-335)}$, $F_{(t-289)}$, F_{WW}, F_{DW}, $F_{(t-241)}$, $F_{(t-50)}$, $F_{(t-97)}$, $F_{(t-290)}$
冬季	第一类	0.6	9	2.364	F_{WW}, $F_{(t-49)}$, F_{DW}, $F_{(t-50)}$, $F_{(t-335)}$, $F_{(t-326)}$, $F_{(t-289)}$, $F_{(t-52)}$, $F_{(t-336)}$
	第二类	0.5	9	2.465	F_{WW}, $F_{(t-49)}$, F_{DW}, $F_{(t-336)}$, $F_{(t-50)}$, $F_{(t-51)}$, $F_{(t-242)}$, $F_{(t-95)}$, $F_{(t-289)}$
	第三类	0.1	12	2.767	$F_{(t-49)}$, $F_{(t-336)}$, $F_{(t-50)}$, $F_{(t-335)}$, F_{WW}, $F_{(t-289)}$, $F_{(t-51)}$, $F_{(t-241)}$, $F_{(t-97)}$, F_{DW}, $F_{(t-193)}$, $F_{(t-69)}$

表2-8 以ANN为预测方法的不同季节不同类的最佳权重因子、最优特征子集维度及最小MAPE

季节	负荷类别	最佳权重因子	最优特征子集维度	最小MAPE/%	最优特征子集
春季	第一类	0.2	11	3.892	F_{DW}, $F_{(t-336)}$, $F_{(t-49)}$, $F_{(t-50)}$, $F_{(t-289)}$, F_{WW}, $F_{(t-145)}$, $F_{(t-97)}$, $F_{(t-333)}$, $F_{(t-323)}$, $F_{(t-100)}$
	第二类	0.7	24	3.691	F_{DW}, $F_{(t-49)}$, $F_{(t-336)}$, F_{WW}, $F_{(t-50)}$, $F_{(t-335)}$, $F_{(t-289)}$, $F_{(t-145)}$, $F_{(t-97)}$, $F_{(t-52)}$, $F_{(t-51)}$, F_{time}, $F_{(t-144)}$, $F_{(t-70)}$, $F_{(t-193)}$, $F_{(t-53)}$, $F_{(t-290)}$, $F_{(t-143)}$, $F_{(t-103)}$, $F_{(t-105)}$, $F_{(t-296)}$, $F_{(t-77)}$, $F_{(t-195)}$, $F_{(t-272)}$
	第三类	0.3	6	3.349	$F_{(t-336)}$, F_{WW}, $F_{(t-49)}$, $F_{(t-289)}$, F_{DW}, F_{time}
夏季	第一类	1	13	2.224	F_{WW}, F_{DW}, $F_{(t-336)}$, $F_{(t-49)}$, F_{time}, $F_{(t-289)}$, $F_{(t-335)}$, $F_{(t-315)}$, $F_{(t-326)}$, $F_{(t-65)}$, $F_{(t-90)}$, $F_{(t-271)}$, $F_{(t-286)}$
	第二类	1	35	2.379	F_{WW}, $F_{(t-336)}$, $F_{(t-49)}$, F_{DW}, F_{time}, $F_{(t-289)}$, $F_{(t-335)}$, $F_{(t-315)}$, $F_{(t-326)}$, $F_{(t-65)}$, $F_{(t-90)}$, $F_{(t-271)}$, $F_{(t-286)}$, $F_{(t-284)}$, $F_{(t-218)}$, $F_{(t-283)}$, $F_{(t-325)}$, $F_{(t-229)}$, $F_{(t-58)}$, $F_{(t-238)}$, $F_{(t-333)}$, $F_{(t-323)}$, $F_{(t-324)}$, $F_{(t-219)}$, $F_{(t-329)}$, $F_{(t-330)}$, $F_{(t-328)}$, $F_{(t-322)}$, $F_{(t-301)}$, $F_{(t-89)}$, $F_{(t-95)}$, $F_{(t-288)}$, $F_{(t-171)}$, $F_{(t-93)}$, $F_{(t-320)}$
	第三类	0.3	36	2.677	$F_{(t-336)}$, F_{WW}, $F_{(t-49)}$, F_{DW}, F_{time}, $F_{(t-50)}$, $F_{(t-335)}$, $F_{(t-150)}$, $F_{(t-149)}$, $F_{(t-266)}$, $F_{(t-334)}$, $F_{(t-52)}$, $F_{(t-51)}$, $F_{(t-61)}$, $F_{(t-292)}$, $F_{(t-290)}$, $F_{(t-329)}$, $F_{(t-70)}$, $F_{(t-307)}$, $F_{(t-310)}$, $F_{(t-267)}$, $F_{(t-97)}$, $F_{(t-289)}$, $F_{(t-309)}$, $F_{(t-272)}$, $F_{(t-260)}$, $F_{(t-291)}$, $F_{(t-53)}$, $F_{(t-271)}$, $F_{(t-138)}$, $F_{(t-255)}$, $F_{(t-103)}$, $F_{(t-251)}$, $F_{(t-136)}$, $F_{(t-263)}$, $F_{(t-152)}$
秋季	第一类	0.9	5	2.019	F_{WW}, $F_{(t-49)}$, $F_{(t-289)}$, F_{DW}, $F_{(t-336)}$
	第二类	0.3	13	2.765	$F_{(t-336)}$, $F_{(t-49)}$, $F_{(t-335)}$, $F_{(t-289)}$, F_{WW}, F_{DW}, $F_{(t-241)}$, $F_{(t-50)}$, $F_{(t-97)}$, $F_{(t-290)}$, $F_{(t-145)}$, $F_{(t-288)}$, $F_{(t-52)}$
冬季	第一类	0.2	16	2.856	F_{WW}, $F_{(t-49)}$, F_{DW}, $F_{(t-50)}$, $F_{(t-335)}$, $F_{(t-326)}$, $F_{(t-289)}$, $F_{(t-52)}$, $F_{(t-336)}$, $F_{(t-241)}$, $F_{(t-324)}$, $F_{(t-316)}$, $F_{(t-323)}$, $F_{(t-97)}$, $F_{(t-63)}$, F_{time}
	第二类	1	15	2.587	F_{WW}, $F_{(t-49)}$, F_{DW}, $F_{(t-336)}$, $F_{(t-50)}$, $F_{(t-51)}$, $F_{(t-242)}$, $F_{(t-95)}$, $F_{(t-289)}$, $F_{(t-335)}$, $F_{(t-240)}$, $F_{(t-334)}$, F_{time}, $F_{(t-195)}$, $F_{(t-97)}$
	第三类	0.3	19	2.961	$F_{(t-49)}$, $F_{(t-336)}$, $F_{(t-50)}$, $F_{(t-335)}$, F_{WW}, $F_{(t-289)}$, $F_{(t-51)}$, $F_{(t-241)}$, $F_{(t-97)}$, F_{DW}, $F_{(t-193)}$, $F_{(t-69)}$, $F_{(t-145)}$, $F_{(t-87)}$, $F_{(t-290)}$, $F_{(t-195)}$, $F_{(t-212)}$, $F_{(t-66)}$, $F_{(t-144)}$

表 2-9 为以 G-mRMR 为特征选择方法时不同预测模型的预测误差。由表 2-9 可知，对于每个季节下的大部分负荷，RF 的预测误差都要小于 SVM 和 ANN 的预测误差，说明了采用以 G-mRMR 为特征选择方法的 RF 具有更高的预测精度。

表 2-9　不同预测模型的预测误差

季节	负荷类别	RF		SVM		ANN	
		MAPE/%	RMSE/kW	MAPE/%	RMSE/kW	MAPE/%	RMSE/kW
春季	第一类	4.668	84.640	4.772	89.243	4.558	74.903
	第二类	3.064	23.442	3.053	21.572	4.190	32.162
	第三类	3.739	91.083	3.744	90.879	4.108	91.052
误差平均值		3.823	66.388	3.923	67.231	4.285	66.039
夏季	第一类	2.661	64.265	3.659	77.145	2.643	55.175
	第二类	3.343	71.717	2.820	60.317	3.365	72.186
	第三类	3.254	18.277	3.472	18.667	3.322	20.259
误差平均值		3.353	51.419	3.317	52.043	3.110	45.54
秋季	第一类	5.067	260.569	5.143	246.798	6.040	290.627
	第二类	3.283	31.129	3.535	33.024	4.183	39.000
误差平均值		4.275	145.849	4.339	139.911	5.112	164.814
冬季	第一类	2.702	72.600	3.037	87.565	3.308	79.528
	第二类	2.952	85.596	2.893	83.191	3.264	83.316
	第三类	2.802	31.375	2.826	33.842	3.065	33.024
误差平均值		2.818	63.190	2.918	68.199	3.212	65.289

将不同季节中不同类别的负荷预测值分别相加得到该季节的负荷最终预测结果。采用不同预测方法得到各季节的负荷预测曲线如图 2-26 所示。

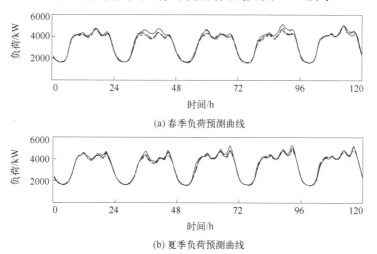

(a) 春季负荷预测曲线

(b) 夏季负荷预测曲线

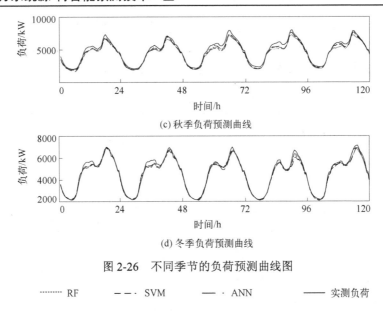

(c) 秋季负荷预测曲线

(d) 冬季负荷预测曲线

图 2-26 不同季节的负荷预测曲线图

········ RF   — — · SVM   —— · ANN   —— 实测负荷

由图 2-26 可知，无论预测那个季节的负荷，采用 RF、SVM 以及 ANN 作为预测方法得到的预测曲线均非常接近实测负荷曲线，表明采用 G-mRMR 特征选择方法后所建预测模型可以准确地进行负荷预测。

2.3   基于分时特征选择的配电网负荷预测

居民用电用户、小型商户等用户的用电情况在时间上具有很强的随机性和波动性。虽然同一用户在一天内不同时刻的用电行为不同，但是同一季节该用户每天的用电行为具有强相似性，因此可以对同一时刻的负荷分别建立预测模型来预测未来该时刻的负荷。此外，考虑到不同时刻的用电行为不同，即对不同时刻的负荷进行预测时采用的特征也不尽相同，对不同时刻分别进行特征选择选取不同时刻所对应的最优特征集合，从而提高负荷预测的准确率。

2.3.1   基于广义最大相关最小冗余分时特征选择的负荷预测

鉴于 2.2 节采用的广义最大相关最小冗余特征选择方法在预测中提高负荷预测准确率的作用，本节亦将广义最大相关最小冗余特征选择方法作为进行分时预测时的特征选择方法。

采用的分时特征选择负荷预测方法，对不同预测时刻的负荷所对应的特征分别进行估计，得到其特征重要度，以及不同时刻的特征排序；再结合预测模型，以最小平均绝对百分比误差作为决策标准，确定不同时刻预测所需的最优特征子集，最后将最优特征子集作为输入，分别训练不同时刻的预测器，构建分时预测模型。整个过程包括特征集构建、数据集分离、分时特征选择、分时建模及预测。

图 2-27（a）为分时特征选择负荷预测的流程图。利用特征选择方法分别计算不同时刻负荷对应特征的互信息值并将特征降序排列，再结合预测模型以及决策标准确定各最优特征子集，最后将各所选最优特征子集作为输入，分别训练预测模型，构建分时预测模型用于对第二天每一时刻负荷的预测，最后将各预测结果按时刻重新排列得待预测日的负荷预测结果。

最优特征子集选择过程如图 2-27（b）所示。在特征排序之后，每次以特征序列前 i 个特征构成特征子集，以 MAPE 作为评价指标，用预测模型对此特征子集进行测试，直到遍历所有特征。

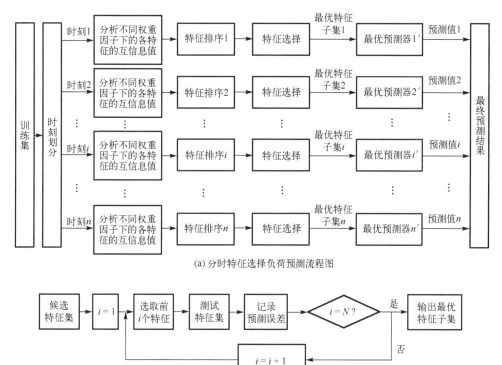

(a) 分时特征选择负荷预测流程图

(b) 最优特征子集选择流程图

图 2-27　分时特征选择负荷预测及最优特征子集选择流程图

2.3.2　实验结果及分析

1）实验数据

实验数据仍以 2009 年 12 月 1 日至 2010 年 11 月 30 日爱尔兰某配电网内 5000 多户智能电表采集的数据为基础，并以 2.2.3 节对各类用户的聚类结果为对象开展实验，将用电数据按季节分成春夏秋冬四个季节，并取每个季节数据的 90%作为训练集，5%作为验证集和5%作为测试集。其中，训练集用于训练随机森林模型，验证集用于确定广义最大相关最小冗余的最佳权重因子α，测试集用于验证采用最佳权重因子α进行特征选择后结合随机森林进行预测的有效性。各数据集的详细信息如表2-2所示。以不同季节不同用户的聚类结果为基础，将每类负荷所对应的数据集以各时刻为基础划分为48个数据子集。

2）特征选择结果

根据2.2节所用广义最大相关最小冗余特征选择方法以及特征子集选择流程并结合本节所用分时特征选择负荷预测方法，以随机森林作为预测方法，开展特征选择。

表2-10给出了春季第一类负荷所选不同时刻的特征子集的特征数（FD）以及对应的最小MAPE。由表可知，该类负荷不同时刻的最优特征子集大小范围为4~148，最小MAPE范围为1.151%~5.971%。不同时刻的负荷对应了不同的最优特征子集和不同的预测误差，这说明在进行负荷预测时，需要对不同时刻的负荷分别进行特征选择以及建立独立的预测模型，以此才能提高预测的准确性。通过比较不同时刻的所选特征子集维度可以发现，晚间时刻所选特征子集维度比白天小，说明白天的负荷构成成分比晚间的负荷复杂，更难预测，建立预测模型时需要更多的特征来保证预测的准确性；此外，距离历史负荷特征越远的待预测时刻，特征子集维度越高，证明其预测难度提高，需要更多的特征来建立更复杂的预测模型来保证预测精度，分析其他季节的不同类不同时刻负荷所对应的特征子集也可得到相似的结论。

表2-10 春季第一类负荷不同时刻的最优特征子集的特征数及最小MAPE

时刻	最小MAPE/%	FD	时刻	最小MAPE/%	FD
0:30	2.569	10	8:00	3.196	46
1:00	2.851	64	8:30	3.768	17
1:30	2.753	31	9:00	3.676	139
2:00	2.564	103	9:30	5.176	88
2:30	4.268	8	10:00	3.017	41
3:00	3.751	22	10:30	3.045	9
3:30	3.145	4	11:00	2.226	4
4:00	3.181	11	11:30	3.755	114
4:30	4.325	53	12:00	3.267	108
5:00	4.225	68	12:30	5.285	108
5:30	4.769	49	13:00	3.440	135
6:00	2.993	6	13:30	4.343	113
6:30	3.462	11	14:00	5.408	148
7:00	2.339	17	14:30	4.382	66
7:30	5.971	14	15:00	4.418	26

续表

时刻	最小 MAPE/%	FD	时刻	最小 MAPE/%	FD
15:30	2.393	40	20:00	1.151	4
16:00	3.185	81	20:30	1.429	51
16:30	4.546	65	21:00	5.214	14
17:00	4.336	69	21:30	5.310	101
17:30	4.418	54	22:00	5.810	116
18:00	5.265	39	22:30	5.113	97
18:30	4.878	5	23:00	4.837	20
19:00	1.219	10	23:30	4.029	47
19:30	2.122	71	24:00	4.348	29

3）预测结果及分析

根据得到的不同季节不同类别不同时刻所对应的各最优特征子集，以随机森林作为预测方法重新建立预测模型开展负荷预测，并将最后预测得到的各类负荷值进行累加得到最终的预测结果。图 2-28 为以随机森林为预测模型时，分别采用分时特征选择和不分时特征选择两种方法后预测得到的四个季节的预测曲线以及实测负荷曲线图。

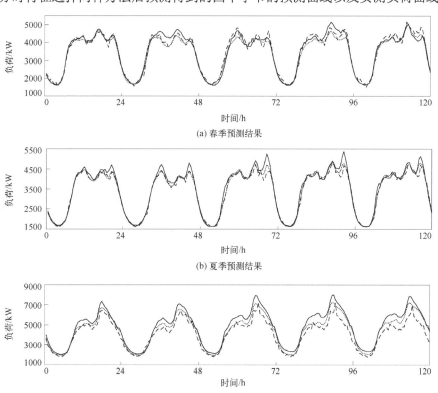

(a) 春季预测结果

(b) 夏季预测结果

(c) 秋季预测结果

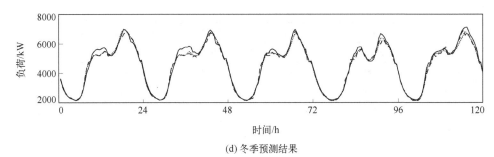

(d) 冬季预测结果

图 2-28　不同选择方法的预测曲线及实测负荷曲线

--- 不分时特征选择　　……… 分时特征选择　　—— 实测负荷

由图 2-28 可以看出，采用随机森林作为预测方法预测得到的负荷曲线都能很好地与实测负荷曲线保持一致，只在预测秋季的个别日时出现了较大误差。此外，由秋季的预测结果可以很明显地看出，对于采用分时特征选择进行负荷预测和不分时特征选择进行负荷预测，采用前者的预测方法具有更好的预测效果，可以有效提高预测的准确性。

表 2-11 为分别以随机森林、支持向量机和人工神经网络为预测方法的不分时特征选择和分时特征选择后的预测误差。

表 2-11　不同预测方法的预测误差　　　　　　　　　（单位：%）

方法	随机森林	支持向量机	人工神经网络
不分时特征选择	2.557	3.541	3.822
分时特征选择	1.876	2.627	3.607

由表 2-11 可知，在进行聚类用户负荷预测时采用分时特征选择方法后，无论采用何种预测模型，预测误差均小于不分时特征选择方法，验证了所采用的分时特征选择方法在负荷预测上的有效性和先进性。此外，无论是否采用分时特征选择方法，随机森林的预测误差均小于另外两种预测模型的预测误差，由此也再一次验证了所用随机森林预测方法相较于所对比的另外两种预测方法的先进性。

表 2-12 为采用分时特征选择方法和不分时特征选择方法对春季负荷进行预测后得到的 MAPE 和 RMSE。通过分析表中所列误差可知，无论预测哪一日，采用分时特征选择方法得到的误差均要低于不分时特征选择方法。相比之下，对于预测的这 5 日，MAPE 分别减少 0.09 个百分点、2.282 个百分点、1.553 个百分点、0.957 个百分点和 0.568 个百分点。比较 RMSE 时可以发现，在预测 5 月 28 日～31 日时，误差分别降低 102.407kW、78.382kW、79.427kW 和 65.24kW；而在预测 5 月 27 日时，虽然 MAPE 降低了 0.09 个百分点，但是 RMSE 却增加了 18.671kW，这是由于

在预测负荷高峰时，采用分时特征选择方法的预测结果出现了较大偏差。通过以上对预测误差的分析可知采用分时特征选择方法进行预测具有很明显的优势。

表2-12 春季预测日的预测误差比较

日期	分时特征选择方法		不分时特征选择方法	
	MAPE/%	RMSE/kW	MAPE/%	RMSE/kW
5月27日	1.931	104.850	2.021	86.179
5月28日	2.787	160.685	5.069	263.092
5月29日	1.677	74.622	3.230	153.004
5月30日	2.592	145.651	3.549	225.078
5月31日	1.949	90.077	2.517	155.317

为验证以随机森林为预测器，并采用分时特征选择负荷预测方法的有效性，下面给出以随机森林、支持向量机和人工神经网络为预测方法时，测试集四个季节的预测曲线以及实测负荷曲线，如图2-29所示。

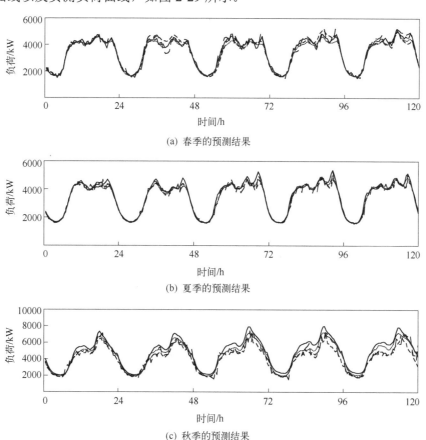

(a) 春季的预测结果

(b) 夏季的预测结果

(c) 秋季的预测结果

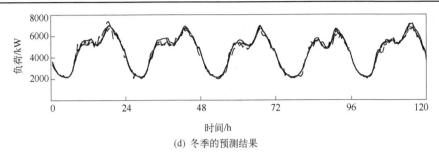

时间/h

(d) 冬季的预测结果

图 2-29 不同预测方法的预测曲线及实测负荷曲线

—— 随机森林 ---- 支持向量机 — — 人工神经网络 —— 实测负荷

同样地，以分时特征选择负荷预测方法为基础，采用以上三种预测方法得到的预测曲线均能与实测负荷曲线走势保持一致，且春季、夏季、冬季的预测曲线效果较好；此外，对比各方法对秋季的预测结果可以发现，随机森林的预测结果仍优于支持向量机和人工神经网络。这也直接说明随机森林结合分时特征选择负荷预测方法进行预测时的适用性与有效性。

2.4 本 章 小 结

本章以爱尔兰智能电表大数据为研究对象，针对用电大数据数据量大的特点采用 MapReduce 对数据进行分块并行处理，同时利用了计算机外存避免了单机内存不足难以处理该类数据的情况，同时根据能表征用户用电行为的特征对其进行聚类，而不是采用传统的直接根据负荷曲线进行聚类，满足了配电网内用户用电波动性大的特点，使得聚类更加合理。而对于负荷预测，本章提出一种基于互信息的最大相关最小冗余的特征选择方法，并引入权重因子权衡特征和待预测负荷之间的相关性以及特征和特征之间的冗余性。此外，针对用户在不同时刻的用电行为不同，采用一种分时特征选择负荷预测方法，对每一时刻的负荷建立特征集合并分别进行特征选择，得到不同的最优特征子集。本章的研究工作及研究成果如下。

（1）采用 MapReduce 对智能电表大数据进行分块并行处理，同时利用了计算机外存避免了单机内存不足难以处理该类数据的情况，提高了数据的处理效率。

（2）配电网底层用户受用电行为影响大，负荷波动性强，采用用电行为聚类能够满足配电网底层用户负荷波动性大的特点，根据用电行为特征针对不同类用户进行合理聚类。同时，采用基于 Canopy 的 K-means 聚类方法避免了在对用户进行聚类时所选聚类数不合理对聚类结果产生的影响。

（3）构建的原始特征集合中存在冗余特征，采用所提广义最大相关最小冗余的特征选择方法有效地分析了待预测负荷之间的相关性以及特征与特征之间的冗余性，将其中的关系量化并对特征进行排序，剔除了冗余特征。然后利用模型参数较少的随机森林作为预测方法，选取最优特征子集开展负荷预测，提高了负荷预测的准确性。

（4）针对普通居民用户、中小型企业等用户的用电情况在时间上具有很强的随机性和波动性，且同一用户在一天内的不同时刻的用电行为不同，对聚类后的每类负荷的每一时刻待预测负荷的特征分别进行特征选择得到只与待预测负荷相关的特征，然后分别建立预测模型，提高了预测的准确性。

由于各种条件限制，在本章研究中未考虑电价和收费方式等因素对用户用电行为的影响。此外，空调等用电设备在用户用电负荷中占有相当大的比重，如何对这些用电设备产生的负荷进行准确预测，是未来需要研究的一个重点内容。

第3章　基于智能电表数据分析的精细化时-空负荷特性分析

随着智能电网研究与建设的深入，智能电表不断普及，电力系统在各个环节逐渐形成大数据。这些电网中的大数据既包括用电负荷，也涵盖了不同信号采集得到的气象、位置等数据，智能电网的大数据时代使得分析终端用户丰富的用电行为成为可能，通过数据分析，寻找用户用电行为的规律，根据得到的不同规律对居民用户进行分类，对不同类别的用户分别开展精细化时-空负荷特性分析与配电网负荷预测，将使得预测结果更加精准。如何有效利用海量的用户负荷数据对配电网进行合理的精细化时-空负荷特性分析以提高配电网负荷预测的准确性，以及充分挖掘数据中的信息是当下值得研究的重要内容。

3.1　负荷特性分析与原始特征集合构建

无论是整个地级市的负荷数据，还是智能电表采集到的每个用电用户的负荷数据，都具有一定的周期性规律。基于负荷变化的周期性规律，使负荷预测的研究成为可能。电力负荷具有明显的日、周以及年周期性。在分析影响负荷变化的各种因素以及造成负荷预测误差的各种原因的基础上，需要对负荷特性进行更为深入的分析，从而进一步提升负荷预测精度。

3.1.1　东北某市负荷特性分析

本节使用的城市负荷数据为东北某市 2012 年的历史负荷数据，其采样周期为1h。数据的分辨率较低导致无法对负荷的年周期性以及季周期性进行相应的分析，下文将依次分析负荷的日周期性、周周期性，并简要概括负荷的年周期性。

1）负荷的日周期性分析

电力负荷遵循着日周期性的变化规则，是指在连续的几天内，不考虑负荷值大小的情况下，负荷日曲线的变化趋势是基本相同的。图 3-1 显示了东北某市 3 月份某一周的负荷曲线，从图中曲线可以看出来，这连续七天的负荷数据具有很明显的相似的变化趋势，表明了负荷所具有的日周期性特点。进一步分析可以发现，这七天基本都在中午 11:00 左右达到该日的第一个用电高峰，之后负荷回落，并于 19:00 左右达到该日的第二个用电高峰，且白天的用电量大于晚上的用电量。这种情况出现的原因是白天人们都在工作和活动，因此负荷值较大；晚上则是用户休息时间，因此负荷值较小。

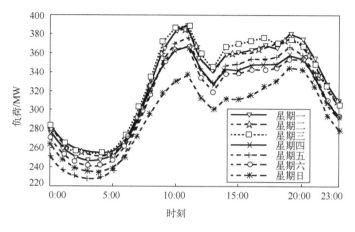

图 3-1　负荷的日变化曲线

2）负荷的周周期性分析

电力负荷也遵循着周周期性的变化规则，是指负荷在以周为分析单位时，其变化规律是基本一致的。图 3-2 显示了东北某市 3 月 26 日至 4 月 29 日共计 35 天（5 周）的负荷曲线。由图可知，在忽略每天负荷值大小的情况下，这五周的负荷变化也具有相同的趋势。进一步分析可以发现，每周前五天的负荷值基本都要大于后两天，即每个星期的工作日负荷要大于休息日负荷，这主要是因为工作日的负荷是以工业负荷为主要代表类型的，而休息日大多数工厂企业职工都休息，这时候的负荷则主要为居民生活负荷。

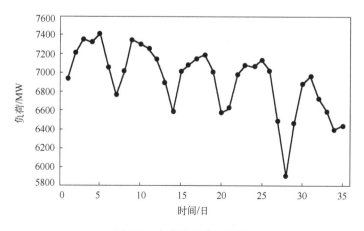

图 3-2　负荷的周变化曲线

3）负荷的年周期性分析

当以年为单位对负荷数据进行分析时，同样可以发现负荷依旧具有类似的变化规律。每一年都按照四季进行更替，国民经济在稳定中逐步增长，人民群众的生活习惯也大致趋于稳定，因此负荷的年变化也一样具有一定的规律性，也就是负荷的年周期性。

3.1.2 爱尔兰负荷特性分析

使用的智能电表负荷数据为爱尔兰 2009 年 8 月至 2010 年 7 月的智能电表负荷数据，其采样周期为 30min。上文已经分析过负荷的日周期性、周周期性以及年周期性，下文将针对智能电表负荷数据以及地级市负荷数据的不同进行相关分析研究。

安装到每一个用户的智能电表所采集到的用户用电数据和地级市负荷数据大不相同。地级市负荷数据相当于将所有的用户用电负荷数据相加得到的和，然而用户在某一天的用电负荷曲线很大可能会与总体的负荷曲线有很大的差别，即用户层级的负荷曲线和整个系统层级的负荷曲线会存在很大的差别。很显然的是，用户层级、地区层级、变电所层级、母线层级和整个系统层级的负荷曲线都会存在很大的差别。将所有智能电表的负荷数据相加，得到整个系统层级的负荷数据。图 3-3 显示了整个系统层级 2009 年 7 月 14 日的负荷曲线，图 3-4 则显示了同一天的某一个智能电表的负荷曲线，即单个用户的负荷曲线。

从图 3-3 和图 3-4 可以很明显地看出来，单个用户的负荷曲线和整个系统层级的负荷曲线具有明显的差异性。系统负荷处于用电高峰期时，某些用电用户的负荷可能处于用电低谷期，而当系统负荷处于用电低谷期时，某些用电用户的负荷则可能处于用电高峰期，这种现象取决于某些工业行业的生产特性、当地的分时电价政策以及居民的生活用电习惯。

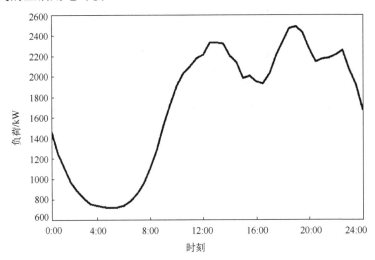

图 3-3　系统层级日负荷曲线

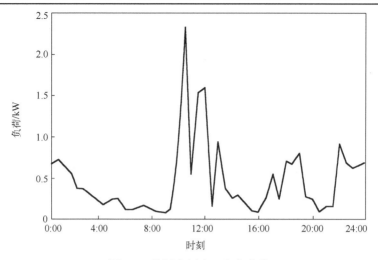

图 3-4　某用电用户日负荷曲线

不仅用户层级的负荷曲线和系统层级的负荷曲线存在较大的差异，不同的用电用户之间由于生活作息规律、年龄、收入水平、用电习惯和家庭组成等之间存在很大的不同，其负荷曲线也存在很大的差异。图 3-5 显示了同一天下，不同的用电用户各自的负荷曲线。

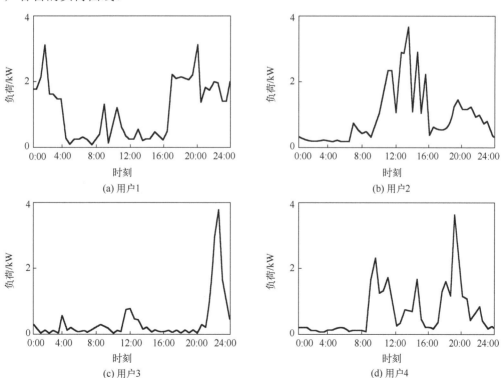

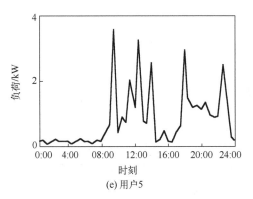

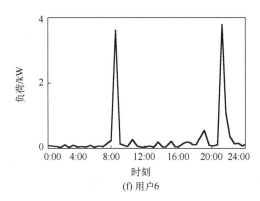

(e) 用户5   (f) 用户6

图 3-5   不同用电用户在同一天的负荷曲线

从图 3-5 可以很明显地看出，即使是在同一天，六个不同的用电用户的负荷曲线也具有完全不同的走势，之间存在很大的差异性。此外，即使是同一个用电用户，其在一个星期当中的不同日也具有不同的用电负荷曲线。图 3-6 显示了同一个用户在一个星期内的七条用电负荷曲线。

由于一个星期内有工作日和休息日，而且温度降水不同、加班与否等各种因素都会影响到用户的用电情况，因此从图 3-6 中也能够显然地观察到负荷曲线的差异性。

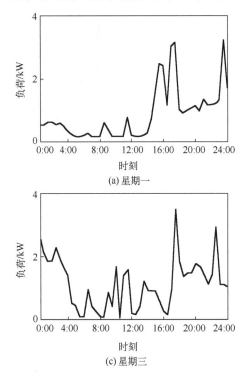

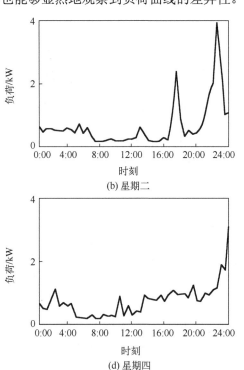

(a) 星期一   (b) 星期二

(c) 星期三   (d) 星期四

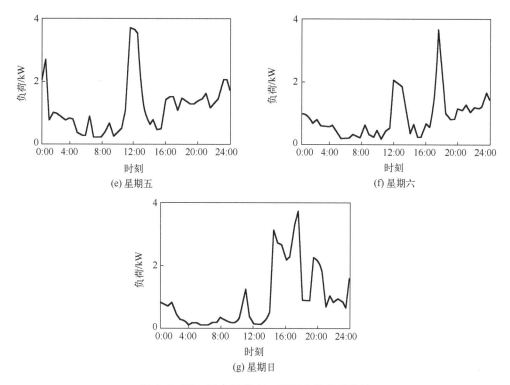

图 3-6 同一用电用户在一星期内的负荷曲线

从以上分析可以看出，系统层级的负荷曲线和用户层级的负荷曲线之间存在着一定的差异性，甚至用电用户之间的负荷曲线也具有一定的差异性，而这些差异性在东北某地级市负荷数据中都是观察不到的。因此安装到户的智能电表的出现，给负荷分析和预测带来了新的挑战和机遇。

3.1.3 原始特征集合的构建

在分析完两种不同的电表采集到的负荷数据的特性之后，需要对两个负荷数据集分别构建原始特征集合，以便进行下一步的特征选择和特征重要度分析。

1）东北某市负荷数据的原始特征集合构建

以东北某市负荷数据集为基础，本章将开展两种最为常用的负荷预测方法的实验：超短期负荷预测和短期负荷预测。

假设以时刻 t 为起点开始进行超短期负荷预测。在构建原始特征集合时，超短期负荷预测从 t 时刻前 1h 的负荷值（L_{t-1}）开始，考虑 t 时刻之前的 240 个点（共 10 天）的历史负荷值，以及预测日是否为工作日、其日期类型和 t 对应的时刻，共 243 个特征构成原始特征集合。

短期负荷预测则只是在选择历史负荷值作为特征时与超短期负荷预测有所不同。进行短期负荷预测时，是从 t 时刻前 24h 的负荷值（L_{t-24}）开始的，也考虑 240 个共 10 天的历史负荷值，此外，同样考虑预测日是否为工作日、其日期类型和 t 对应的时刻，共 243 个特征构成原始特征集合。

表 3-1 与表 3-2 列举了超短期负荷预测和短期负荷预测原始特征集合中的相应特征。

表 3-1　超短期负荷预测原始特征集合构成

特征名称	特征含义
$F_i^{1-h}(i=1,2,\cdots,240)$	$t-i$ 时刻的历史负荷值
F_{241}^{1-h}	预测日是否为工作日（1-是，2-否）
F_{242}^{1-h}	预测日的日期类型（1-星期一，2-星期二，3-星期三，4-星期四，5-星期五，6-星期六，7-星期日）
F_{243}^{1-h}	t 对应的时刻（从 0 至 23，对应于一天的 24h）

表 3-2　短期负荷预测原始特征集合构成

特征名称	特征含义
$F_i^{24-h}(i=1,2,\cdots,240)$	$t-i-23$ 时刻的历史负荷值
F_{241}^{24-h}	预测日是否为工作日（1-是，2-否）
F_{242}^{24-h}	预测日的日期类型（1-星期一，2-星期二，3-星期三，4-星期四，5-星期五，6-星期六，7-星期日）
F_{243}^{24-h}	t 对应的时刻（从 0 至 23，对应于一天的 24h）

2）爱尔兰智能电表负荷数据的原始特征集合构建

不同于东北某市的负荷数据，爱尔兰智能电表采集数据时，以 30min 作为采样周期，因此一天共采集了 48 个负荷数据。假设从时刻 t 开始进行预测。在构成原始特征集合时，从 t 时刻前 1h 的负荷值（L_{t-1}）开始，共考虑 t 时刻之前的 336 个点（共 7 天）的历史负荷值，以及预测日的日期类型和 t 对应的时刻，共 338 个特征构成原始特征集合，而对于东北某市负荷数据原始特征集合中的"预测日是否为工作日"这一特征，通过实验分析证明了其与特征"预测日的日期类型"的作用相似，重要度较低，因此原始特征集合的构建不再加入此特征。表 3-3 显示了进行爱尔兰智能电表负荷预测时的原始特征集合中的相应特征。

表 3-3　智能电表负荷预测原始特征集合构成

特征名称	特征含义
$F_i(i=1,2,\cdots,336)$	$t-i$ 时刻的历史负荷值

特征名称	特征含义
F_{337}	预测日的日期类型 （1-星期一，2-星期二，3-星期三，4-星期四，5-星期五，6-星期六，7-星期日）
F_{338}	t 对应的时刻 （从 0 至 47，30min 采样一次，对应一天的 24h）

3.2　基于随机森林的城市负荷特征选择与负荷预测

本节构建基于随机森林的负荷预测模型，首先将原始特征集合作为训练集输入到随机森林模型当中，训练得到一个初始的随机森林。在训练过程结束之后，得到每一个特征对于预测的重要度值，并在测试集上测试原始模型的预测误差。之后采用优化的序列后向搜索策略选择出最优特征子集。最后，使用最优特征子集作为训练集构建最终的基于随机森林的负荷预测模型。

3.2.1　基于优化的序列后向搜索策略和随机森林的负荷特征选择

在构建负荷预测的原始特征集合时，往往必须加入非常多的历史负荷特征、时间特征等。如果直接采用大量特征进行预测，则会由于冗余特征的存在而降低预测模型的预测精度与效率。因此，去除原始特征集合中的冗余特征，构建最优特征子集显得尤为必要。早期研究多采用专家经验人工指定特征子集，构建预测模型，缺少合理可信的特征选择环节。现有负荷预测领域特征选择方法需要优化多个环节的大量参数，其花费的时间成本较大，且难以避免由于参数设计不合理而导致的误差。而随机森林通过调整少量参数保证模型的最优化，并在训练学习的过程中就能够给出特征集合中每个特征对于预测的重要度。之后，即可根据重要度值逐步剔除冗余特征，极大地简化了短期负荷预测的特征选择过程。

1）基于随机森林的特征重要度分析

随机森林通过计算每一个特征的 PI（信息增益）值来衡量其对于短期负荷预测的重要度。当计算负荷特征 F^j 的重要度时，以一棵树 i 为起点，首先计算袋外数据误差 OOBError_i。然后将袋外数据中特征 F^j 的值进行随机重新排列，其余特征的值则保持原样不动，从而形成一个新的袋外数据集 OOB'_i。接着针对新的 OOB'_i 重新计算得到 $\text{OOBError}'_i$。两次计算结果相减则可以得到特征 F^j 在第 i 棵树的 PI 值。

$$\text{PI}_i\left(F^j\right) = \text{OOBError}'_i - \text{OOBError}_i \tag{3-1}$$

对随机森林中每一棵树重复以上计算过程，将每棵树的特征 F^j 的 PI 值进行求和后取平均值，可以得到特征 F^j 最终的 PI 值。

$$\mathrm{PI}\left(F^j\right)=\frac{1}{c}\sum_{i=1}^{c}\mathrm{PI}_i\left(F^j\right) \qquad (3\text{-}2)$$

式中，$c = n_{\text{tree}}$ 为随机森林中树的个数。如果一个特征是重要的，那么 PI 值在不同的样本之间存在着区分度。当特征值在袋外数据集上重新随机排序后，其对于不同样本的区分度将会降低，从而导致 OOBError 的提升。因此，PI 值越大的特征，其重要度越高。

2）基于优化的序列后向搜索策略的负荷特征选择

在得到所有特征的 PI 值的基础上，结合序列后向搜索方法，可以确定最优预测特征子集。但是考虑到原始负荷特征维度很高，如果使用传统的序列后向搜索方法将会花费很大的时间代价，因此提出一种优化改进的序列后向搜索方法。

在对特征集合使用序列后向搜索策略之前加入一个预选阶段。以原始负荷特征集合作为输入训练随机森林。随机森林训练完成后，在得到每一个特征的 PI 值的同时，使用测试集评估得到随机森林的预测精度 P_{all}，并将其设定为一个阈值。将所有特征根据 PI 值从大到小依次排列。之后将重要度值最大的前十个特征首先加入到初始为空集的预选特征集合 Q_{pre} 中，并将这些特征从原始特征集合 M 中剔除。用 Q_{pre}^i（上标 i 表示集合 Q_{pre} 中的特征个数）重新训练随机森林后测试其预测精度 P_{pre}^i。当 $P_{\text{pre}}^i \leqslant P_{\text{all}}$ 时，继续往集合 Q_{pre} 中添加 10 个特征构成集合 Q_{pre}^{i+10}。如果 $P_{\text{pre}}^i \leqslant P_{\text{pre}}^{i+10}$，则停止往 Q_{pre} 中继续添加特征。否则，继续添加 M 中重要度值最大的前 10 个特征，即预选阶段停止条件为 $P_{\text{pre}}^i \leqslant P_{\text{all}}$ 且 $P_{\text{pre}}^i \leqslant P_{\text{pre}}^{i+10}$。重复以上步骤直至满足停止条件，或者 M 变为空集。预选阶段结束。

在确定预选特征集合 Q_{pre} 之后，针对集合 Q_{pre} 使用传统的序列后向搜索方法。将集合 Q_{pre} 中的特征按照 PI 值从小到大依次剔除，直到集合 Q_{pre} 变为空集。每剔除一个特征则使用新的集合 Q_{pre} 重新训练随机森林，并记录其在测试集上的预测精度。最后，综合考虑预测精度和特征集合维度，选择出最优预测特征子集 Q_{best}。算法流程图如图 3-7 所示。

相比传统的序列后向搜索方法，本节增加了一个预选阶段。通过花费少量的时间代价而获得一个维度远小于原始负荷特征集合的预选负荷特征集合。在此基础上再执行相应的搜索策略则只需要相对很低的时间成本，因此非常适合应用于拥有高维度特征集合的电力系统负荷预测。

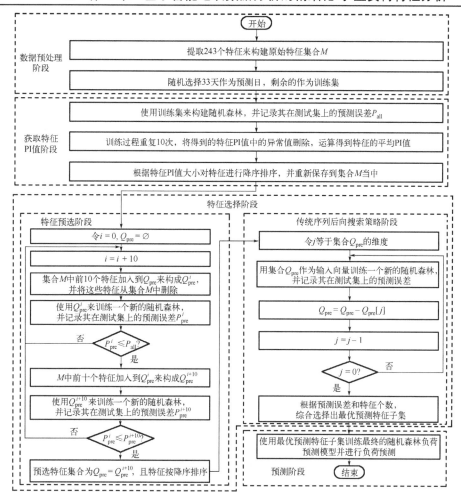

图 3-7 新算法的流程图

3.2.2 实验结果以及相关分析

实验部分使用的数据均为真实的历史负荷数据。当对测试结果进行分析时，本节使用两类负荷预测的误差评价标准：MAPE 和 RMSE。MAPE 和 RMSE 的计算方法如式（3-3）和式（3-4）所示。

$$\text{MAPE} = \frac{1}{n} \sum_{t=1}^{n} \frac{\left| y_{\text{r}}(t) - y_{\text{p}}(t) \right|}{y_{\text{r}}(t)} \times 100\% \tag{3-3}$$

$$\text{RMSE} = \sqrt{\frac{\sum_{t=1}^{n} \left(y_{\text{r}}(t) - y_{\text{p}}(t) \right)^2}{n}} \tag{3-4}$$

式中，n 为样本点个数；$y_r(t)$ 为 t 时刻的真实负荷值；$y_p(t)$ 为 t 时刻的预测负荷值。

1）实验数据集

东北某市 2012 年历史负荷数据集中共包含有 366 天，随机抽取其中的 9%（共 33 天，792 个样本点）作为测试集，剩余的 91%（共 333 天，7992 个样本点）则作为训练集。该市在进行负荷数据采样时，以 1h 为采样间隔。为了提高实验的可信度，构成测试集的 33 天平均随机分布于 4 个季度，其中春季、夏季、秋季和冬季分别包含 8 天、8 天、9 天和 8 天。表 3-4 列举了测试集中每一天的相关日期信息。

表 3-4 测试集日期构成

春季 1 月 1 日至 3 月 31 日	夏季 4 月 1 日至 6 月 30 日	秋季 7 月 1 日至 9 月 30 日	冬季 10 月 1 日至 12 月 31 日
1 月 5 日、8 日 （星期四、星期日） 2 月 4 日、9 日、24 日 （星期六、星期四、星期五） 3 月 3 日、23 日、31 日 （星期六、星期五、星期六）	4 月 1 日、20 日 （星期日、星期五） 5 月 10 日、18 日、25 日、31 日 （星期四、星期五、星期五、星期四） 6 月 18 日、27 日 （星期一、星期三）	7 月 8 日、28 日 （星期日、星期六） 8 月 15 日、23 日、31 日 （星期三、星期四、星期五） 9 月 17 日、21 日、25 日、27 日 （星期一、星期五、星期二、星期四）	10 月 16 日、21 日、28 日、30 日 （星期二、星期日、星期日、星期二） 11 月 21 日、29 日 （星期三、星期四） 12 月 9 日、27 日 （星期日、星期四）

2）基于 PI 值的特征选择

将已经构建好的原始特征集合作为随机森林的输入，并训练该随机森林。在随机森林完成训练后能够得到原始特征集合中每一个特征的 PI 值。在进行相关实验时，随机森林中树的棵数 n_{tree} 设置为默认值 500，候选分割特征集合的维度 m_{try} 也取默认的经验值 $t/3$（t 为原始特征集合维度）。为了避免一些偶然情况造成某些不相关的特征的 PI 值过大，而有的对提高预测精度贡献很大的特征的 PI 值小于预期值，相同的训练过程将进行 10 次以保证实验结果的可靠性。

图 3-8~图 3-11 分别为进行超短期负荷预测和短期负荷预测时特征的 PI 值的箱线图。

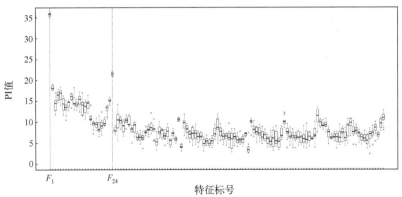

图 3-8 超短期负荷预测前 122 个特征的 PI 值箱线图

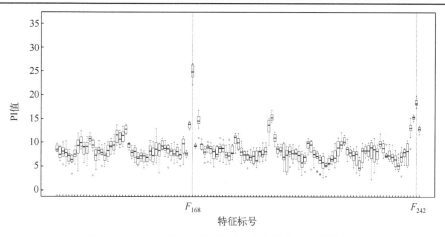

图 3-9 超短期负荷预测后 121 个特征的 PI 值箱线图

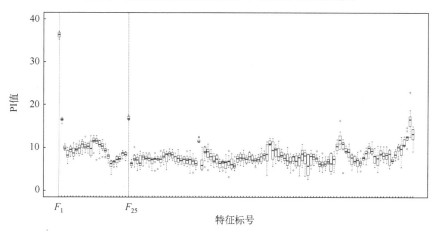

图 3-10 短期负荷预测前 122 个特征的 PI 值箱线图

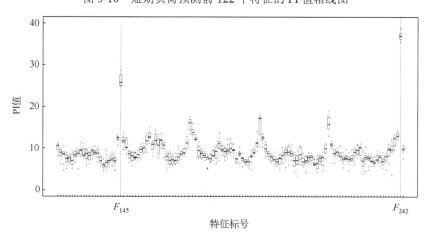

图 3-11 短期负荷预测后 121 个特征的 PI 值箱线图

　　由于原始特征集合维度较高，为了更加清晰地显示每个特征的 10 个 PI 值的分布情况，将 243 个特征分成两组，用两个图来显示。同时，考虑到横坐标比较密集，因此只标记出了 PI 值较高的部分特征。并且在表示特征 i 时，图 3-8～图 3-11 都使用简略的 F_i 代替原本的 F_i^{1-h} 和 F_i^{24-h}。

　　图 3-8 和图 3-10 统计了前 122 个特征的 PI 值，图 3-9 和图 3-11 则统计了后 121 个特征的 PI 值。从箱线图中可以得到大量的信息。如果不考虑可能存在的异常值点（用小圆圈表示），箱线图从上往下依次由上边缘线、上四分位数（Q_3）线、中位数线、下四分位数（Q_1）线和下边缘线构成。其中上四分位数线、中位数线和下四分位数线共同构成一个小长方形，其长度代表了数据分布的集中程度。上边缘线和下边缘线所代表的数值（Q_u 和 Q_d）则分别可由式（3-5）和式（3-6）计算得出。

$$Q_u = Q_3 + 1.5\text{IQR} \qquad (3\text{-}5)$$

$$Q_d = Q_1 - 1.5\text{IQR} \qquad (3\text{-}6)$$

式中，$\text{IQR} = Q_3 - Q_1$，表示四分位间距（inter quartile range）。位于上边缘线和下边缘线之外的数据则被定义为异常值，用小圆圈表示。

　　根据图 3-8 和图 3-9，特征 F_1^{1-h}、F_2^{1-h}、F_{24}^{1-h}、F_{168}^{1-h} 和 F_{242}^{1-h} 拥有相比其他特征更大的 PI 值。而在这五个特征中，特征 F_1^{1-h}、F_{24}^{1-h} 和 F_{168}^{1-h} 具有明显高于剩余两个特征的 PI 值。此外，这三个特征的箱线图的中间长方形比较短，且不存在小圆圈，表示这三个特征的 PI 值分布比较集中，也不存在异常值。因此，这三个特征是非常重要的。而这也符合负荷预测的常识：在进行超短期负荷预测时，预测时刻 t 之前的 1h、24h 和 168h 的历史负荷数据对于 t 时刻的预测结果具有很大的影响。而根据图 3-10 和图 3-11，在进行短期负荷预测时，特征 F_1^{24-h}、F_{25}^{24-h}、F_{145}^{24-h}、F_{242}^{24-h} 则具有明显高于其他特征的 PI 值。其中，特征 F_1^{24-h} 和 F_{145}^{24-h} 分别表示预测时刻 t 之前的 24h 和 168h 的历史负荷数据。

　　图 3-8～图 3-11 中很多特征都存在异常值点，有的特征甚至有两个或两个以上的异常值点。而异常值的存在会对判断特征是否重要产生巨大的影响。某个重要的特征可能会因为一个很小的异常值而被误判为不重要的特征，或者某个不重要的特征会因为一个很大的异常值而被误判为重要的特征。因此，将图 3-8～图 3-11 中所有的异常值剔除，只把正常值保留下来。在此基础上，对每一个特征的所有正常值进行求和后取平均值，得到特征最终的 PI 值。超短期负荷预测和短期负荷预测时特征的 PI 值分别如图 3-12 和图 3-13 所示。考虑到篇幅所限，本节只画出 PI 值最大的前 40 个特征。由于图的紧凑性，为了使图更加清晰，在表示特征 i 时，图 3-12 和图 3-13 同样使用简略的 F_i 代替原本的 F_i^{1-h} 以及 F_i^{24-h}。

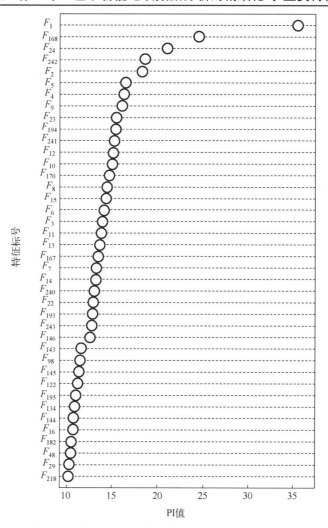

图 3-12　超短期负荷预测中前 40 个 PI 值最大的特征

　　获取所有特征的 PI 值后，根据提出的优化的序列后向搜索策略进行特征选择。首先，使用原始特征集合训练随机森林，并记录其在测试集上的预测误差 P_{all}。然后，将特征按 PI 值从大到小的顺序，每 10 个特征为一组，依次加入到预选特征集合 Q_{pre} 中。每加入 10 个特征后，用 Q_{pre}^{i} 训练随机森林，并记录其在测试集上的预测误差 P_{pre}^{i}，直至满足停止条件，或者 Q_{pre} 等价于原始特征集合，预选阶段结束。最后，对预选特征集合 Q_{pre} 使用传统的序列后向搜索策略，找出最优预测特征子集。表 3-5 和表 3-6 分别列出了进行超短期负荷预测和短期负荷预测时在预选阶段用不同 Q_{pre} 集合训练随机森林后，其在测试集上的预测误差。

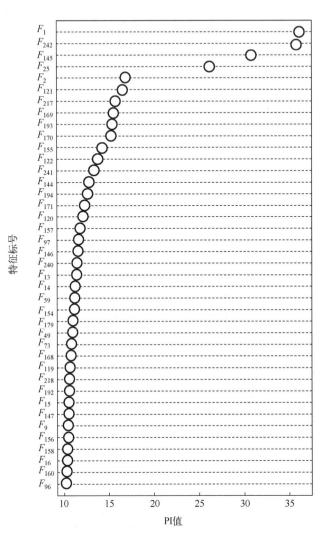

图 3-13 短期负荷预测中前 40 个 PI 值最大的特征

表 3-5 超短期负荷预测时不同特征子集的 MAPE （单位：%）

特征子集	MAPE
原始特征集合	1.016
Q_{pre}^{10}	1.068
Q_{pre}^{20}	0.983
Q_{pre}^{30}	0.987

表 3-6　短期负荷预测时不同特征子集的 MAPE　　（单位：%）

特征子集	MAPE
原始特征集合	1.773
Q_{pre}^{10}	1.835
Q_{pre}^{20}	1.794
Q_{pre}^{30}	1.767
Q_{pre}^{40}	1.772

由表 3-5 和表 3-6 可知，进行超短期负荷预测和短期负荷预测时，它们的预选特征集合分别包含 30 个和 40 个特征。在此基础上，对两个预选特征集合采用序列后向搜索策略，则分别只需要迭代 30 次和 40 次。而如果没有预选阶段直接对原始特征集合采用序列后向搜索策略，则需要迭代 243 次，远远大于 30 次和 40 次。因此，优化的序列后向搜索策略非常适合应用于原始特征集合维度很高的负荷预测。

将预选特征集合中的特征按照 PI 值从小到大依次剔除。每剔除一个特征，则用新的特征集合重新训练一个随机森林，并记录预测误差，直至预选特征集合成为空集。图 3-14 和图 3-15 显示了在对预选特征集合使用序列后向搜索策略时，超短期负荷预测和短期负荷预测的不同特征集合在整个测试集上对应的预测误差。

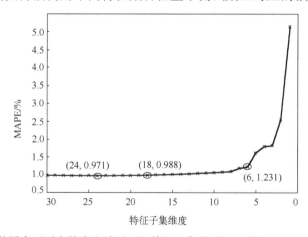

图 3-14　使用序列后向搜索方法时不同特征子集的预测误差（超短期负荷预测）

由图 3-14 可以看出，在进行超短期负荷预测时，当特征子集维度大于 18 时，随着特征的依次剔除，预测误差并没有产生太大的波动。其中，当特征子集维度为 24 时，MAPE 取到最小值 0.971%。而当特征子集维度小于 18 时，随着特征的一个个剔除，预测误差开始逐渐增大。同样的趋势也出现在图 3-15 中。在进行短期负荷预测时，当特征子集维度大于 6 时，预测误差保持着一个相对稳定的值，并且在特征子集维度为 33 时 MAPE 取到了最小值 1.745%。因此，超短期负荷预测最终选择 PI 值最大的前 24 个特征构成最优预测特征子集，而短期负荷预测则选择 PI 值最大的前 33 个特征构成最优预测特征子集。

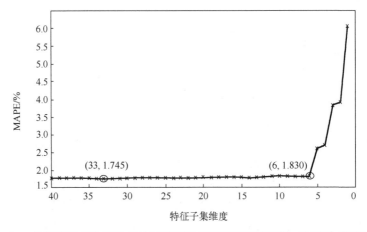

图 3-15　使用序列后向搜索方法时不同特征子集的预测误差（短期负荷预测）

3）不同预测模型的预测精度比较

预测模型的选择也会对预测结果产生很大影响。为了验证随机森林应用于短期负荷预测的有效性，本节考虑了目前常用的另外两种负荷预测器：支持向量回归和人工神经网络。

在对比实验中，支持向量回归使用 RBF 核函数。支持向量回归的三个主要参数（权重参数 C、不敏感损失函数 ε 和 RBF 宽度 δ）则分别设置为 1500、0.1 和 0.45。人工神经网络则使用目前最常用的三层 BP 神经网络结构。其中，隐含层神经元个数通过实验确定为 30 个。而神经网络预测模型中的两类连接系数都参考文献[27]进行计算。

使用选择出的最优特征子集分别作为三个预测器的输入，在预测器完成训练过程后，测试其在测试集上的预测误差。表 3-7 和表 3-8 分别列举了在进行超短期负荷预测和短期负荷预测时，三种预测器在不同季节的测试集上的预测误差，以及整个测试集上的总预测误差。

表 3-7　三种预测模型在不同测试集上的 MAPE 和 RMSE（超短期负荷预测）

测试集	预测误差	预测模型		
		随机森林	支持向量回归	人工神经网络
春季	MAPE/%	0.849	2.154	1.978
	RMSE/kW	3.924	8.156	7.299

续表

测试集	预测误差	预测模型		
		随机森林	支持向量回归	人工神经网络
夏季	MAPE/%	0.868	1.853	2.513
	RMSE/kW	3.281	7.223	8.404
秋季	MAPE/%	0.919	1.988	2.259
	RMSE/kW	3.985	7.412	7.458
冬季	MAPE/%	1.216	2.176	2.293
	RMSE/kW	5.901	7.504	8.873
全部	MAPE/%	0.971	2.095	2.274
	RMSE/kW	4.372	7.625	8.019

表 3-8　三种预测模型在不同测试集上的 MAPE 和 RMSE（短期负荷预测）

测试集	预测误差	预测模型		
		随机森林	支持向量回归	人工神经网络
春季	MAPE/%	1.794	3.707	4.165
	RMSE/kW	7.659	13.013	16.899
夏季	MAPE/%	1.663	3.861	3.758
	RMSE/kW	6.187	14.625	13.204
秋季	MAPE/%	1.673	3.365	3.465
	RMSE/kW	7.057	12.083	12.271
冬季	MAPE/%	1.987	3.259	3.391
	RMSE/kW	7.874	11.342	12.921
全部	MAPE/%	1.745	3.542	3.688
	RMSE/kW	7.324	12.803	13.894

由表 3-7 可以看出，无论哪个季度的测试集，还是整个测试集上，随机森林的 MAPE 和 RMSE 基本上只有支持向量回归和人工神经网络的 1/2 左右。在使用整个测试集测试随机森林的性能时，其 MAPE 更是只有 0.971%。尽管表 3-8 中的 MAPE 和 RMSE 都要大于表 3-7 中的 MAPE 和 RMSE，但是类似的结论依旧可以从表 3-8 中得出。因此，可以证明随机森林比支持向量回归和人工神经网络更加适合短期负荷预测。图 3-16 和图 3-17 分别显示了进行超短期负荷预测和短期负荷预测时，测试集中某七天（包含星期一到星期日）的负荷真实值和三种负荷预测模型预测值的情况。这七个测试日均匀地从四个季度当中抽取而出，其中春季、夏季和秋季都抽取 2 天，第四季度抽取 1 天。七个测试日的具体日期分别为：6 月 18 日（星期一）、9 月 25 日（星期二）、6 月 27 日（星期三）、2 月 9 日（星期四）、9 月 21 日（星期五）、3 月 3 日（星期六）和 12 月 9 日（星期日）。

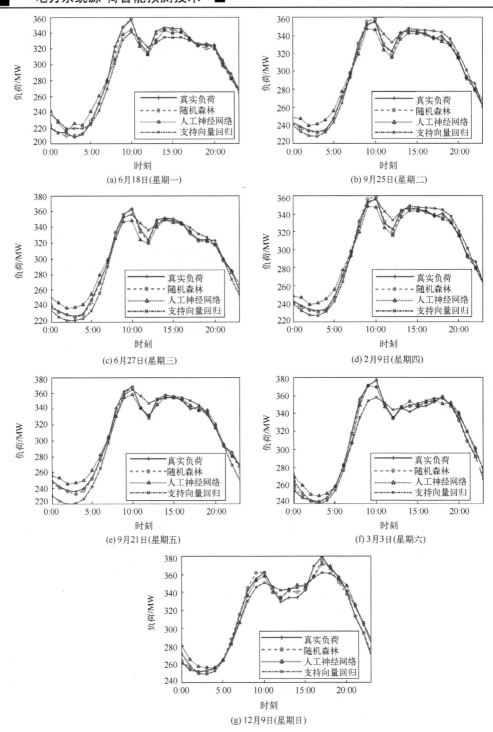

(a) 6月18日(星期一)

(b) 9月25日(星期二)

(c) 6月27日(星期三)

(d) 2月9日(星期四)

(e) 9月21日(星期五)

(f) 3月3日(星期六)

(g) 12月9日(星期日)

图 3-16　不同预测模型的预测结果比较（超短期负荷预测）

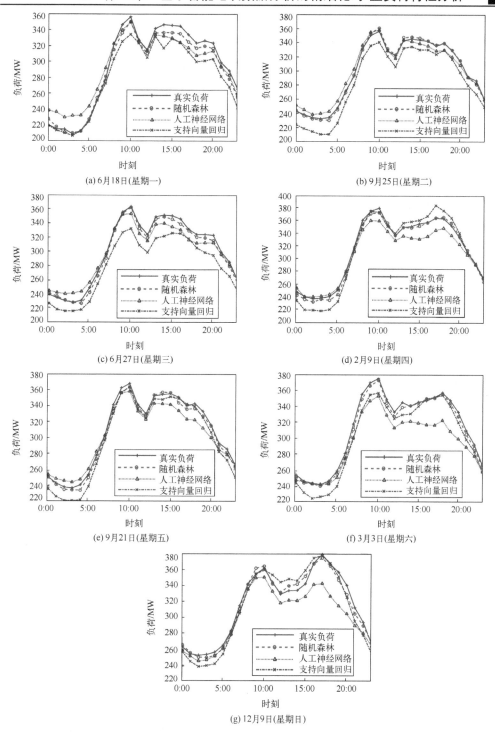

图 3-17 不同预测模型的预测结果比较（短期负荷预测）

从图 3-16 中可以很明显地看出，无论是一周中的哪一天，随机森林预测出的负荷曲线基本都与真实的负荷曲线相重叠，其拟合程度非常高，预测误差非常小。而相较于随机森林，人工神经网络和支持向量回归预测出的负荷曲线则与真实的负荷曲线存在较大的误差，预测出的负荷曲线虽然走势与真实的负荷曲线走势基本一致，但是预测值的误差大小相对较大。而在图 3-17 中虽然所有预测的负荷曲线与真实的负荷曲线的拟合程度差于图 3-16，这是因为短期负荷预测本身存在的误差就要高于超短期负荷预测，但随机森林预测出的负荷曲线的精确度依旧高于支持向量回归和人工神经网络，验证了将随机森林作为负荷预测器的高准确性，因此随机森林相比支持向量回归和人工神经网络更适合应用于电力系统负荷预测领域。

将测试集中的每一天按照日期顺序依次排列。图 3-18 和图 3-19 为进行超短期负荷预测时，不同的预测器在测试集每个测试日上所对应的 MAPE 和 RMSE。

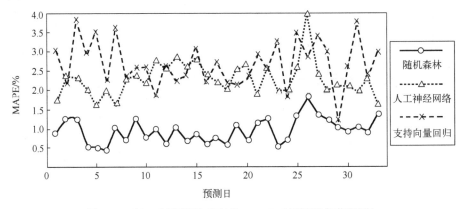

图 3-18　每一个预测日对应的 MAPE（超短期负荷预测）

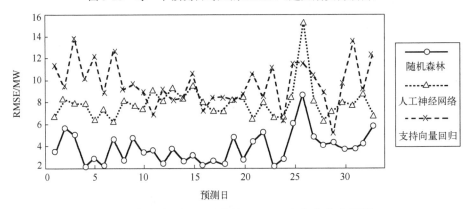

图 3-19　每一个预测日对应的 RMSE（超短期负荷预测）

由图 3-18 和图 3-19 可知，采用随机森林构建的预测模型，其超短期负荷预测精度明显优于支持向量回归与人工神经网络。在图 3-18 中，随机森林只有在对第

26 个测试日进行预测时，其 MAPE 大于 1.5%。支持向量回归只有在对第 29 个测试日进行预测时，其 MAPE 小于 1.5%，其余测试日对应的 MAPE 均大于 1.5%。而使用人工神经网络进行预测时，其 MAPE 均大于 1.5%。从图 3-19 中可以得到类似的结论。在使用随机森林模型进行预测时，除了第 26 个测试日的 RMSE 大于 6MW（第 25 个测试日对应的 RMSE 略高于 6MW）。

图 3-20 和图 3-21 则是进行短期负荷预测时，不同的预测器在每一个测试日上所对应的 MAPE 和 RMSE。依旧可以明显地看出随机森林模型的 MAPE 和 RMSE 基本都低于支持向量回归和人工神经网络，从整体上验证了随机森林应用于负荷预测的准确性。

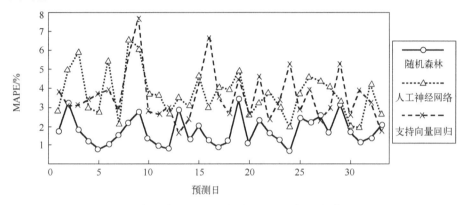

图 3-20　每一个预测日对应的 MAPE（短期负荷预测）

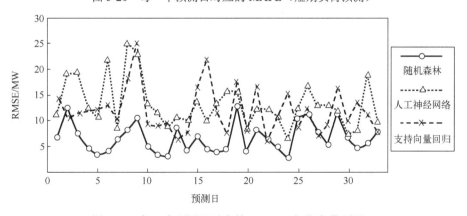

图 3-21　每一个预测日对应的 RMSE（短期负荷预测）

3.3 　基于智能电表用户特征重要度聚类的配电网负荷预测

智能电表负荷数据和地级市负荷数据之间存在着很大的差别，因为其各自采集的负荷数据层级就不同：智能电表采集的是每一个用电用户的用电数据，而地级市负荷数据则是整个地级市系统层级的负荷数据。因此智能电表数据的规模往往远大于地级市负荷数据，而对于智能电表负荷数据进行分析和预测时，其分析和预测方法也与对地级市负荷数据进行分析和预测的方法有一定的区别。从第 2 章的研究发现，随机森林可以在进行预测的同时，有效分析不同特征的重要度，因此可以根据每一个用电用户的特征重要度对所有用户进行聚类分析。

3.3.1 实验数据集

本节实验以爱尔兰智能电表负荷数据为基础，进行智能电表用电用户的负荷分析和短期预测。

爱尔兰能源管理委员会公布了一份隐去所有用电用户姓名的基于电力智能电表的用户用电行为数据。这份智能电表数据共记录了超过 5000 户用电用户的用电负荷数据，采样周期为 30min。数据集中的所有用电用户可以分成三大类：普通居民用户、中小型企业用户和其他用户，而本节中的实验仅考虑普通居民用户的负荷数据。除此之外，该智能电表数据还考虑了 6 种不同的住宅电费收取方式，但在本节实验中不对此进行分析。

采用 2009 年 8 月 1 日到 2010 年 7 月 31 日总共一年的负荷数据作为负荷预测的原始数据集。对所有的用电用户进行筛选，只保留普通居民用户类型。在智能电表采集、传输和存储用户用电负荷数据时，都有可能会造成数据的丢失。对于连续丢失数据超过 10 天的智能电表，将其从原始数据集中剔除，对于其余的缺失值和零值，则使用前一天对应时刻的负荷值代替，或对该缺失值前后两个数据取平均值作为该缺失值的替代值。为了保证实验结果的准确性，使得模型对于每个月的负荷数据都能够进行解析，将每个月的最后 5 天共计 60 天提取出来作为测试集，而将剩余的天数作为预测模型的训练集。

3.3.2 基于 PI 值的智能电表用户的聚类分析

不同于东北某地级市的负荷数据集，经过数据预处理阶段，爱尔兰智能电表数据集中包含 3789 个智能电表采集到的负荷数据，即 3789 个普通居民用户在一年内的用电负荷数据，将这 3789 个智能电表负荷数据对应相加即可得到系统层级的用电负荷数据。两种数据集的差异性使得对其进行分析的方法也存在一定的不同。

1）聚类算法

聚类算法的研究已经持续很多年，得到了一位又一位专家学者的不断创新与完善。聚类在数据挖掘领域和模式识别领域具有非常重要的作用，通过分析挖掘整个数据集，可提取数据之间的相似性和差异性。在了解整个数据集到底有多少类的前提下，根据提取出的相似性和差异性对数据进行划分聚类。最优的聚类结果要能够

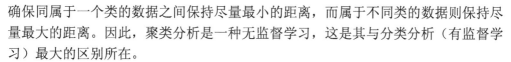

确保同属于一个类的数据之间保持尽量最小的距离，而属于不同类的数据则保持尽量最大的距离。因此，聚类分析是一种无监督学习，这是其与分类分析（有监督学习）最大的区别所在。

得益于其优秀的性能和功效，各种聚类分析方法都备受推崇。在分析计算机的视觉性相关问题时，其中的一个关键性研究点为图像分割，需要使用到聚类分析；通过对文档进行聚类，可以在之后更高效地找寻到相应的主题层级和进行检索；通过对消费者用户进行聚类，可进行更有效率的市场安排和规划。

K-means 算法最早由 MacQueen 在 1967 年提出，一直沿用至今，应用范围依旧非常广泛。令数据集 $X = \{x_i\}$，$i = 1, 2, \cdots, n$ 表示数据集中需要进行聚类的 n 个对象，每个对象的维度为 d。K-means 算法将数据集 X 进行划分，使得类中心与类内每一个对象的误差平方最小。K-means 算法误差平方的计算公式以及聚类的最终目标如式（2-4）、式（2-5）所示。

K-means 算法最开始先初始化 K 个类别中心，接下来则会计算集合中每一个对象到这 K 个指定类别中心的某一种距离指标，并根据计算结果把这个对象划分到距离指标最小的那一类当中。之后按照式（2-4）和式（2-5）重新求得该类中心的计算结果，并将计算结果更新为这个类别的新类中心。重复以上步骤直至每一类中的对象不再发生改变。

值得注意的是，K-means 算法中的 K 值是由使用者人工指定的，K 值选取得不同，则聚类结果大不相同。此外，不同的类中心初始方案也会影响最终的聚类结果，因为 K-means 算法通常收敛于局部最小值。解决该问题的最好办法是多次运行 K-means 算法，并选择误差平方和最小的聚类结果作为最终的聚类结果。

2）基于 PI 值的用电用户聚类

不同于东北某地级市负荷数据集，爱尔兰智能电表数据集共包含 3789 个用电用户的一年用电数据，其数据总量相当于 3789 份东北某地级市负荷数据。若将 3789 个用电用户的用电负荷数据简单相加构成系统层级的负荷用电数据，再进行相关负荷分析和预测，则失去了智能电表提供的精细化到用户的用电数据的意义。因此，需要采用一种新的针对智能电表用电数据的分析方法。

现有研究在对用电用户进行聚类时，大多依据用户的用电负荷情况，即负荷曲线对用户进行聚类。然而即便两个用户的用电负荷曲线相类似，它们对于同一个特征的敏感程度也可能相差很多，即在预测 t 时刻用户 A 和用户 B 的负荷时，可能前一天 t 时刻的负荷对于用户 A 的负荷预测具有很重要的影响，而对于用户 B 的负荷预测则没有什么作用。此时，如果按照负荷曲线对用户聚类，并对每一类用户分别建立随机森林预测模型，则由于不同用户对特征的敏感程度各不相同，随机森林模型在判断特征重要度时会出现不统一性，结果反而使得预测模型的输出精度产生一定的下降。因此本节提出一种新的用电用户聚类方法。

针对每一个用电用户的用电负荷数据，首先构建原始特征集合，接着将原始特征集合作为输入向量构建一个随机森林模型，并对该模型进行训练。随机森林模型训练过程结束后，可以得到原始特征集合中的每一个特征对于预测的重要度值，即 PI 值。重复以上过程，可以得到 3789 个用电用户对于每一个特征的重要度值，即 PI 值。之后根据不同用电用户的 PI 值使用 K-means 算法对所有用电用户进行聚类，并对每一类重新构建一个随机森林，再按照上文提出的特征选择新方法进行特征选择，只保留对预测有用的特征，而删除冗余的特征。最后，对每一类负荷进行预测时采用对应的最优特征子集，并将每一类的预测结果相加得到最终的负荷预测结果。

相比于按照用电用户负荷曲线进行聚类的方法，本章提出的新的基于用电用户 PI 值的聚类方法具有更好的效果。根据特征的 PI 值对用户进行聚类，可以保证每一类用户对于同一个特征的敏感程度近似相同，而不会出现一类当中某些用电用户对同一个特征的受影响程度出现很大的差异。因此，对每一类负荷构建针对性的预测模型，并重新对特征重要度进行分析时，不会出现不统一性，即对该类不重要的特征其 PI 值会很低，只有对该类重要的特征才会有一定的 PI 值。

在得到每一个用户的所有特征 PI 值的基础上，对所有 PI 值按式（3-7）进行归一化处理。

$$x_{\text{new}} = \frac{x - v_{\text{min}}}{v_{\text{max}} - v_{\text{min}}} \tag{3-7}$$

式中，x_{new} 为归一化之后新的值；x 为归一化之前的值；v_{min} 为所有数据中的最小值；v_{max} 为所有数据中的最大值。

3.3.3 实验结果分析

1）基于 PI 值的用电用户聚类

使用 K-means 聚类算法时，选择不同的 K 值会对聚类结果产生很大影响，将会影响后续负荷预测的精确度。现有研究证明，在 K 取值较小时，聚类效果和预测效果比较好，并通过实验验证了 K 取值为 4 时效果最好。因此本节实验中 K 最大取值定为 6。图 3-22 显示了在未进行特征选择的前提下，以 MAPE 为度量标准时，不同的 K 取值对最终预测结果的影响。

由图 3-22 可以看出来，当 K 值小于 3 时，随着 K 值的增加，其 MAPE 值减小，当 K 取值为 3 时，得到的 MAPE 值最小，当 K 值大于 3 时，对应的 MAPE 则又有所增加。因此新聚类方法将所有的用电用户聚为 3 类，图 3-23～图 3-25 显示了 3 类中某一用电用户的所有特征的归一化 PI 值，并将所有的值按特征标号用直线连接。

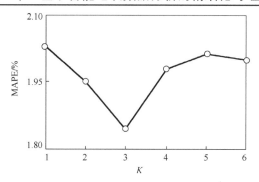

图 3-22　不同 K 值对应的 MAPE

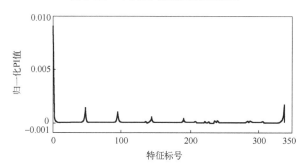

图 3-23　第一类中一个用电用户的归一化 PI 值曲线

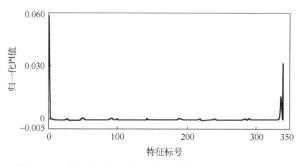

图 3-24　第二类中一个用电用户的归一化 PI 值曲线

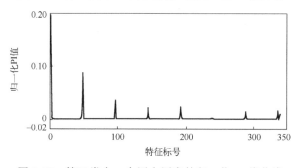

图 3-25　第三类中一个用电用户的归一化 PI 值曲线

由图 3-23～图 3-25 可以看出来，这三类中的某一个用电用户的归一化 PI 值曲线具有明显的差异性，如特征 F_{338}（预测点对应的时刻），相比于其他特征，其在第一类中有一定的值，说明第一类中的用户对该特征具有一定的敏感程度；在第二类中，特征 F_{338} 的值要高于绝大部分其余特征的值，说明第二类中的用户对该特征更加敏感，特征 F_{338} 对于预测第二类用户的用电负荷来说更为重要；而在第三类中，有很多特征的值高于特征 F_{338} 的值，因此特征 F_{338} 对于预测第三类用户的用电负荷来说，重要性低于其对于第二类的用户的重要性。

2）特征选择结果

在聚类过程结束后，对每一类分别再次构建一个新的随机森林预测模型，并再次使用原始特征集合作为模型的输入向量训练该随机森林模型。训练过程结束后，根据新的随机森林模型得到特征 PI 值，基于优化的序列后向搜索策略和随机森林的负荷特征选择方法，对原始特征集合进行特征选择。表 3-9～表 3-11 显示了在特征预选阶段时，三类用电用户不同的预选特征集合对应的 MAPE。

表 3-9　不同的预选特征集合对应的 MAPE（第一类）　　　（单位：%）

特征子集	MAPE
原始特征集合	1.946
Q_{pre}^{10}	2.128
Q_{pre}^{20}	1.834
Q_{pre}^{30}	1.857

表 3-10　不同的预选特征集合对应的 MAPE（第二类）　　　（单位：%）

特征子集	MAPE
原始特征集合	2.187
Q_{pre}^{10}	1.941
Q_{pre}^{20}	2.069

表 3-11　不同的预选特征集合对应的 MAPE（第三类）　　　（单位：%）

特征子集	MAPE
原始特征集合	2.517
Q_{pre}^{10}	3.567
Q_{pre}^{20}	2.727
Q_{pre}^{30}	2.394
Q_{pre}^{40}	2.438

由表 3-9～表 3-11 可以看出，特征预选阶段结束后，第一类用户的预选特征集

合 Q_{pre} 的维度为 30，第二类用户的预选特征集合 Q_{pre} 的维度为 20，第三类用户的预选特征集合 Q_{pre} 的维度为 40。在确定预选特征集合的基础上，对三个预选特征集合分别采用传统的序列后向搜索策略，寻找最优特征子集。图 3-26～图 3-28 分别显示了三类用电用户采用传统的序列后向搜索策略时，不同特征子集对应的预测误差。

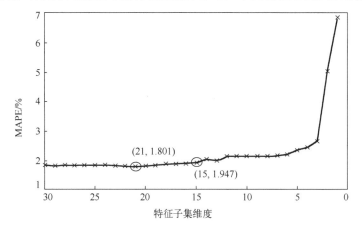

图 3-26　使用序列后向搜索策略时不同特征子集的预测误差（第一类）

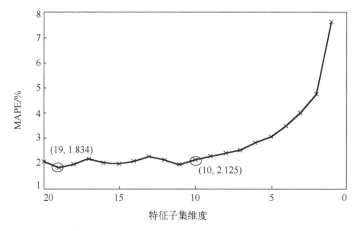

图 3-27　使用序列后向搜索策略时不同特征子集的预测误差（第二类）

由图 3-26 可以看出，当特征子集维度大于 15 时，随着特征的依次剔除，预测误差并没有产生太大的波动。其中，当特征子集维度为 21 时，MAPE 取到最小值 1.801%。而当特征子集维度小于 15 时，随着特征的依次剔除，预测误差开始逐渐增大。在图 3-27 中，当特征子集维度大于 10 时，随着特征的依次剔除，预测误差并没有产生太大的波动。其中，当特征子集维度为 19 时，MAPE 取到最小值 1.834%。而当特征子集维度小于 10 时，随着特征的依次剔除，预测误差开始逐渐增大。在图 3-28 中，当特征子集维度大于 23 时，随着特征的依次剔除，预测误差并没有产生太大的波动。其中，当特征子集维度为 35 时，MAPE 取到最小值 2.346%。而当特征子集维度小于 23 时，随着特征的依次剔除，预测误差开始逐渐增大。

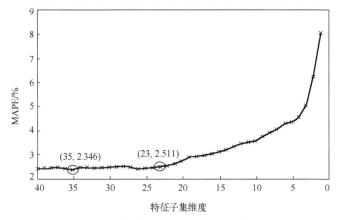

图 3-28　使用序列后向搜索策略时不同特征子集的预测误差（第三类）

表 3-12 列举了三种聚类最终选择出的最优特征子集构成。

表 3-12　三种聚类的最优特征子集构成

类别	最优特征子集构成
第一类	F_1、F_2、F_3、F_{46}、F_{47}、F_{48}、F_{49}、F_{95}、F_{96}、F_{143}、F_{144}、F_{191}、F_{192}、F_{239}、F_{240}、F_{287}、F_{288}、F_{334}、F_{335}、F_{336}、F_{338}
第二类	F_1、F_2、F_3、F_{47}、F_{48}、F_{49}、F_{50}、F_{95}、F_{96}、F_{144}、F_{192}、F_{240}、F_{287}、F_{288}、F_{289}、F_{334}、F_{335}、F_{336}、F_{338}
第三类	F_1、F_2、F_3、F_4、F_{44}、F_{45}、F_{46}、F_{47}、F_{48}、F_{49}、F_{93}、F_{94}、F_{95}、F_{96}、F_{97}、F_{142}、F_{143}、F_{144}、F_{145}、F_{190}、F_{191}、F_{192}、F_{193}、F_{239}、F_{240}、F_{285}、F_{286}、F_{287}、F_{288}、F_{289}、F_{333}、F_{334}、F_{335}、F_{336}、F_{338}

3）预测结果比较

得到每一类的最优特征子集后，使用最优特征子集作为输入向量重新训练随机森林模型，并用随机森林模型预测与其对应的用电用户类的负荷曲线，最后将三类负荷预测结果相加得到最终的预测负荷曲线。表 3-13 显示了以随机森林、支持向量回归和人工神经网络为预测模型时，使用本节提出的聚类算法时和未使用该聚类算法时分别对应的预测误差。

表 3-13　不同预测模型在两种情况下的预测误差　　　　（单位：%）

是否使用聚类算法	预测模型		
	随机森林	支持向量回归	人工神经网络
是	1.86	3.29	3.34
否	2.72	4.01	4.36

　　由表 3-13 可以看出来，在使用本节提出的用电用户聚类算法之后，三种预测模型的预测误差都比未采用提出的用电用户聚类算法时的预测误差要小。此外，无论是否采用聚类算法，随机森林模型的预测误差都要小于支持向量回归和人工神经网络的预测误差，再一次验证了随机森林应用于电力系统负荷预测领域的有效性。

　　图 3-29 显示了以随机森林为预测模型时，测试集中的 1 月 27 日、2 月 24 日、3 月 27 日、4 月 26 日、5 月 27 日和 6 月 26 日在两种情况下（使用聚类算法和未使用聚类算法）的负荷预测曲线和实际的负荷曲线。由图 3-29 可以看出来，无论在何种情况下，随机森林模型预测出的负荷曲线基本都与实际的负荷曲线走势相一致，出现较大预测误差的情形较少，在图 3-29 中仅在预测 5 月 27 日的负荷时，出现了相对较大的预测误差。而对比使用了聚类算法时的预测曲线和未使用聚类算法时的预测曲线，可以看出前者比后者更加贴合实际的负荷曲线，即使用聚类算法后，预测出的负荷曲线对实际负荷曲线的拟合程度更高，因此预测的准确度也更加高。

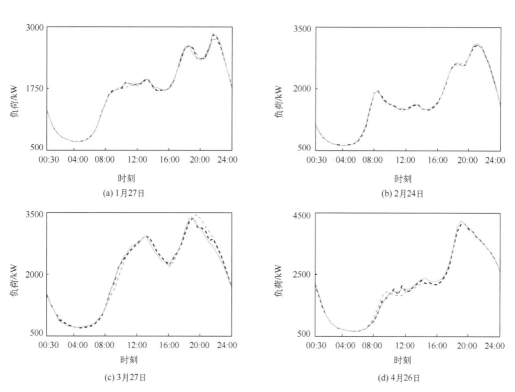

(a) 1 月 27 日

(b) 2 月 24 日

(c) 3 月 27 日

(d) 4 月 26 日

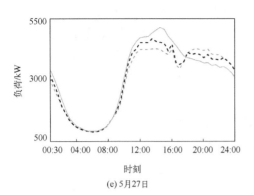
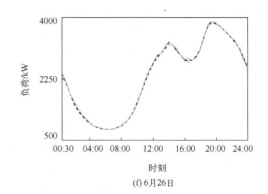

(e) 5月27日　　　　　　　　　　　(f) 6月26日

图 3-29　两种情形下的预测负荷曲线和实际负荷曲线

- - - - 未使用聚类算法的预测曲线　　- - - - 使用聚类算法的预测曲线　　—— 实际的负荷曲线

图 3-30 显示了在使用了本章提出的聚类算法后，分别使用随机森林、支持向量回归和人工神经网络作为预测模型时，在测试集中的 7 月 27 日、8 月 27 日、9 月 26 日、10 月 27 日、11 月 26 日和 12 月 27 日的三条预测负荷曲线和实际负荷曲线。

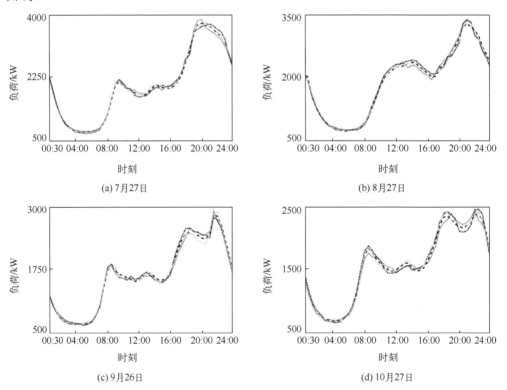

(a) 7月27日　　　　　　　　　　　(b) 8月27日

(c) 9月26日　　　　　　　　　　　(d) 10月27日

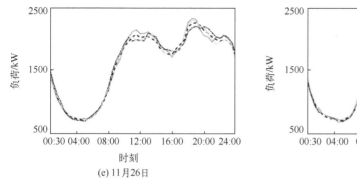

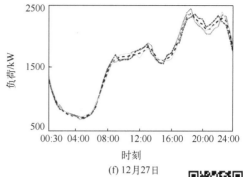

图 3-30　三种模型的预测负荷曲线与实际负荷曲线（彩图扫二维码）

·············· 支持向量回归　　-·-·-·- 人工神经网络　　------ 随机森林　　　　实际负荷曲线

由图 3-30 可以看出来，虽然三种模型的预测负荷曲线与实际的负荷曲线走势基本上都一致，但是随机森林模型预测出的负荷曲线相对于支持向量回归模型和人工神经网络模型预测出的负荷曲线依旧更加贴合于实际的负荷曲线，也就是说随机森林模型的预测精度要高于支持向量回归模型和人工神经网络模型。因此，再一次在智能电表数据集上验证了随机森林应用于电力系统负荷预测领域的有效性。

3.4　本　章　小　结

本章以东北某地级市负荷数据和爱尔兰智能电表数据为研究对象，建立了一种基于随机森林的负荷预测模型。针对东北某地级市负荷数据，提出了一种基于特征重要度值的特征选择新方法，并对传统的序列后向搜索策略进行了相应的优化。得益于上述研究发现的随机森林能够准确分析原始特征空间中所有特征的重要度这一优点，在针对爱尔兰智能电表负荷数据时，提出了一种基于特征重要度值的用电用户聚类新方法，聚类之后再采用提出的特征选择新方法获取到最优特征子集。本章的主要研究内容和创新点如下。

（1）在使用原始特征集合训练随机森林时，训练过程结束后就可以得到每一个特征对于预测的重要度。之后只需要结合原理简单的搜索策略就能得到最优特征子集，无须再次结合其他特征选择算法，更加具有效率。

（2）在得到每一个特征对于预测的重要度之后，对传统的序列后向搜索策略进行了优化，加入了一个特征预选阶段，选择出一个预选特征集合，之后对预选特征集合再采用传统的序列后向搜索策略，此时迭代次数仅等于预选特征集合的维度。

（3）特征选择过程中以随机森林预测误差衡量各子集的预测效果。由于随机森林需要优化的参数少，且参数选择方法明确，也不容易陷入过拟合，能够获得各个子集的最优预测误差，避免了模型参数不合理对特征选择结论的影响。

（4）由于爱尔兰智能电表数据集中包含了大量精细到每个用电用户的用电负荷数据，因此提出了一种基于特征重要度值的用电用户聚类新方法。根据得到的所有用户的特征重要度值，将具有相同特征敏感度的用电用户聚为一类。

受精力、时间和设备所限，本章在研究爱尔兰智能电表数据时，仅仅分析考虑了其中的居民用电负荷，而且未将不同的住宅电费收取方式纳入考虑。而在实际生活当中，分时电价、收费政策等都会影响居民的用电行为。此外，商、企、农业用电，甚至细化到空调负荷用电等，都在电力系统总负荷当中占据了比较大的比重，如何对这些用电负荷进行精准化的预测，是将来需要深入研究的一个方面。

第 4 章 计及多源气象信息与评价指标冲突的
概率短期负荷预测

为满足各类用户的电力需求，需要准确预测负荷需求数量与趋势的变化。长久以来，负荷预测已成为电的生产、调度、经营等活动的基本内容。随着电力市场化改革的不断深入，能源交易与收益预测等经营事项也对负荷预测提出了迫切需求，使负荷预测又成为电力市场经销部门的主要业务之一。结合短期负荷变化特点，发现常规的短期负荷预测研究多集 中于获得准确的确定性预测结果，即只给出预测点一个唯一确定的结果，而事实上负荷时刻处于变化当中，具有随机性，在对未来某时刻的负荷进行预测时，预测点的负荷并不是唯一确定的，而是存在一个可能的波动范围，波动范围中的不同负荷值出现的概率也不尽相同，这是确定性短期负荷预测结果所无法给出的。由此，本章正式引入概率短期负荷预测的概念，并且致力于解决概率预测模型复杂、多指标评价时指标间相互冲突、如何引入气象特征以反映影响负荷变化的气象因素等关键问题。

4.1 负荷预测特征构建与多源气象信息选择

4.1.1 数据来源

选用 2014 年全球能源预测竞赛（Global Energy Forecasting Competition 2014，GEFCom2014）所提供的历史负荷与不同气象站的历史温度数据，用于本章的分析验证。GEFCom2014 包括 4 个预测子项目，这里选取其中的负荷预测子项目数据，包括美国某地区 2005～2011 年全年每天 24h 的历史负荷，以及 25 个气象站点 2001 年 1 月至 2011 年 12 月每天 24h 的温度数据,但该项目并未给出这 25 个气象站点的位置信息，如果考虑温度特征，则需要设计有效的多源气象信息选择方法，对不同气象站温度数据进行筛选或组合，以获得精确可靠的概率短期负荷预测结果。

通过对上述实验数据的介绍，发现每套数据包含负荷数据、温度数据以及周期变量（根据负荷被采集的时间，可以确定负荷所在年、月、日、星期几、是否为周末等信息）等几类数据。在依照数据确定输入特征，构造样本集合时，不仅要考虑影响负荷的因素有哪些，还要考虑实际研究中能够获得哪些数据类型，并充分利用所有可能获得的数据。因此，根据这套数据的实际情况，可确定下文中用于输入特征选择的特征包括负荷特征、温度特征以及周期性特征。

4.1.2　负荷预测特征集合构建

短期负荷预测的最大特点是负荷变化具有明显的周期性，且负荷序列存在较强的相关性，这都是由负荷序列自身的特点决定的，以下将从不同的时间尺度出发，分析负荷序列。

1）周期性特征

图 4-1 展示了 2005～2011 年共 7 年的负荷序列，横坐标为天数，纵坐标为每日平均负荷。观察每一年年内的负荷变化，发现随着季节更替负荷水平也发生变化，高负荷时段多集中在冬季和夏季，低负荷阶段多集中在春季和秋季，且各年份均有相似的变化规律，表明负荷序列变化在季节层面具有周期性。

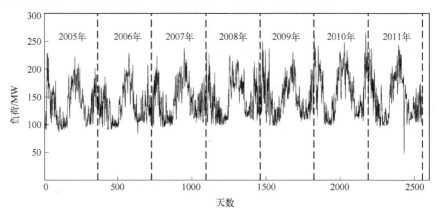

图 4-1　2005～2011 年日平均负荷曲线

进一步，图 4-2 给出了 7 年的月平均负荷曲线，横坐标为月份，纵坐标为每月平均负荷，明显看出 7 年间每年月平均负荷按月变化规律基本一致，月平均负荷极大值多集中于 7 月至 8 月与 12 月至次年 1 月，月平均负荷极小值多集中于每年的 4 月与 10 月，这一规律表明负荷序列变化在月份层面也具有周期性。

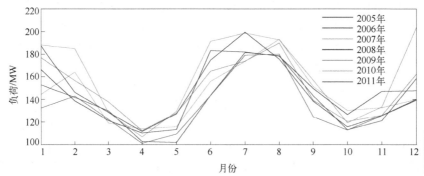

图 4-2　2005～2011 年月平均负荷曲线（彩图扫二维码）

从 2005 年 1 月到 2011 年 12 月，共计有 364 个整周，对这 364 个整周的负荷序列按顺序编号并从中随机抽取 8 个整周的负荷序列，如图 4-3 所示。通过图 4-3 可以看出星期一至星期日每天负荷序列的变化不尽相同，负荷水平存在一个按星期先有所递增并随后下降的趋势，每周星期一至星期四负荷水平及序列变化相接近，星期五至星期日负荷水平相较星期一至星期四明显降低。

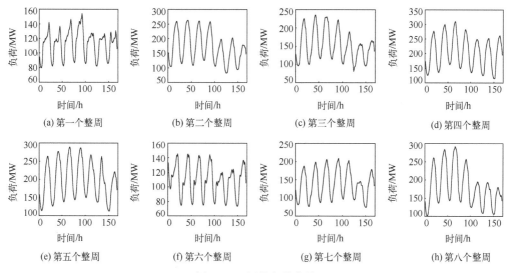

(a) 第一个整周　　　　(b) 第二个整周　　　　(c) 第三个整周　　　　(d) 第四个整周

(e) 第五个整周　　　　(f) 第六个整周　　　　(g) 第七个整周　　　　(h) 第八个整周

图 4-3　8 周的负荷曲线

进一步，将 2005～2011 年共 7 年的负荷序列按属于星期几（共计 7 天）及时刻（共计 24 个时刻）进行划分，并求上述 168 个时刻的平均负荷，绘制一条典型周负荷曲线，即图 4-4。通过图 4-4，可以更明显地看出星期一至星期四负荷水平更趋近，星期五至星期日负荷水平相较前者有所降低，且星期六和星期日的负荷序列变化与星期一至星期五的负荷序列变化也存在差别。

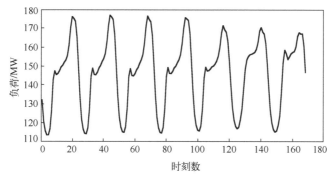

图 4-4　典型周负荷曲线

以上分析表明，同一周内各日负荷序列存在差异，且负荷序列在工作日与周末的差异更为明显。因此，在考虑周期性特征时，可以设计星期特征以区分负荷值所属星期几，设计工作日/周末变量区分负荷值是在工作日还是周末。需要说明的是，一般情况下，我们认为工作日为星期一至星期五，但这里星期五的负荷水平相较星期一至星期四有所降低且接近周末（星期六和星期日），因此这里将星期五纳入周末范围。

以1天为周期（从1:00到24:00）划分2005～2011年共7年的负荷序列，得到2556天的日负荷序列，并将隶属于相同月份的日负荷序列画在一起，如图4-5所示。

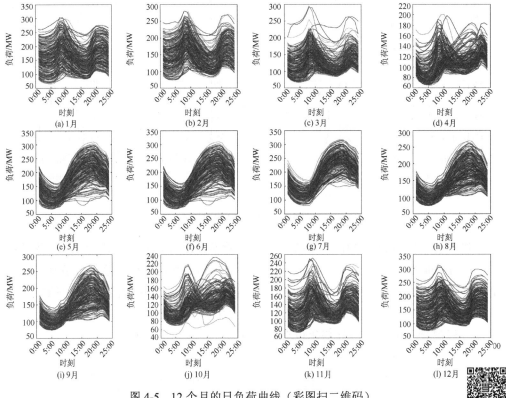

图4-5　12个月的日负荷曲线（彩图扫二维码）

通过图4-5发现属于相同月份的绝大多数日负荷曲线呈现相似的变化规律，这些日负荷曲线的峰谷值所处时刻接近甚至相同，相同时刻负荷值变化趋势相近，表明负荷序列变化存在日周期特性，可根据负荷所属时刻对负荷值进行划分，作为日周期特征。同时，通过图4-5还发现不同月份的日负荷曲线变化趋势既相近又存在差异：5～9月的部分日负荷曲线变化趋势相近，10～12月和1～4月的日负荷曲线变化趋势相近，这一趋势特点表明负荷变化存在季节与月份层面的周期性，进一步印证了由图4-1和图4-2得到的分析结论；但图4-5中12个子图中日负荷曲线变化趋势又不完全相同，这表明有必要对负荷所属月份进行区分，作为月周期特征。

结合以上分析，这里提出 4 个周期性特征：月周期特征、星期特征、工作日/周末特征以及日周期特征。

2）负荷特征

通过以上分析得知，负荷序列在不同时间尺度呈周期性变化，那么负荷自身与某些滞后时刻的负荷值或存在较强的相关性，有必要分析负荷序列的自相关性，观察负荷序列与各滞后负荷序列间的相似程度，以便发现与未来负荷相关程度较高的滞后性负荷特征。

对于一个有限时间序列 $z_1, z_2, \cdots, z_N$，共计 N 个观察值，若想计算 z_t 与其滞后 k 时刻的值 z_{t+k} 的相关关系，其中 $k = 0, 1, 2, \cdots, K$（K 为任一滞后时刻值，不能超过 N），相应计算公式为

$$r_k = \frac{c_k}{c_o} \tag{4-1}$$

$$c_k = \frac{1}{N} \sum_{t=1}^{N-k} (z_t - \overline{z})(z_{t+k} - \overline{z}) \tag{4-2}$$

式中，c_o 为时间序列的样本方差；$\overline{z}$ 为时间序列的样本均值。

图 4-6 为负荷序列的自相关图，由图可以看出目标负荷与其滞后时刻负荷的相关程度随滞后时间的增加发生周期性改变，自相关系数极值随滞后时间增加先下降后逐步稳定在 0.7 附近，与目标时刻相差 24h 的整数倍的滞后时刻的负荷（L_{t-24}，$L_{t-48}, \cdots, L_{t-168}$）与目标时刻负荷的相关程度较高。考虑到目标负荷与其滞后负荷相关程度的强弱，同时为避免选择过多特征造成冗余，这里确定 L_{t-24}、L_{t-48}、L_{t-72}、L_{t-96}、L_{t-120}、L_{t-144}、L_{t-168} 7 个负荷特征用于后续模型的构建。

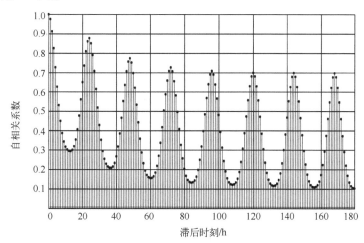

图 4-6　负荷序列自相关系数

4.1.3　多源气象信息选择

温度与负荷之间一般存在较强的相关关系，引入合适的温度特征，将有助于提高短期负荷预测的精度。但实际研究中，用到的历史负荷多为系统级负荷，跨越的区域较大，在其所跨区域内或周边地区，一般有多个气象站提供的温度数据可供使用。由于不同气象站地理位置与地理环境不同，各气象站间的温度变化必然存在差异，其所提供的温度数据与系统负荷的关系是否有差异、用于构造特征进行预测时的效果如何都有待探究。接下来，本节将依据 GEFCom2014 实验数据对上述差异与关系进行分析。

1）多源气象信息差异性分析

通过计算每个气象站 2001～2011 年 11 年间各时刻的温度平均值，并将同一气象站不同时刻的温度均值相连接便得到该气象站 24h 的温度均值曲线，最后将所有 25 个气象站的温度均值曲线绘制在一起，如图 4-7 所示。

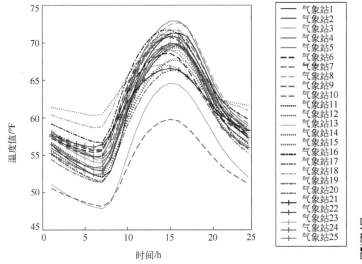

图 4-7　25 个气象站各时刻平均温度图（彩图扫二维码）

若以℃为单位时温度值为 t，则以℉为单位时温度值为 9/5t+32

通过图 4-7，可以直观地看出同一气象站温度值按时间变化的典型范围与变化的典型趋势为：每一个气象站都存在一个平均温度最低时刻与一个平均温度最高时刻，并按昼夜时间变化呈现昼升夜降的自然趋势。

图 4-7 还可以对比不同气象站日温度变化上是否具有趋同性或差异性：可以看出 25 个气象站变化趋势趋同，平均温度最低时刻均出现在早上 6:00 或 7:00，平均温度最高时刻均出现在 14:00～16:00。不同气象站日温度变化上的这些共性反映了温度随时间变化的自然属性，但不能因此认为在不同气象站所测得的温度间不存在差异，例如，25 个气象站各时刻平均温度并不统一，同时刻下 25 个气象站平均温

度最大值与最小值之间最多相差 13.39℉，同一气象站下 24 个时刻的平均温度最大值与最小值之间最多相差 19.27℉。

为进一步分析各气象站所测量的温度值间的差异程度，这里将温度值视为随机变量，以每个气象站 11 年间测得的温度值为样本，采用核密度估计法对之进行统计，得到 25 个气象站温度值的概率密度曲线，借此分析各气象站温度值分布形式上的差异。

之所以选择核密度估计法统计各气象站温度值分布规律，是因为核密度估计法作为一种非参数统计方法不需要通过人为假设随机变量符合的分布类型来求算相关参数，且人为假设的随机变量分布类型与随机变量实际分布往往并不相符，容易造成偏差。采用核密度估计法对随机变量进行统计便能够克服人为假设分布形式的不足。它以样本自身为基础，依据平滑函数与带宽值定义分布，拟合出随机变量的概率密度曲线，更便捷地实现了对总体的推断，并得到了广泛应用。

图 4-8 给出了 25 个气象站所测温度值的概率密度曲线图，通过图 4-8，对比 25 条概率密度曲线，发现各气象站温度值分布与标准正态分布相去较大，且互不相同，甚至存在明显差异。

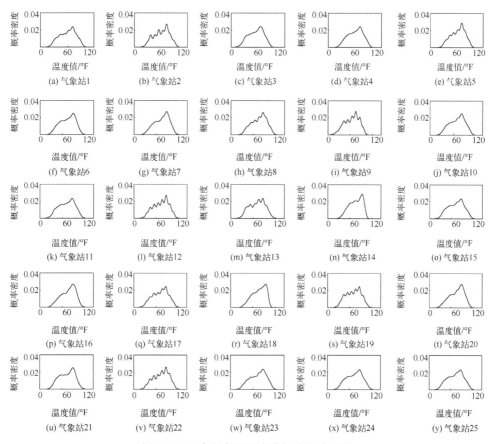

图 4-8　25 个气象站温度值概率密度曲线

例如，编号为3、4、24、25的气象站的概率密度曲线较为平缓且为单峰曲线，说明气象站代表的区域温度值分布较为集中并呈现以众数为中心向两边递减的形势；而编号为2、9、12、14、22的气象站的概率密度曲线存在多个峰谷，说明其温度值集中于某一温度的程度较其他气象站低或是存在多个局部范围内的众数。

又如，编号为14、18的气象站的概率密度曲线在众数之后有一个明显的断崖式跌落，说明该气象站所测区域温度较其他气象站代表区域的高温时间短，中低温时间长。

表4-1给出了所有气象站11年间温度值的统计量，并对所有气象站中上述4个统计量的最大、最小值用加粗字体突出显示，以便分析。

表 4-1   25 个气象站温度值统计量

气象站	平均值/℉	最高温/℉	最低温/℉	方差/℉²	气象站	平均值/℉	最高温/℉	最低温/℉	方差/℉²
气象站 1	61.18	**104**	9	**309.50**	气象站 14	63.23	94	**21**	**212.12**
气象站 2	61.07	**104**	9	297.93	气象站 15	60.28	103	9	298.25
气象站 3	55.55	**93**	4	275.23	气象站 16	**63.64**	101	14	250.01
气象站 4	61.16	103	11	281.79	气象站 17	59.71	102	9	302.88
气象站 5	63.12	102	17	255.34	气象站 18	63.60	98	16	222.87
气象站 6	61.26	101	15	272.46	气象站 19	58.46	100	7	283.87
气象站 7	62.25	101	15	264.13	气象站 20	62.64	100	12	259.38
气象站 8	63.06	**104**	12	270.26	气象站 21	61.00	**104**	16	274.65
气象站 9	**53.86**	**93**	**0**	269.01	气象站 22	61.84	102	9	292.01
气象站 10	62.30	**104**	12	286.88	气象站 23	62.06	**104**	10	307.88
气象站 11	59.89	100	11	293.12	气象站 24	61.27	**104**	11	302.01
气象站 12	60.75	102	9	288.85	气象站 25	60.34	**104**	9	301.87
气象站 13	59.34	**104**	5	287.17					

观察表4-1发现各气象站温度最大、最小平均值相差9.78℉，相应的最高温、最低温、方差等统计量的最大、最小值分别相差11℉、21℉和97.38℉²，表明不同气象站所测温度值存在明显差异且不能轻易忽略，在使用温度数据时应当甄选合适的气象站或将之组合。

总之，通过图4-7和表4-1可看出，各气象站温度值的分布存在明显差异，即不同气象站温度值所包含的统计特性存在差异，其统计量也存在明显差异，当我们意欲将温度值作为输入特征纳入模型中时，不同分布、统计量互不相同的温度数据与负荷间的关系如何、对预测效果的影响程度如何都有待探究，所以不能忽视各气象站温度值分布上的差异性，需要选择合适的气象站温度值或对多个气象站温度值进行组合，以构建用作输入的温度特征。

2）多源气象信息与负荷的相关性分析

通过上述分析得知，不同气象站所测温度值在概率分布与数值统计层面均存在差异性，下面将分析不同气象站所测温度值与负荷的相关性如何，是否也存在差异性。后续对于温度特征的筛选，以及气象站的选择都离不开温度值与负荷相关性的分析结果。

这里随机选择编号为 1、9、15、24 的 4 个气象站，绘制各个气象站 2005～2011 年 7 年间负荷值与对应温度值的散点图，如图 4-9 所示。

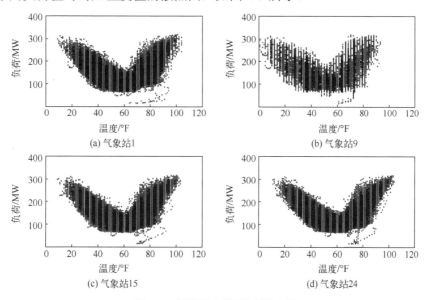

图 4-9　气象站负荷-温度散点图

通过图 4-9，能够明显看出负荷随温度变化的趋势：在 60℉附近存在一个转折点，当温度低于 60℉时，负荷随温度的上升而呈现下降趋势；当温度高于 60℉时，负荷随温度的上升呈现上升趋势。实际上，负荷随温度的变化趋势有着一定客观事实的支持，譬如生产生活负荷有着随温度降低而御寒负荷增加，随温度升高而降温负荷增加的需求。通过图 4-9，还可以看出相较编号为 1、9 的气象站，编号为 15、24 的气象站的负荷值与相应温度值的散布更为密集，但只通过图像难以对负荷与各个气象站温度间关系的差异性进行量化和对比。因此在条件允许的情况下，应该对负荷与温度的相关关系做进一步分析，如采用相关系数量化这一关系，并根据相关系数选择适当形式的温度特征纳入预测模型，以充分利用气象信息提升预测精度与可靠性。

首先介绍两种常见的相关系数，分别为皮尔逊相关系数（Pearson correlation coefficient，PCC）、斯皮尔曼秩相关系数（Spearman's rank correlation coefficient，SRCC）。

皮尔逊相关系数又被称为皮尔逊积矩相关系数或二元相关系数，用以度量两个变量 X 和 Y 之间的线性相关关系。依据柯西-施瓦茨不等式，皮尔逊相关系数的取值范围为 $-1\sim1$，其中 1 代表完全正相关，0 代表不相关，-1 代表完全负相关。计算上，皮尔逊相关系数 ρ 是两个变量的协方差除以它们标准差的乘积，具体定义如下：

$$\rho = \frac{\mathrm{Cov}(X,Y)}{\sqrt{\mathrm{Var}(X)}\sqrt{\mathrm{Var}(Y)}} \tag{4-3}$$

式中，$\mathrm{Cov}(X,Y)=E(XY)-E(X)E(Y)$，表示变量 X 和 Y 之间的协方差，$E(\cdot)$ 为求期望函数；$\mathrm{Var}(X)=\dfrac{1}{N}\sum(x_i-\mu)^2$ 为变量 X 的方差，其中 N 代表参与计算相关系数的样本量，x_i 代表 X 的第 i 个样本，μ 代表 X 的均值。$\sqrt{\mathrm{Var}(X)}$ 则为变量 X 的标准差，常用以反映一组数据的离散程度。同理，$\sqrt{\mathrm{Var}(Y)}$ 为变量 Y 的标准差。

具体地，负荷变量 L 与温度变量 T 的皮尔逊相关系数的计算公式为

$$\rho_{\mathrm{LT}} = \frac{\sum_{i=1}^{N}(L_i-\bar{L})(T_i-\bar{T})}{\sqrt{\sum_{i=1}^{N}(L_i-\bar{L})^2\sum_{i=1}^{N}(T_i-\bar{T})^2}} \tag{4-4}$$

式中，L_i 为 i 时刻的负荷；$\bar{L}$ 为负荷均值；T_i 为 i 时刻的温度；$\bar{T}$ 为温度均值。

在应用上，皮尔逊相关系数应用广泛，并主要用于度量呈高斯（正态）分布或线性变化的变量之间的关系，对于非高斯分布变量来讲，容易造成误差。但通过图 4-8 分析发现各气象站的温度值分布有可能不遵循严格的高斯分布，那么用这一相关系数去度量负荷与温度间的相关关系时便显得有些牵强。

为了克服这一问题，我们引入斯皮尔曼秩相关系数。与皮尔逊相关系数不同，斯皮尔曼秩相关系数对随机变量分布形式没有要求，可用以研究非高斯分布或非线性变化的随机变量间的相关程度，适用范围更广。它依据两个变量之间的关系被单调函数良好描述的程度评估两变量间的相关性，所以无论两变量之间的关系是否线性，在一个变量与另一个变量呈完全单调的关系时，变量间的斯皮尔曼秩相关系数都为 1 或 -1。考虑到负荷与温度值的分布实际，这里采用斯皮尔曼秩相关系数描述两者之间的相关性。

在计算上，斯皮尔曼秩相关系数与皮尔逊相关系数有类似的地方，定义随机变量 $x_1,x_2,\cdots,x_i,\cdots,x_n$ 为从 X 中采样的 n 个样本，随后将样本 $x_1,x_2,\cdots,x_i,\cdots,x_n$ 转化为秩向量，即根据 x_i 大小将 x_i 转化为其在样本 $x_1,x_2,\cdots,x_i,\cdots,x_n$ 中的排名序号值（对于数值上相同的 x_i 与 x_j，这里取两样本对应秩统计量的平均值作为其秩统计量），记作 R_i，相应地，样本 $x_1,x_2,\cdots,x_i,\cdots,x_n$ 就被转化为一系列秩统计量 $R_1,R_2,\cdots,R_i,\cdots,R_n$。例如，对样本 3.3,8,3.3 来说，其秩统计量为 2.5,1,2.5。

在定义秩统计量的基础上计算斯皮尔曼秩相关系数，具体定义如下：

$$\rho_{\text{Spearman}} = \frac{\sum_{i=1}^{N}(L_i - \overline{L})(T_i - \overline{T})}{\sqrt{\sum_{i=1}^{N}(L_i - \overline{L})^2}\sqrt{\sum_{i=1}^{N}(T_i - \overline{T})^2}} \tag{4-5}$$

式中，$\overline{L} = \frac{1}{N}\sum_{i=1}^{N}L_i$，$\overline{T} = \frac{1}{N}\sum_{i=1}^{N}T_i$，进一步，$\overline{L} = \frac{1}{N}\sum_{i=1}^{N}i = \frac{N+1}{2}$，$\overline{T} = \frac{1}{N}\sum_{i=1}^{N}i = \frac{N+1}{2}$，

相应地，$\rho_{\text{Spearman}} = 1 - \frac{6}{N(N^2-1)}\sum_{i=1}^{N}d_i^2$，其中 $d_i = L_i - T_i$，$i = 1,2,\cdots,N$。式（4-5）还可以用于证明 ρ_{Spearman} 取值范围为 $-1 \sim 1$。

表 4-2 为气象站负荷与温度间的斯皮尔曼秩相关系数。通过表 4-2 能看出，各气象站负荷与温度间的关系存在差异，最大相关系数与最小相关系数相差 0.0175，表明当引入温度特征参与负荷预测时，由于各气象站温度与负荷间的相关性不同，对预测结果的影响或许也不尽相同，不应忽略对气象站的选择。

表 4-2　25 个气象站负荷与温度间的斯皮尔曼秩相关系数

气象站	SRCC	气象站	SRCC	气象站	SRCC	气象站	SRCC	气象站	SRCC
1	0.1195	6	0.1117	11	0.1114	16	0.1113	21	0.1072
2	0.1025	7	0.1075	12	0.1078	17	0.1149	22	0.1033
3	0.1185	8	0.1062	13	0.1077	18	0.1116	23	0.1111
4	0.1174	9	0.1020	14	0.1088	19	0.1117	24	0.1125
5	0.1096	10	0.1115	15	0.1107	20	0.1077	25	0.1075

通过表 4-2 还发现，各气象站负荷与温度间的斯皮尔曼秩相关系数差异并不巨大。所以图 4-10 进一步给出了按年度划分的各气象站负荷与温度关系的热力图。通过图 4-10 看出不同年份中，SRCC 最大或最小的气象站并不完全相同，在 2005～2011 年 7 年间，SRCC 最大的气象站编号分别是 1、19、1、13、17、17、13；SRCC 最小的气象站编号分别是 16、20、18、18、18、14、18；每年各气象站对应的最大 SRCC 与最小 SRCC 差值分别 0.0644、0.1217、0.0921、0.1068、0.1013、0.0844、0.0701，表明了各气象站负荷与温度间的关系存在差异的客观事实。之所以采用 7 年间所有数据算出的 SRCC 差异偏小，是因为统计体量越大，各气象站之间的差异性越被消弭。如果统计体量减小，各气象站间的差异便更为凸显，就越不能忽略气象站间的差异性。

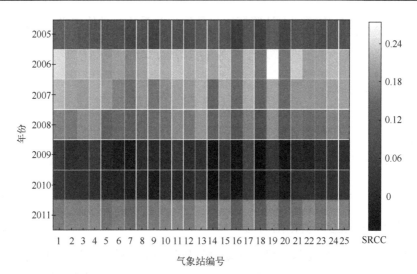

图 4-10 25 个气象站年度负荷-温度相关关系热力图

3）温度特征

通过前面的分析可知，各气象站间存在差异，所以有必要筛选出合适的气象站或气象站组合，为实现精确可靠的负荷预测提供数据支撑。一个简单可靠的筛选方法就是，采用不同气象站下的温度值分别构建输入特征，参与预测，继而通过评价指标对预测结果进行评价，根据预测效果的优劣筛选气象站或其组合。

首先，应当确定参与预测的温度特征有哪些。这里提供 3 类，共计 51 个温度备选特征。第 1 类是实时温度或滞后温度，包括与待预测时刻对应的实时温度 $T(t)$，以及待预测时刻前 1h 的温度值 $T(t-1)$、前 2h 的温度值 $T(t-2)$，以此类推，直至待预测时刻前 24h 的温度值 $T(t-24)$，共计 25 个特征。

第 2 类是待预测时刻所在日内 24h 的温度最大值 $T_{\max}(d)$、最小值 $T_{\min}(d)$ 以及平均值 $T_{\mathrm{mean}}(d)$ 3 个特征。

第 3 类是待预测时刻前一段时间内的温度平均值，即积温，包括待预测时刻前 2h 内的平均温度 $T_2(t)$、前 3h 内的平均值 $T_3(t)$，以此类推，至待预测时刻前 24h 内的平均温度 $T_{24}(t)$，具体计算公式如下：

$$T_m(t) = \frac{1}{m}\sum_{j=0}^{m-1}T(t-j) \tag{4-6}$$

式中，m 为时间跨度，$m = 2,\cdots,24$；$T(t-j)$ 为待预测时刻 t 前 j 时刻的温度值；$T_m(t)$ 为待预测时刻 t 前 m 时刻内的平均温度，共计 23 个特征。选择这一类特征，是因为建筑物存在热惯性，负荷对温度变化的响应有可能存在延时性，存在一个比温度值采样周期（这里为每隔 1h 采样一次）长得多的时间常数。

　　然后,采用斯皮尔曼秩相关系数计算 25 个气象站各温度备选特征与负荷值的相关性,并对相关系数取绝对值,因为无论是正相关还是负相关,相关系数绝对值越大,就认为相关性越强。统计跨度为 2005 年 1 月 2 日 0:00 至 2011 年 12 月 31 日 23:00,共计 61320 个样本。

　　图 4-11 给出了 25 个气象站下 51 个备选温度特征与负荷相关关系的热力图。通过图 4-11,横向对比发现,气象站不同,同一备选温度特征与负荷间的相关性也有所不同,横向色彩深浅(相关性大小)变化有明显起伏,例如,对于备选温度特征编号 13 而言,编号为 14、18、21 的气象站的负荷与该备选温度特征的相关性明显低于其他气象站,说明各气象站下备选温度特征与负荷间的相关关系并不完全统一。

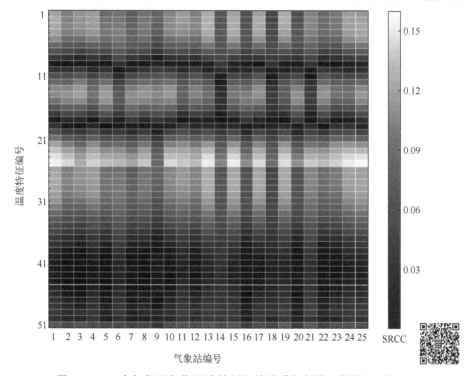

图 4-11　25 个气象站负荷-温度特征相关关系热力图(彩图扫二维码)

　　纵向对比发现,同一气象站不同备选温度特征与负荷间的相关性有明显差异,并且相关性较高的特征呈现集中趋势,主要集中于待预测时刻附近,尤其是待预测时刻前 24h 附近时刻的温度备选特征上。

　　图 4-12(a)以直方图的形式统计了 25 个气象站与负荷相关性最高的 5 个温度特征,发现编号为 23、24、25 的 3 个温度特征出现的频次最高,尤其是编号为 24、25 的这两个温度特征,在 25 个气象站与负荷相关性最高的 5 个特征中均有出现。

　　相应地,图 4-12(b)统计了 25 个气象站与负荷相关性最高的 10 个温度特征,发现编号为 23、24、25、28、29、30 的 6 个温度特征出现的频次较高，尤其是 24、25、28、29 这 4 个特征，在每个气象站与负荷相关性最高的 10 个特征中均有出现，表明虽然各气象站温度备选特征与负荷间的相关性不尽相同，但相关性最高与较高的温度备选特征基本一致，便于为不同的气象站筛选出相同的温度特征，有利于在同一特征层面上筛选气象站，以控制实验变量。

所以，考虑到相关性大小，并避免特征过多导致的模型冗余，这里筛选编号为 23～25、28～30 的共计 6 个温度特征引入后续预测模型中。这 6 个特征具体为 $T(t-22)$、$T(t-23)$、$T(t-24)$、$T_4(t)$、$T_5(t)$、$T_6(t)$。

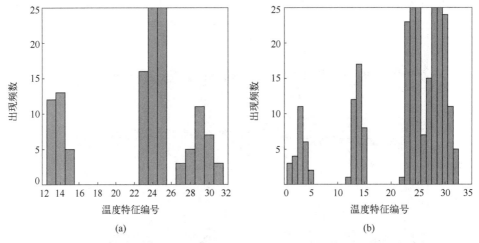

图 4-12   25 个气象站高相关温度特征出现频数直方图

4）多源气象信息选择策略与场景构建

在确定温度特征的基础上，首先，分别采用 25 个气象站的温度值参与构建包含上述 6 个温度特征的样本集合，共计 25 套样本集合；然后，在确定所选用的预测模型后，将 25 套样本集合用于预测，得到 25 组预测结果；这样以后，采用评价指标对预测结果进行评价，并按照指标优劣对气象站排序；再然后，按气象站排序顺序逐次组合气象站，并利用组合后的气象站重新构造样本集合进行预测，评价得到的预测结果；最后，统一对比单个气象站与组合气象站的预测结果，筛选出最合适的气象站或气象站组合。

这里采用求温度均值的方式组合气象站。假如，排序前五的单个气象站分别是 3、12、24、16、1，那么我们将编号为 3 和 12 的气象站对应时刻的温度均值作为组合气象站 C_2 对应时刻的温度值，以此类推，组合气象站 C_3 以编号 3、12、24 气象站的温度均值作为其温度值，组合气象站 C_i 为排序前 i 个气象站的温度均值，i 的取值范围为[2,25]内的整数。对上述内容整理得到气象站的选择流程，如图 4-13 所示，N 为备选气象站个数。

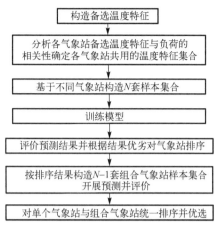

图 4-13　气象站选择策略流程图

为验证本节所提的气象站选择方法，并筛选出合适的气象站数据，构造后续算例所用到的气象场景，选择随机森林模型作为预测模型，并采用 MAPE 指标评价预测结果。选择随机森林预测模型是因为近年来随机森林在短期负荷预测领域得到较多应用并获得了良好的预测效果。

选择 GEFCom2014 中 2007～2010 年 4 年间的负荷与 25 个气象站的温度数据构造样本集合，共计 25 套样本集合；其中每套样本集合 2007～2009 年的样本作为训练集训练随机森林模型，每套样本集合 2010 年的样本作为验证集进行验证，得到 2010 年全年的负荷预测结果，采用 MAPE 评价预测效果，并根据 MAPE 大小对气象站排序，如图 4-14（a）所示。通过图 4-14（a）看出，气象站不同，得到的预测结果也不同，最大 MAPE 与最小 MAPE 相差 4.0279 个百分点，说明在仅考虑气象特征的前提下，进行气象站选择可以有效提高负荷预测准确性；从左到右，各气象站的 MAPE 类似阶梯式上升，说明排序邻近的气象站预测效果差异较小，通过气象站组合或有助于进一步提高预测准确性。

按单个气象站 MAPE 排序顺序对气象站依次组合，利用同一训练集训练模型并得到验证集下的预测结果，采用 MAPE 评价 25 组组合气象站预测结果并排序，如图 4-14（b）所示。

通过图 4-14（b）看出，组合气象站后，组合气象站的 MAPE 相较单个气象站进一步降低，并存在一个 MAPE 最低的组合气象站，说明通过气象站组合，可进一步提升负荷预测准确性，并可以找到最优的组合气象站，排序前 15 的气象站组合在一起是最优组合。

通过图 4-14（b）还可以看出，即使不选择气象站，只对 25 个气象站的温度数据以平均的方式进行组合，相较单个气象站，也大大提升了负荷预测的准确性。

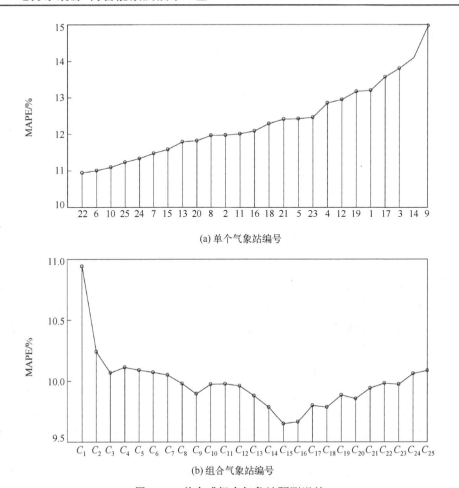

图 4-14 单个或组合气象站预测误差

后续为进一步验证气象站选择对概率短期负荷预测效果的影响，根据上述气象站选择结果设计 3 种气象场景，分别为不考虑气象信息的场景，即构建负荷预测特征集合时不纳入任何气象特征；考虑平均组合气象信息的场景，即构建负荷预测特征集合时纳入气象特征，并且该气象特征的数据源为所有 25 个气象站温度数据平均值；考虑最优组合气象信息的场景，即在纳入气象特征时，气象特征数据源为 15 个最优气象站温度数据平均值。而后，将在后续算例中继续验证基于不同气象场景时，概率短期负荷预测效果间的差异性。

4.1.4 数据归一化

4.1.2 节和 4.1.3 节给出了模型构建所需的特征集合，包括负荷特征、温度特征以及周期性特征。但这些特征量级不同，变化范围也存在差异，若使用这些特征构造样本集合进行预测，不将样本中的负荷值与各个特征值归算到同一量级，即归一化处理，通常会对预测工作产生阻碍。而且对样本数据归一化，是绝大多数预测方法进行数据预处理时不可或缺的一步。

（1）由于各特征属性不同，其量级不同且数值变化上差异较大，通过归一化处理，将所有特征置于相同数量水平参与预测，有助于防止数值变化较大的特征遮掩数值变化较小的特征的情况发生。

（2）在预测计算过程中，样本数据量级过大，会使计算难度显著增大，降低计算速度与计算收敛速度，归一化处理将使上述问题得到一定程度的规避，保障预测速度。

所以后续预测算例涉及的样本数据均为做了归一化处理后的样本数据。

这里采用的归一化公式为

$$\bar{x} = \frac{x - x_{min}}{x_{max} - x_{min}} \tag{4-7}$$

式中，x 为归一化前的数据值；$\bar{x}$ 为归一化的数据值；x_{max} 与 x_{min} 为样本范围内数据的最大值与最小值。通过式（4-7）看出数据值的归一化范围在[0,1]。利用归一化样本预测，获得的负荷预测值也是归一化后的预测值，需要反归一化，才能得到实际量纲下的预测值，相应的反归一化公式为

$$x = \hat{x}(x_{max} - x_{min}) + x_{min} \tag{4-8}$$

式中，$\hat{x}$ 为反归一化前的预测值。

4.2　基于高斯过程回归的概率短期负荷预测模型

目前，概率短期负荷预测方法多是阶段式的，即分阶段得到概率短期负荷预测结果，无法直接给出负荷预测值的概率分布。

例如，预测误差分布特性统计法认为如果能够在获得确定性预测结果的同时，掌握负荷预测误差的波动范围，便可以借此求得负荷的变化范围，帮助决策人员掌控决策工作的风险水平。这一方法通过研究负荷预测误差统计特性，继而结合一般确定性短期负荷预测方法得到的确定性预测结果获得概率预测结果。

实现方面，需要先统计预测误差分布特性，继而结合确定性负荷预测结果获得预测值的置信区间、概率密度曲线等。预测误差分布特性统计法的显著优点是操作简单易实现，仅统计预测误差，可融合任何一种确定性负荷预测模型。

但其也存在明显缺陷，即统计过程烦琐，如在划分统计区段时虽然有原则可寻，但仍不存在一个根据统计样本总数量确定每个统计区段包含的样本点个数的确切公式，样本点数目参考范围、不同统计时段各负荷层样本点具体个数都要结合具体算

例人为确定，不仅具有主观性（区段划分不同，统计结果也会存在差异，带来分析误差），还要随统计样本集合的改变而重新设定，尤其是分季度统计时，手动工作量过多。这些缺点都增加了最终得到的负荷预测值分布与其真实分布有偏差的概率。

又如，基于分位数回归的概率密度预测法，基本思想是采用传统的线性分位数回归模型的改进型（如分位数回归神经网络）对负荷展开预测，获得不同分位点下，关于同一负荷值的分位数估计值；之后，将其分位数估计值作为非参数估计的输入值，得到关于负荷值的概率密度函数，绘制相应分布曲线，构造置信区间。这一方法的优点在于将分位数回归方法与主流的机器学习模型相结合，相较线性分位数回归方法，不仅有效描述了变量间的非线性关系，而且给出了概率密度曲线，可由此获得概率预测结果。

但缺点是在结合机器学习的过程中，也引入了所结合的机器学习方法的缺点，如神经网络缺乏有效网络结构确定方法，以及过拟合等问题。同时，这一方法必须对每一个分位点分别构建模型，非参数估计时要求计算每一个样本独立的概率密度函数，绘制其概率密度曲线。所以，大量分位数模型的构建，使得模型体量大大增加，当预测时段和样本输入维度增加时，模型复杂度与需要确定的参数维度会随之增加，预测时间将明显上升。

但也有方法能够直接给出负荷预测值的概率分布，如高斯过程回归（Gaussian process regression，GPR）方法。GPR 方法是近年来逐步发展起来的一种基于机器学习与统计学习的预测方法，并在概率负荷预测领域得到有效应用。作为一种概率式预测方法，高斯过程回归方法有着缜密的概率统计基础，能够较好地用于非线性、高维数的复杂问题。在模型结构上，高斯过程回归方法实现简单、系数少，自适应确定超参数；在输出结果上，预测结果具有概率意义，直接给出预测值的概率分布，由此可直接获得不同置信度下的概率性结果以及相应的置信区间。在确定性预测方面，相较神经网络、支持向量机等，参数少、自适应确定超参数更便捷，且能给出概率预测结果；在概率预测方面，相较预测误差分布特性统计法，预测结果有概率意义，无须统计历史预测误差；相较前述的概率密度预测法，无须对每一个分位点建模，模型结构更简单。

上述内容在理论层面区分各方法的差异，表明高斯过程回归方法的优越性。但目前概率短期负荷预测研究中，常常缺少对比实验，即未展开所提方法与已在本领域取得一定成效的其他方法的对比，或与只针对所研究方法及其自身改进型方法展开对比。概率短期负荷预测研究各自为政的现象，使得后续研究者难以从实践角度辨别各方法的差异，无法有效判断概率短期负荷预测领域不同方法的相对优劣。因此，后续章节还将对各方法展开对比，从实践层面区分各方法概率短期负荷预测的效果，验证高斯过程回归方法的优越性。

实现回归预测的基本思路是找到输入与输出之间的映射函数，在给定新的输入时能够获得相应预测值。为找到合适的映射函数，通常有两种基本思路，一种是限定函数类别，如假定映射函数为线性函数；另一种是对所有可能的映射函数赋予先验概率，并对可能性更高的函数赋予更高的概率。

第一种思路存在一个缺陷，即不得不考虑大量的函数类别，如果只考虑某一种或某几种函数类别，就可能会因为目标函数类别与假定函数类别不符而致使预测效果变差；如果考虑增强函数类别的灵活性，又会提升过拟合的风险，同样使测试集上的预测效果变差。

第二种思路的主要问题是所有可能的函数类型存在无穷多个，如何在有限的时间范围内计算分析这一函数集合。而高斯过程就是用来解决这一问题的。高斯过程是高斯概率分布的推广，描述着随机变量的概率分布，这些随机变量可以是标量、矢量或控制着函数集属性的随机过程。暂且忽略计算的复杂性，可以将一个函数视作一个非常长的向量，向量中的每一个值为给定输入时对应的函数值。此时，如果关心的只是有限个样本点下的函数属性，那么采用高斯分布推断这一属性时，忽略其他无限个样本点和考虑其他无限个样本点的效果是一样的。所以高斯过程框架，以及基于这一框架的高斯过程回归方法的显著优点就是遵循严格的统计学基础，通过简洁的计算解决了复杂视角下的问题。

1）高斯过程回归预测模型

高斯过程是随机变量的集合，其中任意有限个随机变量服从联合高斯分布。给定包含 n 个样本的训练集 $D = \{(x_i, y_i)\}$；$i = 1, 2, \cdots, n$；$x_i \in \mathbf{R}^d$，$y_i \in \mathbf{R}$。定义训练输入矩阵 $X = [x_1, x_2, \cdots, x_i, \cdots, x_n]^T$，$x_i$ 为某一样本的 d 维输入向量；训练输出向量 $y = [y_1, y_2, \cdots, y_i, \cdots, y_n]^T$，$y_i$ 为某一样本的标量输出值。x_i 对应的函数空间 $f(x_1), f(x_2), \cdots, f(x_n)$ 构成的随机变量集合 $f(X)$ 服从联合高斯分布，统计特性由均值函数 $m(X)$ 与协方差函数 $K(X, X')$ 确定，X' 与 X 均为随机变量，高斯过程函数 $\mathrm{GP}(\cdot)$ 为

$$f(X) \sim \mathrm{GP}(m(X), K(X, X')) \tag{4-9}$$

对于回归问题，统计模型为

$$y = f(X) + \varepsilon \tag{4-10}$$

式中，ε 记作 $\varepsilon \sim N(0, \sigma_n^2 I)$，为均值为 0、方差为 σ_n^2 的高斯白噪声，I 是几何单位矩阵。相应得到输出向量 y 的先验分布为

$$y \sim \mathrm{GP}(m(X), K(X, X) + \sigma_n^2 I) \tag{4-11}$$

式中，$K(X, X) + \sigma_n^2 I$ 为 n 阶协方差矩阵；$K(X, X) = (k_{ij})$，为 n 阶核矩阵，矩阵元素 $k_{ij} = k(x_i, x_j)$，k 为由 k_{ij} 组成的矩阵。

给定测试集 $D^* = \{(x_i^*, y_i^*)\}$；$i = n+1, n+2, \cdots, n+m$；相应测试集输入矩阵为 $X^* = [x_{n+1}^*, x_{n+2}^*, \cdots, x_{n+m}^*]^{\mathrm{T}}$，测试集输出向量为 $f^* = [f_{n+1}^*, f_{n+2}^*, \cdots, f_{n+m}^*]^{\mathrm{T}}$。依照贝叶斯框架，由训练输出向量 y 的先验分布得到其与 f^* 的联合先验分布：

$$\begin{bmatrix} y \\ f^* \end{bmatrix} \sim N\left(0, \begin{bmatrix} K(X,X) + \sigma_n^2 I, K(X,X^*) \\ K(X^*,X), \qquad K(X^*,X^*) \end{bmatrix}\right) \tag{4-12}$$

相应地，测试集输出向量 f^* 的后验分布为

$$f^* \mid X, y, X^* \sim N(\overline{f^*}, \mathrm{cov}(f^*)) \tag{4-13}$$

$$\overline{f^*} = E[f^* \mid X, y, X^*] = K(X^*,X)[K(X,X) + \sigma_n^2 I]^{-1} y \tag{4-14}$$

$$\mathrm{cov}(f^*) = K(X^*,X^*) - K(X^*,X)(K(X,X) + \sigma_n^2 I)^{-1} K(X,X^*) \tag{4-15}$$

式中，f^* 服从标准正态分布；$E(\bullet)$ 为求期望函数；$\overline{f^*}$ 为期望，作为测试集输出值的确定性预测结果；$\mathrm{cov}(f^*)$ 为方差，利用均值与方差构造置信区间，作为概率预测结果。置信水平为 $1-a$ 的置信区间为

$$[L_{1-a}(f^*), U_{1-a}(f^*)] = [\overline{f^*} - z_{(1-a)/2}\mathrm{cov}(f^*), \overline{f^*} + z_{(1-a)/2}\mathrm{cov}(f^*)] \tag{4-16}$$

式中，$U_{1-a}(f^*)$、$L_{1-a}(f^*)$ 为置信区间上下限；$z_{(1-a)/2}$ 为相应置信水平下的分位数。

2）协方差函数选择

监督学习框架下，数据点间的相似性概念至关重要，这是因为监督学习的基本假设是输入值相近的点很可能有相似的目标值，因此靠近测试样本点的训练样本点能够为测试样本点的预测提供更丰富的信息。

高斯过程回归方法中，协方差函数便定义了这种邻近性与相似性。例如，通过式（4-15）看出输出之间的协方差可以以输入间函数的形式给出，在以下要给出的协方差函数具体公式中可以进一步看到，输入相近的两个变量的协方差也接近，并随着输入空间的增大而减小。

同时，在高斯过程回归方法中，对先验的规范也至关重要，因为它规定了所要推断的函数的基本属性，将这些属性封装在一起的载体就是协方差函数。具体地说，高斯过程回归模型性质由均值函数与协方差函数决定，通常为简易符号，使函数均值为 0。因此，选择合适的协方差函数就成为学习、优化高斯过程回归模型的关键。

为了找到合适的协方差函数以提升高斯过程回归模型的预测效果，这里提供尽可能多的协方差函数以供选择，即采用 10 种协方差函数开展对比实验，10 种协方差函数名称、表达式见表4-3。

表4-3　10 种协方差函数

序号	协方差函数名称	协方差函数表达式
1	squared exponential kernel (SE)	$k_{SE} = \sigma_f^2 \exp\left[-\dfrac{1}{2}\dfrac{(x_i-x_j)^{\mathrm{T}}(x_i-x_j)}{\sigma_l^2}\right]$
2	exponential kernel (EX)	$k_{EX} = \sigma_f^2 \exp\left(-\dfrac{r_1}{\sigma_l}\right)$ $r_1 = \sqrt{(x_i-x_j)^{\mathrm{T}}(x_i-x_j)}$
3	matern3/2 (M3)	$k_{M3} = \sigma_f^2\left(1+\dfrac{\sqrt{3}r_1}{\sigma_l}\right)\exp\left(-\dfrac{\sqrt{3}r_1}{\sigma_l}\right)$
4	matern5/2(M5)	$k_{M5} = \sigma_f^2\left(1+\dfrac{\sqrt{5}r_1}{\sigma_l}+\dfrac{5r_1^2}{3\sigma_l^2}\right)\exp\left(-\dfrac{\sqrt{5}r_1}{\sigma_l}\right)$
5	rational quadratic kernel (RQ)	$k_{RQ} = \sigma_f^2\left(1+\dfrac{r_1^2}{2\alpha\sigma_l^2}\right)^{-\alpha}$
6	ARD squared exponential kernel (ARD-SE)	$k_{ARD\text{-}SE} = \sigma_f^2 \exp\left[-\dfrac{1}{2}\sum_{m-1}^{d}\dfrac{(x_{im}-x_{jm})^2}{\sigma_m^2}\right]$
7	ARD exponential kernel (ARD-EX)	$k_{ARD\text{-}EX} = \sigma_f^2 \exp(-r_2)$ $r_2 = \sqrt{\sum_{m=1}^{d}\dfrac{(x_{im}-x_{jm})^2}{\sigma_m^2}}$
8	ARD matern 3/2 (ARD-M3)	$k_{ARD\text{-}M3} = \sigma_f^2(1+\sqrt{3}r_2)\exp(-\sqrt{3}r_2)$
9	ARD matern 5/2 (ARD-M5)	$k_{ARD\text{-}M5} = \sigma_f^2\left(1+\sqrt{5}r_2+\dfrac{5}{3}r_2^2\right)\exp(-\sqrt{5}r_2)$
10	ARD rational quadratic kernel(ARD-RQ)	$k_{ARD\text{-}RQ} = \sigma_f^2\left[1+\dfrac{1}{2\alpha}\sum_{m=1}^{d}\dfrac{(x_{im}-x_{jm})^2}{\sigma_m^2}\right]^{-\alpha}$

表 4-3 中，α 为形状参数，用于控制协方差衰减率；σ_f 为信号方差，表征函数的局部相关性；σ_l 为关联性测度值。前 5 种协方差函数的关联性测度值为标量，即各输入特征对应同一关联性测度，协方差函数在各输入特征上的变化具有各向同性。后 5 种协方差函数的关联性测度值为矢量，$\sigma_l = (\sigma_m)|_{m=1}^{d}$，$\sigma_l \in \mathbf{R}^d$，$d$ 为输入特征维数，协方差函数在输入各特征上的变化具有各向异性，通过自动相关决定（automatic relevance determination，ARD）方法移除输入间不相关的协方差。

最后，定义 $\theta=\{\sigma_l,\sigma_f^2,\sigma_n^2\}$ 为超参数向量，通过 GPR 模型的对数似然函数极大化自适应确定超参数，即构造训练集的负对数似然函数 $L(\theta) = -\lg p(y\,|\,X,\theta)$，如式（4-17）所示；求负对数似然函数对于超参数的偏导数，如式（4-18）所示；应用共轭梯度这一优化方法求偏导数取得最小值条件下的超参数，作为最佳超参数。

将最佳超参数代入式（4-14）与式（4-15）中，便得到测试集输出值的期望 $\overline{f^*}$ 与方差 $\mathrm{cov}(f^*)$，用以构造置信区间，最终获得相应的概率预测结果。

$$L(\theta) = \frac{1}{2}yCy + \frac{1}{2}\lg|C| + \frac{n}{2}\lg(2\pi) \qquad (4\text{-}17)$$

$$\frac{\partial L(\theta)}{\partial \theta} = \frac{1}{2}\text{tr}\left[(\alpha\alpha - C)\frac{\partial C}{\partial \theta}\right] \qquad (4\text{-}18)$$

式中，tr 为矩阵的迹；$C = K(X,X) + \sigma_n^2 I$；$\alpha = (K(X,X) + \sigma_n^2 I)y = Cy$。

总结上述内容，得到高斯过程回归预测法的基本流程，如图 4-15 所示。

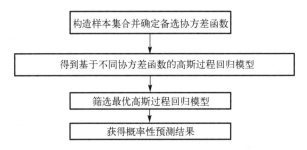

图 4-15　高斯过程回归预测法的基本流程

4.3　计及评价指标冲突的概率短期负荷预测

4.3.1　面积灰关联决策

考虑到综合评价方法能够综合多指标做出整体性评价的优势，以及其在负荷预测领域的有效应用，应引入适当的方法综合评价概率短期负荷预测结果。常用综合评价方法有层次分析法、模糊综合评价、灰色关联度结合理想解法等。

其中，层次分析法的重点在于要将待评价内容层次化，根据待评价内容包含的各项因素的类别与从属关系，对待评价内容进行划分，形成一个多层次分析模型，并将综合评价选择最优方案问题转化为求算层次间相对重要性的权值问题。这一方法依据严谨的数学原理，模拟了人类思考、分析、决策的过程，并提供了相应的数学表达。但这一方法严重依赖决策专家的主观意向，在输入的选择、模型结构的设计、决策上的偏向等方面都受到决策专家的影响，主观性强，研究人员的倾向对决策结果作用很大。当专家的主观意向与客观事实相偏离时，采用这一方法获得的综合评价结果的客观程度与可靠性也大大降低。

模糊综合评价则是根据模糊集理论，从多角度对待评价内容从属等级情况展开综合评价。在评价结果上不仅给出各方案排序及相应综合指标值大小，还在决策者需要时，给出待评价对象所属等级。该方法简单可行，易于学习掌握。不过这一方法也存在缺陷，即在隶属度和权重确定、算法选取等决策的各个过程中都带有主观性。

灰色关联度结合理想解法从待评价内容自身出发，以待评价内容中各指标最优值作为度量准则，度量各方案指标与该准则间的距离。这样，所选取的标准也会随待评价内容的改变而改变，契合数据实际，定性、定量、客观地分析了待评价内容，给出各方案的排序，排除了主观因素的干扰。但该方法计算关联系数时仅考虑不同方案指标间的点对点距离，即只考虑了不同方案相同指标间的差异，忽略了不同指标间的相互影响，这与评价实际不符。例如，对概率短期负荷预测结果展开综合评价时，参与综合评价的各误差型指标虽存在差异，但也存在相关性，如果不对指标间的相关性予以考虑，分析效果一般不够理想。

综合以上分析，为避免综合评价的主观性带来评价风险，同时考虑各评价指标间可能存在的相关关系，提出面积灰关联决策方法对概率短期负荷预测结果展开综合评价。作为对灰色关联度模型的改进方法，面积灰关联决策方法不仅继承了灰色关联度模型能够定性、定量、客观评价的优势，还在计算关联系数时，以两方案指标序列相邻指标间的面积作为关联系数，可全面反映指标间的相互影响，以及不同方案指标序列的距离接近程度与几何形状相似程度，更适用于评价指标间存在冲突的概率预测模型，在考虑各方案与最优方案接近程度的同时，还考虑了与最劣方案的接近程度，结合两者综合评判，使决策更可靠。

接下来，将介绍面积灰关联决策方法的实现步骤。

1) 综合评价矩阵构造

这里首先选择 3 个确定性指标（分别为 MAPE、MRPE（平均相对误差率）、RMSE）和两个概率性指标（分别为 PICP（prediction interval coverage probability，区间覆盖率）和 PINAW（prediction interval normalized averaged width，区间平均宽度））共计 5 个指标构成评价指标集合。

在概率短期负荷预测中，通常情况下，将通过概率方法获得的预测值的期望值作为确定性预测结果。在确定性短期负荷预测中，用以评价预测结果的各类误差型指标，如 MAPE、MRPE、RMSE 等也可以用来评价期望值与真实值之间的偏差，以反映预测是否准确。需要说明的是，不同误差指标间存在差异，评价侧重不同，如 MAPE 将误差百分化，便于比较确定性预测结果精度；MRPE 能够反映预测时段内的最大预测误差；RMSE 对离群值更为敏感，适用于辨识模型间的差异。所以需要多种误差型指标评价确定性预测结果。这里再简要介绍两个概率性指标的特点：PICP 表征预测区间的可靠性，即预测区间对真实值的覆盖率，值越大区间越可靠；PINAW 表征预测区间的精锐程度（sharpness），值越小区间上下限与真实值越贴近，区间过宽便失去了决策支持效果。各指标具体公式见表 4-4。

表 4-4 确定性与概率性评价指标

名称	指标
MAPE	$\text{MAPE} = \dfrac{1}{N}\sum\limits_{t=1}^{N}\left|\dfrac{\overline{X^t} - X^t}{X^t}\right| \times 100\%$
MRPE	$\text{MRPE} = \max\limits_{i=1}^{N}\left|\dfrac{\overline{X_t} - X_t}{X_t}\right| \times 100\%$
RMSE	$\text{RMSE} = \sqrt{\dfrac{1}{n}\sum\limits_{i=1}^{N}\left|\overline{X_t} - X_t\right|^2}$
PICP	$\text{PICP} = \dfrac{1}{N}\sum\limits_{t=1}^{N}c_i$
PINAW	$\text{PINAW} = \dfrac{1}{NR}\sum\limits_{t=1}^{N}(U_t - L_t)$

表 4-4 中，$\overline{X^t}$ 为确定性预测结果，X^t 为负荷真实值；N 为预测时刻总数量；第 i 个时刻点预测值落在相应置信区间 $\left[L_t, U_t\right]$ 内时 c_i 取 1，否则取 0；U_t 和 L_t 分别为置信区间的上下界，R 为区间边界的全距，用以归一化置信区间平均宽度。

之后，采用评价指标集合评估基于不同模型获得的确定性短期负荷预测结果、概率短期负荷预测结果，得到有关各模型预测结果的指标序列，作为备选方案，以构造综合评价矩阵。

设有 m 个备选方案、n 个评价指标，指标值为 a_{ij}（$1 \leqslant i \leqslant m$，$1 \leqslant j \leqslant n$），相应的综合评价矩阵 $A = (a_{ij})_{m \times n}$。为消除指标间量纲和数量级的影响，对综合评价矩阵 A 标准化处理为 $X = (x_{ij})_{m \times n}$，当 A 的第 $j(1 \leqslant j \leqslant n)$ 列 m 个指标为效益型指标或者成本型指标时，分别利用式（4-19）与式（4-20）对该列指标进行标准化。

$$x_{ij} = \frac{a_{ij} - \min\limits_{i}\{a_{ij}\}}{\max\limits_{i}\{a_{ij}\} - \min\limits_{i}\{a_{ij}\}}, \quad 1 \leqslant i \leqslant m \tag{4-19}$$

$$x_{ij} = \frac{\max\limits_{i}\{a_{ij}\} - a_{ij}}{\max\limits_{i}\{a_{ij}\} - \min\limits_{i}\{a_{ij}\}}, \quad 1 \leqslant i \leqslant m \tag{4-20}$$

2）指标权重确定

在综合评价矩阵基础上，计算指标权重，指标权重体现着指标包含的信息量，权重越大指标越重要，直观反映了指标间的差异程度。为避免主观因素对指标权重的影响，采用熵权法客观赋权，由 n 个指标权重构成权重向量 B，确定各评价指标相对于评价目标的重要程度，其中 $B = (w_j)_{1 \times n}, 1 \leqslant j \leqslant n$。采用熵权法求指标权重的计算顺序如下。

首先，在得到综合评价矩阵 A 的标准化矩阵 $X = (x_{ij})_{m \times n}$ 基础上，按照式（4-21）

归一化评价指标，得到归一化的指标数据 P_{ij}；然后，计算各评价指标的熵 e_j：

$$P_{ij} = x_{ij} \Big/ \sum_{i=1}^{m} x_{ij}, \quad i=1,2,\cdots,m; j=1,2,\cdots,n \qquad (4\text{-}21)$$

$$e_j = -k \sum_{i=1}^{m} P_{ij} \ln P_{ij}, \quad j=1,2,\cdots,n \qquad (4\text{-}22)$$

式中，$k=1/\ln m$，$0 \leqslant e_j \leqslant 1$，特别地，当 $P_{ij}=0$ 时，$P_{ij} \ln P_{ij}=0$。继而得到权重因子 w_j，即指标的权重。

$$w_j = (1-e_j) \Big/ \sum_{j=1}^{n} (1-e_j) \qquad (4\text{-}23)$$

指标权重体现着指标包含的信息量，权重越大该指标越重要，直观反映了指标间的差异程度。最后，由 n 个指标的权重因子构成权重向量 B：

$$B = (w_j)_{1\times n}, \quad 1 \leqslant j \leqslant n \qquad (4\text{-}24)$$

式中，$\sum_{}^{n} w_j = 1$。由此，确定了各评价指标相对于评价目标的重要程度。

3）灰关联贴近度计算

为充分利用决策信息，依据理想解法思想，定义灰关联贴近度模型。在灰关联贴近度模型中，为反映指标间的相互影响，采用备选方案与最优、最劣方案相邻指标间所围成的面积计算关联系数。

首先，确定最优、最劣方案 R^+、R^-：

$$R^+ = [\max_{1\leqslant i\leqslant m} x_{ij} \mid j=1,2,\cdots,n] = [x_1^+, x_2^+, \cdots, x_n^+] \qquad (4\text{-}25)$$

$$R^- = [\min_{1\leqslant i\leqslant m} x_{ij} \mid j=1,2,\cdots,n] = [x_1^-, x_2^-, \cdots, x_n^-] \qquad (4\text{-}26)$$

式中，x_j^+、x_j^- 分别为第 j 个指标下各备选方案的最优、最劣值，为效益型指标。

然后，计算备选方案与最优、最劣方案两个相邻指标间的多边形面积 S_{ij}^+、S_{ij}^-：

$$S_{ij}^+ = \frac{\left| x_j^+ - x_{ij} \right| + \left| x_{j+1}^+ - x_{ij+1} \right|}{2} \qquad (4\text{-}27)$$

$$S_{ij}^- = \frac{\left| x_j^- - x_{ij} \right| + \left| x_{j+1}^- - x_{ij+1} \right|}{2} \qquad (4\text{-}28)$$

在此基础上，计算相应最优、最劣面积关联系数：

$$r_{ij}^+ = \frac{\min_i \min_j |S_{ij}^+| + \rho \max_i \max_j |S_{ij}^+|}{|S_{ij}^+| + \rho \max_i \max_j |S_{ij}^+|} \qquad (4\text{-}29)$$

$$r_{ij}^- = \frac{\min_i \min_j |S_{ij}^-| + \rho \max_i \max_j |S_{ij}^-|}{|S_{ij}^-| + \rho \max_i \max_j |S_{ij}^-|} \quad (4\text{-}30)$$

式中，r_{ij}^+、r_{ij}^- 为最优、最劣面积关联系数；ρ 为分辨系数，一般按最少信息原则取为 0.5。最后集合所有备选方案在各指标下的关联系数，确定最优、最劣关联系数矩阵 R^+、R^-。

$$R^+ = \begin{bmatrix} r_{11}^+ & r_{12}^+ & \cdots & r_{1n}^+ \\ r_{21}^+ & r_{22}^+ & \cdots & r_{2n}^+ \\ \vdots & \vdots & & \vdots \\ r_{m1}^+ & r_{m2}^+ & \cdots & r_{mn}^+ \end{bmatrix} = \begin{bmatrix} R_1^+ \\ R_2^+ \\ \vdots \\ R_m^+ \end{bmatrix} \quad (4\text{-}31)$$

$$R^- = \begin{bmatrix} r_{11}^- & r_{12}^- & \cdots & r_{1n}^- \\ r_{21}^- & r_{22}^- & \cdots & r_{2n}^- \\ \vdots & \vdots & & \vdots \\ r_{m1}^- & r_{m2}^- & \cdots & r_{mn}^- \end{bmatrix} = \begin{bmatrix} R_1^- \\ R_2^- \\ \vdots \\ R_m^- \end{bmatrix} \quad (4\text{-}32)$$

之后，定义并计算备选方案与最优、最劣方案的灰色关联度，作为方案优选的测度。

$$U_i^+ = R_i^+ \times B = [r_{i1}^+, r_{i2}^+, \cdots, r_{in}^+] \times [w_1, w_2, \cdots, w_n] \quad (4\text{-}33)$$

$$U_i^- = R_i^- \times B = [r_{i1}^-, r_{i2}^-, \cdots, r_{in}^-] \times [w_1, w_2, \cdots, w_n] \quad (4\text{-}34)$$

式中，$1 \leqslant i \leqslant m$；$U_i^+$、$U_i^-$ 分别为各备选方案与最优、最劣方案的灰色关联度。最后，为能够测度备选方案与最优、最劣方案动态变化趋势的一致性，定义灰关联贴近度 C_i，根据 C_i 对备选方案排序，值越大方案越优。

$$C_i = \frac{U_i^+}{U_i^- + U_i^+}, \quad 1 \leqslant i \leqslant m \quad (4\text{-}35)$$

4.3.2 计及评价指标冲突的概率短期负荷预测模型构建

GPR 模型有多种协方差函数可供选择，以获得精确可靠的概率短期负荷预测结果。但当以多个确定性与概率性评价指标评价基于不同协方差函数的 GPR 模型的预测结果时，便存在指标间相互冲突、最优模型难以确定的难题。

为解决这一难题，提出计及评价指标冲突的概率短期负荷预测模型，采用面积灰关联决策对 10 种协方差函数下的 GPR 模型展开综合评价，确定最优 GPR 模型。首先，确定特征，构建样本集合，集合包括训练集与验证集。然后在训练集上分别训练基于 10 种不同协方差函数的 GPR 模型，并在验证集上预测获得验证结果，包括确定性预测结果与预测区间。之后，采用 MAPE、MRPE、RMSE、PICP、PINAW 5 个指标评价各 GPR 模型的预测结果，构造综合评价矩阵。基于综合评价矩阵，采用熵权法对各指标客观赋权；最后，结合综合评价矩阵与各指标权重集合，采用面积灰关联决策计算各 GPR 模型的灰关联贴近度值，并依据灰关联贴近度大小对各 GPR 模型进行排序，确定最优 GPR 模型。

这一模型构建的流程图如图 4-16 所示。

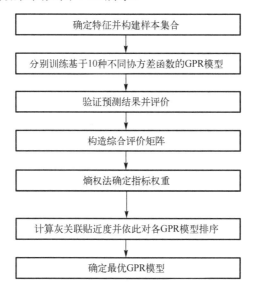

图 4-16　计及评价指标冲突的概率短期负荷预测流程图

4.3.3　预测算例

为验证面积灰关联决策能否有效解决多指标评价时各指标结论冲突、难以决策最优模型的问题，设计预测算例。这里以考虑最优组合气象信息的场景为例，采用 MAPE、MRPE、RMSE、PICP、PINAW 5 个指标评价各 GPR 模型的预测结果，并采用面积灰关联决策展开综合评价，确定最优 GPR 模型。

1）样本构建

选择 GEFCom2014 负荷预测子项目 2007～2010 年的负荷与温度数据构建样本。

其中，2007～2009 年的历史数据用以构建训练集样本，训练基于不同协方差函数的 10 个 GPR 预测模型。2010 年的历史数据用以构建验证集样本，在验证集上得到各 GPR 模型的确定性预测结果与置信水平为 95%的预测区间，并在验证集上验证各模型的效果。

验证时，对 10 种协方差函数下 GPR 模型的预测结果展开综合评价，即采用 MAPE、MRPE、RMSE 3 种确定性指标与 PINAW 和 PICP 2 种概率性指标评价预测结果，以评价指标构造综合评价矩阵，作为面积灰关联决策的输入；之后采用面积灰关联决策对 10 个 GPR 模型开展综合评价，给出各 GPR 模型距离、面积灰关联决策的贴近度与排序，确定最优 GPR 模型。

2）算例分析

以考虑最优组合气象信息的场景为例，采用 MAPE、MRPE、RMSE、PICP、PINAW 5 个指标评价验证集 4 个季度下各 GPR 模型的预测结果，统计得到各季度下 5 个指标的共计 20 个最优指标值及其对应的 GPR 模型，相应得到 20 个最劣指标值及其对应的 GPR 模型。图 4-17 给出各 GPR 模型编号与名称，标明了各 GPR 模型所占最优、最劣指标的比例。

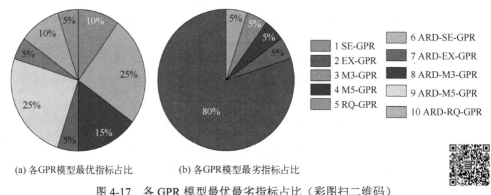

(a) 各GPR模型最优指标占比   (b) 各GPR模型最劣指标占比

图 4-17   各 GPR 模型最优最劣指标占比（彩图扫二维码）

由图 4-17 可知，最优、最劣指标分布在各 GPR 模型的比例并不均匀且有相对集中趋势，编号为 9、6 的 GPR 模型所占最优指标比例最高，各为 25%；编号为 2 的 GPR 模型占有 80% 的最劣指标；编号为 2、4 的 GPR 模型不占有最优指标，编号为 1、4、5、9、10 的 GPR 模型不占有最劣指标，表明基于不同协方差函数构建 GPR 模型对预测效果存在明显影响。

图 4-18 进一步以条形图的形式呈现了不同季度下各 GPR 模型预测结果的评价详情，横坐标为 GPR 模型编号，纵坐标为指标值。横向对比图 4-18，发现编号后 5 的 GPR 模型，在 MAPE、MRPE、RMSE 等评价指标上，其值明显低于编号前 5 的 GPR 模型，确定性预测效果更好；尤其是第二、三、四季度，根据 PICP 与 PINAW 指标，编号后 5 的 GPR 模型在保证可靠性与前五个预测模型相差不大的同时，预测区间宽度明显更低。表明选择合适的协方差函数，尤其是采用编号后 5，即 ARD 系列协方差函数，能够有效提升 GPR 模型在确定性预测方面的准确性，以及在概率性预测方面的精确性。

纵向对比图 4-18，分析 4 个季度中，每个季度下各指标值对应的 GPR 模型，发现各评价指标结论存在冲突，即各评价指标最优值不统一于同一模型，甚至较优与较劣指标出现于同一模型。以第二季度为例，PICP 指标上编号为 2 的 GPR 模型取最优，但这一模型在 MAPE、MRPE、RMSE 等确定性评价指标上排倒数第一；以第三季度为例，在 RMSE、PINAW 等指标上编号为 6 的 GPR 模型取最优，但该模型在 MRPE、PICP 等指标上却排在后五位。再结合图 4-17 可知，全年范围内，编号为 3、6、7、8 的 GPR 模型既存在最优指标，又存在最劣指标。多指标评价结论存在冲突说明了开展综合评价、确定最优预测模型的必要性。

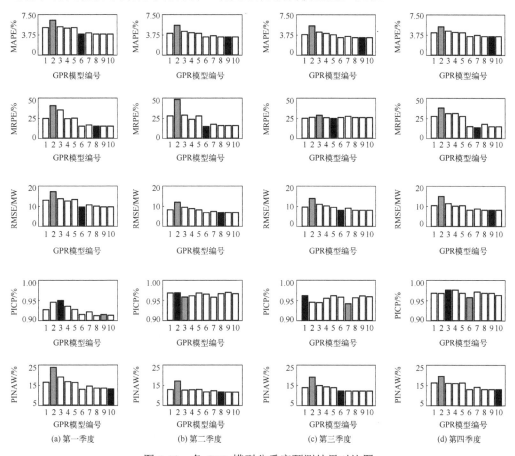

图 4-18 各 GPR 模型分季度预测结果对比图

1 SE-GPR；2 EX-GPR；3 M3-GPR；4 M5-GPR；5 RQ-GPR；6 ARD-SE-GPR；
7 ARD-EX-GPR；8 ARD-M3-GPR；9 ARD-M5-GPR；10 ARD-RQ-GPR

评价指标最优值 ■   评价指标值 □   评价指标最劣值 ▨

为解决评价指标冲突问题，综合评价验证集的预测结果，构造综合评价矩阵，如表 4-5 所示，表中 GPR 模型编号与图 4-17 一致。可以看出各指标最优值（以加粗字体表示）分散在 5 个 GPR 模型上，不统一于同一 GPR 模型，最优模型难以确定，进一步说明开展综合评价的必要性。

表 4-5　基于不同协方差函数的 GPR 模型预测结果分析

评价指标	GPR 模型									
	1	2	3	4	5	6	7	8	9	10
MAPE/%	4.57	6.10	4.91	4.62	4.57	3.72	3.94	3.72	**3.70**	3.71
MRPE/%	32.29	49.17	38.50	35.12	32.29	31.36	31.65	**30.92**	30.96	31.40
MRSE/MW	10.80	15.16	11.78	10.91	10.80	**8.40**	9.14	8.50	8.41	8.41
PICP/%	95.76	95.81	**95.86**	95.80	95.75	95.07	94.93	95.26	95.49	95.18
PINAW/%	14.83	19.47	15.70	15.09	14.83	12.26	13.29	12.25	12.43	**12.20**

表 4-6 给出通过熵权法获得的各指标权重，各 GPR 模型的面积、距离贴近度及排序，相邻 GPR 模型面积贴近度差值与距离贴近度差值的比值，即贴近度差值比，表中 GPR 模型名称编号与图 4-17 一致。

表 4-6　指标权重与 GPR 模型排序

指标权重	面积贴近度		距离贴近度		贴近度差值比
	面积贴近度	排序	距离贴近度	排序	
MAPE	0.7342	9	0.7040	9	1.2336
0.1798	0.7061	6	0.6791	8	1.1962
MRPE	0.7048	10	0.6705	10	1.0325
01563	0.7042	8	0.6571	1	13.0820
MRSE	0.6297	7	0.6267	5	0.1785
0.1781	0.5282	4	0.6252	6	14.7434
PINAW	0.5227	1	0.6113	4	0.3839
0.1764	0.5220	5	0.6014	3	0.5905
PICP	0.5056	3	0.5712	7	1.4019
0.3095	0.3217	2	0.3490	2	

结合表 4-5 知，编号为 9 的 GPR 模型在 5 个指标中有 1 个为最优，还有 2 个排序第二并与第一差别很小，还有 1 个指标排第 4，是最为倾向选择的对象；同样编号为 8、10、6 的 GPR 模型多数指标排序靠前，是较为倾向选择的对象，这与表 4-6 中面积灰关联决策排序结果一致。说明面积灰关联决策结论与原始决策信息相一致，反映了该方法的可靠性。

结合表 4-6 知，面积、距离灰关联决策对各 GPR 模型排序并不完全一致：如对编号为 1 和 6 的 GPR 模型排序相反。结合表 4-5 知，编号为 6 的 GPR 模型有 1 个指标排序第一，3 个指标排序第三，而编号为 1 的 GPR 模型有 4 个指标排序第六。PICP 指标上，虽然编号为 1 的 GPR 模型的可靠性高于编号为 6 的 GPR 模型，但区间宽度也明显更高。虽然编号为 6 的 GPR 模型的 PICP 指标排序第九，但当置信水平为 95%的置信区间能覆盖 95%的真实值时，就可以认为该区间是可靠的，编号为 6 的 GPR 模型也满足这一原则。所以，相较于 1 号，6 号 GPR 模型是实际中更倾向于优选的对象，与面积灰关联决策结果一致，表明面积灰关联决策的优越性。

由于灰关联贴近度方法从相对的角度区分方案间的差异，考虑了多方面因素的影响，因此，只要贴近度大小不同就可以表明方案间有差别，区分度较高。由贴近度差值比可知，排序靠前（前 5 个）的相邻 GPR 模型间，面积贴近度差值均大于相应距离贴近度差值，表明面积灰关联决策对不同 GPR 模型的区分度更大，更能明确地分辨方案间的差异，凸显了优势 GPR 模型，结论更可靠。

相较 EX 协方差函数，RQ、SE、M3 与 M5 协方差函数排序更靠前，表明协方差函数形式对 GPR 模型预测效果影响明显；排序前五的协方差函数中，相较协方差函数 σ_l 为标量的 GPR 模型，采用 ARD 系列协方差函数的 GPR 模型排序更靠前，表明在确定合适的协方差函数形式基础上，采用 ARD 系列协方差函数，有效提升了 GPR 模型的预测能力。

最终，依照上述分析，采纳面积灰关联决策结论，并确定 ARD-M5-GPR 模型为最优模型。

4.4　计及多源气象信息与评价指标冲突的概率短期负荷预测模型

4.4.1　引言

目前将气象信息作为负荷波动主因的概率短期负荷预测研究较为鲜见，特别是多源气象信息是否会对概率短期负荷预测精确性与可靠性造成影响仍急需探究。

4.1 节的分析表明，多源的气象信息选择或组合可以有效提高短期负荷预测准确性，并确定了 3 种主要的研究场景，即气象信息缺失或不考虑气象信息的场景、考虑多源气象信息并直接以求平均的方式组合气象信息的场景、考虑最优气象信息组合的场景。

预测时是否考虑气象信息或不同气象信息组合方式为 3 种场景的主要差异，且分别对应着不同时代负荷预测的发展要求。在负荷预测研究之初，不考虑气象信息，主要根据历史负荷序列研究负荷变化规律，其适用于早期预测量级小，预测精度要求较低的生产要求。但随着预测量级大大增加，用户需求多样化，电力各生产部门对预测可靠性与精确性的要求不断提升，为此需要对气象信息加以利用，满足负荷预测的发展要求。而新时代下，气象数据采集范围不断开拓，系统级负荷预测所覆盖的区域更为广袤，面对多源气象信息时，如何有效取舍也成为进一步提升预测水平的切入点。

因此，有必要计及多源气象信息实现概率短期负荷预测，探究多源气象信息对概率短期负荷预测效果的影响。为验证不同气象场景对概率短期负荷预测可靠性与精确性的影响，提出计及多源气象信息与评价指标冲突的概率短期负荷预测模型，并通过算例分析不同气象场景下最优 GPR 模型的预测效果，进而确定合适的气象场景与最优 GPR 模型。在此基础上，比较最优 GPR 模型与 SVM、RF、分位数回归神经网络（QRNN）等预测模型得到的确定性预测结果；然后，比较最优 GPR 模型与基于 SVM、RF、最优 GPR 模型的预测误差分布特性统计法（E_{SVM}、E_{RF}、$E_{ARD-M5-GPR}$）模型，以及 QRNN 模型置信水平为 95%的预测区间，验证本章所提方法的优越性。

4.4.2　计及多源气象信息与评价指标冲突的概率短期负荷预测模型构建

1）含多源气象信息的样本集合构建

选择 GEFCom2014 负荷预测子项目 2007～2011 年的负荷与温度数据构建样本。在实现层面，不同气象场景的主要差异在于样本集合构建时选择的数据不同。针对不考虑气象信息的场景，在样本集合构建时只考虑负荷与周期性信息而不纳入任何气象信息；针对考虑平均组合气象信息的场景，构建样本集合时还需纳入气象信息，基于本算例，该场景下气象信息为所有 25 个气象站温度数据的平均值；针对考虑最优组合气象信息的场景，构建样本集合时，需要选择第 3 章确定的最优的 15 个气象站的温度数据，取平均作为其纳入的气象信息。

在样本集合划分上，3 种气象场景是一致的。首先，依据 2007～2009 年的历史数据构建训练集样本，训练不同气象场景下、基于不同协方差函数的 10 个 GPR 预测模型。然后，依据 2010 年的历史数据构建验证集样本，在验证集上得到各个 GPR 模型的确定性预测结果与置信水平为 95%的预测区间，并在验证集上验证各模型的效果。在同一气象场景下，对基于不同协方差函数的 10 种 GPR 模型展开综合评价；对比不同气象场景下，最优 GPR 模型的预测效果，验证气象站选择的必要性。最后，从 2011 年历史数据中随机抽取 4 周的数据构建测试集样本，在测试集上测试合适气象场景下最优 GPR 模型的预测效果。所抽取的 4 周时间分别是 2011 年 2 月 28 日～3 月 6 日、6 月 27 日～7 月 3 日、8 月 8 日～14 日、12 月 12 日～18 日，共计 4 个整周，即每周都从周一开始至周日结束。

2）含多源气象信息的模型特征构建

在模型特征构建时，不同气象场景下模型特征集合也不同。这里首先介绍特征总集合，然后分别介绍不同气象场景对应的特征集合。根据负荷与温度的相关性分析，以及对负荷自相关性及其周期性的分析，确定预测模型的 17 个总输入特征，包括 6 个温度特征、7 个负荷特征和 4 个周期性特征。

温度特征分别为 3 个待预测负荷时刻 t 前 i 小时 $t-i$ 时刻的温度值，i 分别为 22、23、24，以及 3 个积温特征，即待预测负荷时刻 t 前 j 小时至待预测时刻 t 之间的温度平均值，j 分别为 3、4、5。负荷特征分别为待预测负荷时刻 t 前 h 小时 $t-h$ 时刻的负荷值 L_{t-h}，h 分别为 24、48、72、96、120、144、168。周期性特征分别为时刻特征、星期特征、月份特征、工作日特征。其中，时刻特征为待预测负荷值所在时刻，分别为 1 到 24 之间的整数；星期特征根据待预测时刻负荷所属星期几，给定 1 到 7 的整数；月份特征根据待预测时刻负荷所属月份，给定 1 到 12 的整数；工作日特征中，若待预测时刻负荷属于工作日（周一至周四），则给定为 1，如果是准休息日（周五）或周末（周六至周日），给定为 0。

不同气象场景对应的特征集合中，特征数目、构造特征用的气象数据或有不同。针对不考虑气象信息的场景，特征集合只包括上述的负荷特征和周期性特征；针对考虑平均组合气象信息的场景，还包含上述温度特征，用于温度特征构造的温度数据为所有 25 个气象站温度的平均值；针对考虑最优组合气象信息的场景，用于温度特征构造的温度数据为第 3 章确定的 15 个最优气象站的温度平均值。

3）模型参数优化

不同气象场景下模型参数优化一致。为获得最优 GPR 预测模型，设置 10 种协方差函数分别构建 GPR 模型，用以优选，关于协方差函数这一重要参数的介绍已在 4.3 节详细展开，不再累述。

为验证最优 GPR 模型的先进性，在同一训练集上训练 SVM、RF 以及 QRNN 模型。在测试集上对比最优 GPR 模型与 SVM、RF、QRNN 模型的确定性预测结果。其中，将 QRNN 预测模型在 0.5 分位点处的负荷值，即预测均值，作为该模型的确定性预测结果。并对比最优 GPR 模型与基于最优 GPR、SVM、RF 模型的预测误差分布特性统计法模型，以及 QRNN 模型的概率预测结果。其中，预测区间置信水平设为 95%。

对比实验中，使用网格法确定 SVM 参数，惩罚参数 C 为 16、核宽 σ^2 为 0.2679。RF 主要参数为树的数量 n_{tree} 和分裂特征数 m_{try}，这些参数一般对预测精度的影响并不显著。n_{tree} 不宜偏小，调试 n_{tree} 为 500 时，即获得较好的预测效果；回归问题中 m_{try} 可依经验公式 $m_{try} = n/3$ 定为 17/3，n 为输入特征个数。QRNN 中单隐含层神经元个数根据科尔莫戈罗夫（Kolmogorov）定理设为 10，最大迭代次数 iterations 设置为 1000，用于核密度估计的分位数数量 the number of quantiles 设置为 20。

采用预测误差分布特性统计法实现概率短期负荷预测时，需引入某一预测模型得到的确定性预测结果统计预测误差分布特性。本节中，以 GPR 模型得到的确定性预测结果作为统计样本时，称为基于 GPR 的预测误差分布特性统计法（E_{GPR}）；用 GPR 模型得到确定性与概率短期负荷预测结果时，称为 GPR 方法。

预测误差分布特性统计法中，采用非参数核密度估计法，分季度统计不同预测模型验证集各季度的确定性负荷预测误差，继而获得各季度预测误差的分布特性，并在测试集上测试。其中，依照各样本所在季度典型日负荷曲线，并考虑日负荷变化的峰平谷特点，划分统计时段，以第四季度为例，典型日负荷曲线呈双峰双谷态，所以划定每日 [0:00,6:00] 以及 [11:00,17:00] 两个时段为谷时段；[6:00,11:00] 与 [17:00,24:00] 两个时段为峰时段。依据使每个负荷区段的预测误差样本数量满足统计要求的原则，结合算例实际，将负荷区段样本数参考区间定为[200，300]。

4）预测模型构建

概率短期负荷预测过程可分为预测前的数据筛选与特征确定、预测时的模型优选、预测后的概率预测结果评价等三个阶段。前述的 4.2 节至本节则分别与上述过程的三阶段相对应。4.2 节通过特征分析确定了强相关性的负荷特征与反映负荷周期性变化的周期性特征，通过多源气象信息选择确定了合适的气象特征与待研究的气象场景，在预测前为后续预测做足了准备工作。4.3 节指明了高斯过程回归预测模型在解决概率性短期负荷预测问题上的优越性，是预测时模型优选的基础。本节提出了概率预测结果多指标评价困境并给出了解决方案，帮助研究者在预测后检验预测效果并优选模型。

在模型构建上也将遵循这一预测流程，图 4-19 给出了所设计的模型结构。

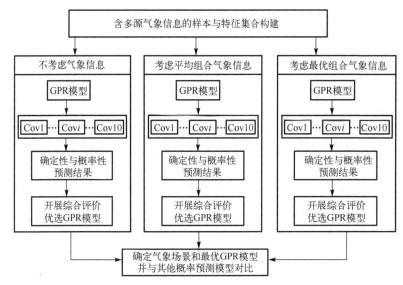

图 4-19 计及多源气象信息与评价指标冲突的概率短期负荷预测模型结构图

Cov 表示组合器

首先构建含多源气象信息的样本与特征集合。然后，结合 4.2 节提到的需要讨论的 3 种气象场景，在不考虑气象信息、考虑平均组合气象信息、考虑最优组合气象信息等 3 种场景下展开基于高斯过程回归预测模型的概率短期负荷预测，并采用面积灰关联决策优选协方差函数，确定最优概率模型。之后对 3 种场景下的确定性与概率性短期负荷预测结果展开对比，分析多源气象信息选择对概率短期负荷预测结果的影响。最后，验证并对比高斯过程回归预测模型与其他概率预测模型的预测效果。

4.4.3 算例分析

对不考虑气象信息、考虑平均组合气象信息、考虑最优组合气象信息等 3 种场景下的 10 种 GPR 模型展开面积灰关联决策。

表 4-7 和表 4-8 给出了 3 种气象场景下的面积贴近度和相应的 GPR 模型以及最优 GPR 模型指标。通过表 4-7 和表 4-8 看出,在不同气象场景下,通过面积灰关联决策得到的各 GPR 模型排序虽然不完全一致,但最优 GPR 模型始终是编号为 9 的 ARD-M5-GPR 模型,且 3 种场景下排名前五的 GPR 模型都包含编号为 8、9、10 的 GPR 模型,并且有 4 个或 5 个是 ARD 形式的协方差函数,表明 ARD 系列协方差函数可以稳健提升 GPR 模型预测的准确性与可靠性。

表 4-7 3 种气象场景下的面积贴近度和 GPR 模型排序

不考虑气象信息		考虑平均组合气象信息		考虑最优组合气象信息	
面积贴近度	GPR 模型	面积贴近度	GPR 模型	面积贴近度	GPR 模型
0.6489	9	0.7342	9	0.7040	9
0.6360	8	0.7061	6	0.6791	8
0.5965	10	0.7048	10	0.6705	10
0.5614	1	0.7042	8	0.6571	6
0.5551	6	0.6297	7	0.6267	1
0.5396	5	0.5282	4	0.6252	5
0.5302	2	0.5227	1	0.6113	4
0.5113	7	0.5220	5	0.6014	7
0.4681	3	0.5056	3	0.5712	3
0.3386	4	0.3217	2	0.3490	2

表 4-8 3 种气象场景下最优 GPR 模型指标

最优指标	不考虑气象信息	考虑平均组合气象信息	考虑最优组合气象信息
MAPE/%	10.99	4.23	3.70
MRPE/%	84.64	34.79	30.96
RMSE/MW	25.93	9.43	8.41
PINAW/%	29.64	14.10	12.43
PICP/%	96.80	95.59	95.49

对比 3 种场景下最优 ARD-M5-GPR 模型的确定性预测结果发现,考虑气象信息后,预测准确性明显提升,且采用最优组合气象信息得到的确定性预测结果最优。对比概率预测结果发现,虽然不考虑气象信息的场景预测可靠性更高,但是区间宽度也明显扩大,预测区间的参考价值大大降低;考虑气象信息后,在保证预测可靠性基础上,区间宽度明显降低,而且采用最优组合气象信息得到的预测区间在保证预测可靠性的同时,宽度最窄。

这些分析结果表明,纳入合适的气象特征,并选择气象信息,可以有效提升概率短期负荷预测的准确性、精确性与可靠性;即使不选择气象信息,相较于忽略气象特征场景，以平均的方式组合所有气象信息，构建并纳入气象特征，也能提升概率短期负荷预测效果。

为进一步验证最优 GPR 模型的预测效果，首先在测试集上比较 ARD-M5-GPR 模型与基于 SVM、RF、QRNN 预测模型得到的确定性预测结果，如表 4-9 所示。

表 4-9　各预测模型确定性预测结果分析

确定性指标	预测模型	2月28日～3月6日	6月27日～7月3日	8月8日～14日	12月12日～18日
MAPE /%	SVM	5.21	3.71	4.20	4.87
	RF	5.34	2.85	4.15	4.40
	QRNN	4.75	3.02	3.51	4.59
	ARD-M5-GPR	2.81	2.70	2.81	3.05
MRPE /%	SVM	15.20	11.02	13.89	15.60
	RF	25.01	12.21	16.18	11.88
	QRNN	23.10	11.05	12.20	14.64
	ARD-M5-GPR	14.85	11.29	9.74	10.92
RMSE /MW	SVM	8.64	8.48	10.47	8.64
	RF	8.46	6.99	9.69	7.67
	QRNN	8.00	7.37	8.74	7.80
	ARD-M5-GPR	4.99	6.92	7.11	5.67

通过表 4-9 明显看出相较于其他 3 种模型获得的确定性预测结果，ARD-M5-GPR 模型的预测更准确：基于 4 周测试集，在代表平均误差水平的 MAPE 指标上，ARD-M5-GPR 模型相较其他 3 种模型的最低值，平均降低 1.035 个百分点；在代表预测误差最大值的 MRPE 指标上，相较其他 3 种模型的最低值，平均降低 0.875 个百分点。这表明 ARD-M5-GPR 模型能够保证确定性短期负荷预测的准确性。

然后，比较 ARD-M5-GPR 模型与基于 SVM、RF 和 ARD-M5-GPR 模型的预测误差分布特性统计法（E_{SVM}、E_{RF}、$E_{ARD-M5-GPR}$）模型，以及 QRNN 模型置信水平为 95%的预测区间，如表 4-10 所示。

表 4-10　各预测模型预测区间分析

概率性指标	预测模型	2月28日～3月6日	6月27日～7月3日	8月8日～14日	12月12日～18日
PINAW /%	E_{SVM}	19.56	18.07	19.42	24.07
	E_{RF}	19.25	17.13	18.48	20.48
	$E_{ARD-M5-GPR}$	16.64	14.11	15.40	20.46
	QRNN	21.88	15.81	16.48	26.90
	ARD-M5-GPR	15.62	13.04	13.83	19.96

续表

概率性 指标	预测模型	2 月 28 日~ 3 月 6 日	6 月 27 日~ 7 月 3 日	8 月 8 日~14 日	12 月 12 日~18 日
PICP /%	E_{SVM}	97.62	97.02	96.43	94.64
	E_{RF}	94.64	98.81	94.64	98.21
	$E_{ARD-M5-GPR}$	98.81	97.62	96.43	98.21
	QRNN	96.43	94.64	92.86	100.00
	ARD-M5-GPR	97.02	95.24	95.83	97.62

由表 4-10 可知,相较于各预测误差分布特性统计法模型与 QRNN 模型,各测试集下,ARD-M5-GPR 模型宽度最窄:基于 4 周测试集,相较其他 4 种模型的最低 PINAW 指标,平均降低 1.04 个百分点;相较其他模型最高的 PINAW 指标,平均降低达 5.955 个百分点。对比各模型 PICP 指标发现,ARD-M5-GPR 模型在覆盖率上整体处于各模型该指标的中间位置,但并不能因此认为 ARD-M5-GPR 模型可靠性低。

当预测区间覆盖率能够达到预测区间所设置的置信水平时,即认为该区间满足概率性预测可靠性要求,各测试集下,ARD-M5-GPR 模型的 PICP 指标均达到 95% 以上,满足 95% 置信区间的可靠性要求。虽然部分其他模型的 PICP 指标较 ARD-M5-GPR 模型更高,但相应预测区间宽度明显上升,导致预测区间的精确性与可参考价值大大降低。以 2 月 28 日至 3 月 6 日测试集为例,E_{SVM} 模型相较 ARD-M5-GPR 模型,PINAW 指标增大 3.94 个百分点,而 PICP 指标仅提升 0.6 个百分点。若以 E_{SVM} 模型获得的概率预测结果作为决策参照,虽然可靠性略有提升,却大大增加了潜在的运行成本,与实际决策中对预测区间宽度和覆盖率的权衡策略不符。所以相较其他概率性预测模型,ARD-M5-GPR 模型下的预测区间在保证可靠性的同时,精确性更高,能有效满足决策需求。

另外值得关注的是,基于不同预测模型的预测误差分布特性统计法模型间的概率预测结果也有所差异。结合表 4-9 和表 4-10,在确定性预测方面,各预测模型按反映平均预测误差的 MAPE 指标,由高到低排列,依次为 SVM、RF、ARD-M5-GPR;相应地,基于不同预测模型的预测误差分布特性统计法模型按照 PINAW 从高到低与 PICP 指标从低到高排列,均依次为 E_{SVM}、E_{RF}、$E_{ARD-M5-GPR}$ 模型。这表明选择确定性预测更准的预测模型,能够有效提升基于该模型预测误差分布特性统计法模型的概率性预测的精确性与可靠性,也进一步表明 ARD-M5-GPR 在确定性与概率短期负荷预测方面所具有的优势。

图 4-20 为各测试集下随机一天的 ARD-M5-GPR 模型与其他概率预测模型置信水平为 95% 的预测区间。

从图 4-20 看出,相较其他概率预测模型,ARD-M5-GPR 模型获得的预测区间更窄,区间上限明显更低,有助于为决策者提供更多有效信息,降低潜在决策成本;

区间边界紧随真实值的改变而变化，且区间边界与真实值始终保持适度的距离，并不紧邻真实值或过度偏离真实值，变化最平稳。而其他概率模型区间边界存在偏离真实值变化趋势的抬升或跌落。

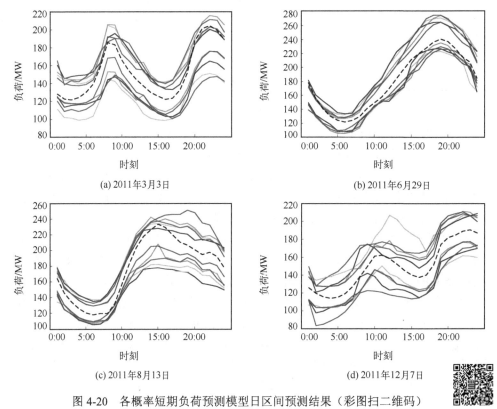

(a) 2011年3月3日

(b) 2011年6月29日

(c) 2011年8月13日

(d) 2011年12月7日

图 4-20　各概率短期负荷预测模型日区间预测结果（彩图扫二维码）

——E_{SVM}　——E_{RF}　——$E_{ARD-M5-GPR}$　——QRNN　——ARD-M5-GPR　- - -真实值

图 4-21 和图 4-22 给出各测试集下一周的置信水平为 95%的预测区间，以便于比较更长周期上各模型的差异。可以看出，在更长的时间跨度上，相较其他概率模型，ARD-M5-GPR 模型得到的预测区间围绕真实负荷序列变化得更平稳，始终与真实值保持适度距离，有效保证了预测区间的可靠性。而其他预测模型得到的预测区间随真实值变化时，时有偏离真实值变化趋势的波动。

例如，2 月 28 日 6:00～12:00 时段内，QRNN 区间上下限在真实值呈下降趋势时反向抬升，偏离了真实值的变化趋势。再如，8 月 13 日 15:00～次日 0:00 时段内，真实值呈明显的下降趋势，而 QRNN 模型对应的区间变化却存在一个矮峰，偏离真实值变化，E_{RF} 模型对应的区间上限下降程度较低，不能有效追踪真实值的变化趋势。以上分析进一步表明 ARD-M5-GPR 模型得到的预测区间准确有效地描述了所预测负荷序列的波动情况，为决策者提供了更为丰富可靠的决策信息。

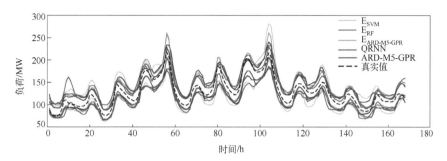

(a) 2011年2月28日至3月6日

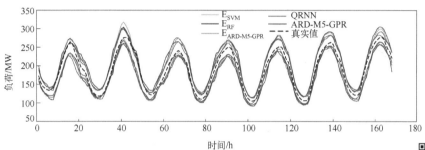

(b) 2011年6月27日至7月3日

图 4-21　各概率短期负荷预测模型周区间预测结果（1）（彩图扫二维码）

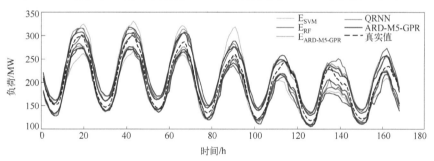

(a) 2011年8月8日至8月14日

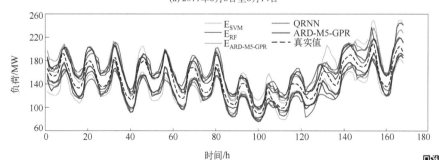

(b) 2011年12月12日至12月18日

图 4-22　各概率短期负荷预测模型周区间预测结果（2）（彩图扫二维码）

4.5 本 章 小 结

短期负荷预测是电力系统安全、稳定、经济运行的重要保障。短期负荷具有不确定性、随机性等特点，确定性预测结果无法反映负荷变化的可靠波动范围。因此，需研究概率短期负荷预测方法，以概率预测结果度量负荷变化的不确定性，作为电力系统决策的依据。

但概率短期负荷预测研究起步较晚，在预测方法与预测各环节中，仍存在如何计及多源气象因素对负荷变化的影响、预测时概率预测模型复杂、预测后多指标评价时各指标结论冲突等亟待解决的关键问题。因此为获得精确可靠的概率短期负荷预测结果，本章提出计及多源气象信息与评价指标冲突的概率短期负荷预测方法，以获得精确可靠的概率短期负荷预测结果。本章主要工作如下。

（1）针对目前概率短期负荷预测研究中，鲜有计及多源气象信息对概率短期负荷预测结果影响的问题，采用一系列概率统计方法对比各源头温度统计特性，采用散点图与斯皮尔曼秩相关系数分析各源头温度与负荷的相关性，分析结果表明各源头气象信息与负荷的相关关系方面存在差异，统计时间尺度越短，各源头气象信息差异便越凸显，因而就越不能忽略其间的差异性。将温度等气象因素纳入预测时，不能忽视所依据的气象数据的差异性，论证了多源气象信息选择的必要性。

（2）由于各源头温度数据存在差异，针对如何甄选或组合气象信息，构造合适的气象场景的问题，提出多源气象信息选择策略：构造备选温度特征，依据相关性分析确定温度特征集合；采用简易模型评价基于不同气象源或组合获得的预测结果的准确性；据此确定需要考虑的气象场景。验证表明，进行气象信息选择或组合可以有效提高负荷预测的准确性，并基于这一结论，设计不考虑气象信息、考虑平均组合气象信息、考虑最优组合气象信息等3种气象场景，以有效考虑气象因素对概率负荷预测可靠性的影响。

（3）针对目前概率短期负荷预测研究中缺乏对模型输入特征的介绍，或特征选用理由不明确的问题，通过设计大量备选温度特征，并根据温度特征与负荷的相关性分析，确定温度特征集合；通过详细分析负荷在年、月、周、日等不同时间尺度上的周期性变化特性，确定了周期性特征集合，包括月周期特征、星期特征、工作日/周末特征以及日周期特征；还通过负荷自相关性分析，确定了与实时负荷具有高相关性的负荷特征集合。

（4）针对概率短期负荷预测多指标评价时指标间结论冲突的问题，引入不同侧重的确定性与概率性结果评价指标，提出面积灰关联决策方法对预测结果展开综合评价，优选模型，算例结果表明面积灰关联决策与原始决策信息相一致，能有效克服多指标评价结论冲突问题，且相较距离灰关联决策方法更明确地分辨了各模型间的差异，结论更可靠。

（5）针对目前部分概率短期负荷预测方法存在的统计预测误差过程烦琐、主观性强，或模型体量大、复杂度高等问题，提出结构简单易实现、预测结果具有概率意义的高斯过程回归概率预测模型，通过算例对比最优高斯过程回归模型与预测误差统计法、分位数回归神经网络等主要概率模型的预测效果，结果表明最优高斯过程回归模型在确定性预测方面更准确；在概率预测方面，准确刻画了负荷的波动性，在保证概率预测可靠性的同时，精确性更高。并且，对于高斯过程回归模型来说，在确定合适的协方差函数形式的基础上，采用 ARD 系列协方差函数有效提升了 GPR 模型的预测能力。

（6）针对研究的 3 种气象场景对概率短期负荷预测效果的影响问题，采用面积灰关联决策，综合评价不同气象场景下，不同协方差函数高斯过程回归模型获得的预测结果，并对比了不同气象场景下，最优预测模型的确定性与概率预测结果，算例结果表明纳入合适的气象特征，并选择气象信息，可以有效提升概率短期负荷预测的准确性、精确性与可靠性。即使不选择气象信息，相较忽略气象特征，以平均的方式组合多源气象信息，并将其纳入气象特征，也能提升概率短期负荷预测效果。

近年来，可再生能源产业发展迅猛，其消纳水平与电气化比例不断提升，在提升系统经济性与安全性的同时，也增加了发电侧与需求侧的不确定性，为概率短期负荷预测带来新的挑战。因此，未来的工作将集中于高比例可再生能源接入对概率短期负荷预测影响的研究，以求在新能源场景下进一步提升概率短期负荷预测的精确性与可靠性。

第二篇 电力系统风、光功率预测研究

第 5 章 风光电站功率预测概述

预测技术是新能源发电功率并网的技术关键，它们有利于减轻新能源出力波动对电网的不利影响，并让风电和光伏功率得到合理的运用。风电和光伏功率预测技术通过估算未来时刻的发电情况，间接缓解功率波动对电网的影响，优化潮流，保证电力交易的进行。电网调度人员可以通过预测值提前规划电网中其他电源的出力模式，可以根据超短期预测进行实时调整，保证电网稳定运行，有助于减少备用电源的容量和成本，实现风光发电功率的高效利用。

5.1 研究背景及意义

我国电能的主要生产方式有火力发电、核能发电、风力发电、太阳能发电和水力发电等[60]。近年来，以光伏发电和风力发电为代表的可再生能源利用率持续增加。

与化石能源相比，风能具有以下优势[61]：①风能作为一种可再生能源，不会面临资源枯竭的问题；②风力发电的发电过程不会排放二氧化硫、粉尘等污染物；③风电机组建设周期短，装机规模灵活。自 2005 年《中华人民共和国可再生能源法》颁布后，我国成为全球风电投资力度最大的国家之一。在 2016 年 11 月，2017 年 1 月、2017 年 3 月、2017 年 11 月和 2018 年 5 月国家能源局分别发布《风电发展"十三五"规划》、《国家发展改革委 财政部 国家能源局关于试行可再生能源绿色电力证书核发及自愿认购交易制度的通知》、《国家发展改革委 国家能源局关于有序放开发用电计划的通知》、《国家发展改革委 国家能源局关于印发〈解决弃水弃风弃光问题实施方案〉的通知》和《国家能源局关于 2018 年度风电建设管理有关要求的通知》等，充分体现了国家大力发展风电的决心。截至 2016 年，风电在美国取代了水电成为第一大可再生能源，且在 7 年之间，美国的风电成本下降了 66%，丹麦和德国等最早开发风电技术的国家已完成了风电市场化，并将陆上风电开发为整个能源体系中最经济的绿色能源之一[62-65]。进入 21 世纪以来，全球范围内的风电装机容量不断增加。以 2008 年为节点，全球每年的新增风电容量呈现逐年递增趋势，截至 2017 年，全球累计风电装机容量达到了 539123MW，自 2005 年以来的复合增速超过了 20%。化石能源在国际电力生产结构中所占的比重正在逐年下降[66]；水电、聚热发电和海洋能发电等所占比重长期维持不变；可再生能源所占比重稳步上升，风电是目前发展速度最为迅猛的可再生能源，进一步说明了风电的发展潜力受到了世界各国的高度重视。

太阳能发电同样也是应对能源枯竭和生态问题的有效手段和必然趋势[67,68]。然而，出力的强随机性和波动性是光伏发电等可再生能源利用过程中存在的主要问题，使得光伏发电的大规模并网难度加大。不稳定的光伏功率输出为电力系统的规划、运行和控制带来一系列新的挑战[69,70]。虽然在大规模开发利用太阳能等新能源的过程中面临一些技术上的难题，但是利用可再生资源发电是时代发展的必然[71]。新能源技术的进步能够加速其代替化石能源在经济发展中的重要地位，有效降低碳排放，减少经济发展对化石能源消耗的依赖，在对自然环境的保护和减少碳排放等方面具有重要意义。随着越来越多的国家和地区参与到光伏发电的研究中，光伏发电的技术在不断完善和进步，光伏发电的成本随之不断降低[72]。众所周知，稳定性和安全性是电力系统的两大重要指标，由于光伏电站出力受到太阳辐照强度、温度、湿度等气象因素的影响，光伏电站出力具有明显的不确定性和随机性[73]，严重威胁到电力系统的安全与稳定，同时也将引起电能质量的下降[74,75]。虽然光伏发电的并网是新能源技术发展的必然且符合可持续性发展需求，然而关于新能源并网的处理技术还不够完善，难以保证电力系统在光伏发电并网后依然处于稳定运行状态，这是大规模光伏电站发展有待解决的首要问题[76-78]。为了应对光伏电站出力的随机性和不确定性等问题，需要对光伏电站的出力进行准确的预测[79]。准确的光伏电站出力预测能够为电网调度部门提供合理的调度安排依据，优化电网的检修计划配置，使常规能源能够更好地和光伏发电配合，降低电力系统的运行成本，提高光伏电站出力的利用率，有效地减轻光伏电站出力对电网系统的冲击，提高电网的安全性与稳定性[80]。因此，研究如何提高光伏电站出力预测的精度，对太阳能的开发与利用具有重要的指导意义。

电力系统经济调度是电力系统运行的重要环节之一，其需要在满足各种约束条件下，充分考虑综合因素，安排各机组出力，实现运行成本最小。而大规模风、光电站并网使得电力系统经济调度面临很大的挑战[81-83]。一方面，风、光发电需要尽可能地被电网全部消纳，有效减少化石能源的利用；另一方面，为降低风、光出力的不确定性对电力系统调度的影响，需要其他机组频繁配合风光机组出力，这严重影响了机组的安全性和利用效率，降低了电力系统的经济性。为了更加充分地利用我国的风光可再生能源，发挥风、光发电的优势，不仅要加强电网结构的建设、提高电能传输能力和增大系统调峰容量，还需建立更高效可靠的风、光功率预测模型，提高风、光功率的预测精度，这一措施从风、光利用的上游环节减小风、光出力不确定性的不利影响[84-87]。

5.2 风、光发电机组介绍

5.2.1 风力发电机组介绍

风力发电机组是将风的动能转换为电能的系统。在风力发电机组中，存在着两种物质流：一种是能量流，另一种是信息流，两者的相互作用，使机组完成发电功能。现代风力发电原理很简单，通过风的吹动带动风轮的叶片发生转动，由于风轮和发电机同轴，因此会使发电机也开始进行转动，并且通过增速器将转子的转速提高，使发电机的转速提高到一定值，即达到发电机的额定转速，从而使风力发电机进行发电。依照现在风力发电技术的水平，风速在3m/s左右就能够进行发电了。尽管风速可能很低，但增速器依然可以将发电机的转速提高使转速达到较高的水平，从而使得发出的电功率较大。但是风速不能过低，否则会对增速器造成太大的负担，而且使并网的电过于不稳定。在正常风速阶段，桨叶会在最佳风速比的角度使发电机功率最大，尽量达到额定值，但一旦风速过大，发电机在最佳角度的输出功率会大于额定值，调向器就会调节叶尖的角度，使其输出功率不超过额定值，即保持在额定值。风力发电机组的工作原理如图5-1所示。

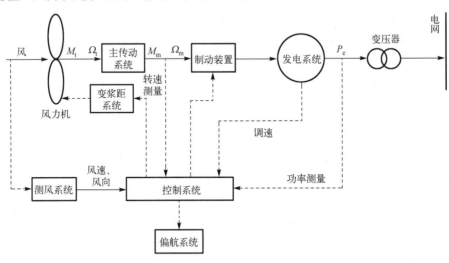

图 5-1 风力发电机组的工作原理

M_t为风力机输出转矩，Ω_t为风力机输出转速，M_m为主传动系统输出转矩，
Ω_m为主传动系统输出转速，P_e为发电功率

风轮、发电机、传动系统、限速机构、塔架、主机架与机舱罩以及偏航系统等共同构成了风力发电机组[88]。

　　风轮是把风的动能转变为其本身机械能的关键部件，通常由两片或多片（普遍为三片）螺旋桨形状的叶片组成。叶片的材料要求为质量轻、强度高，因此目前多用玻璃或纤维等其他复合材料来制造。当风吹过叶片时，叶片周围空气的动力会驱动风轮使其发生旋转。风轮的转速通常很低，而且风的随机性很大，即其大小和方向经常变化，这会使风轮的转速更加不稳定。所以必须在发电机前面再加一个齿轮变速箱来把风轮转速增加到风力发电机额定转速，同时为了使转速保持稳定，还需要再加一个调速机构，然后再将风轮轴连接到发电机上。除此之外，还需在风轮的后面安装一个尾翼来保持风轮始终对准能够获得最大功率的风向。发电机将转子通过风轮得到的恒定转速进行增速以后再带动发电机进行匀速转动，从而实现机械能到电能的转变。在一些北欧国家，风力发电已经很普遍了，中国西部地区现在也在极力提倡风力发电。

　　发电机包括叶片、发电机头、转体和尾翼。发电机的每一个组成部分都十分重要，其各组成的作用分别是：首先通过叶片接收风并经过风力发电机将风的动能转换为电能；发电机头的转子的成分是永磁体，发电机头的定子绕组通过切割永磁体的磁力线来生成电能；转体的作用是让发电机头能够转动灵活从而实现尾翼的方向调整；尾翼的作用是使叶片一直对着风吹过来的方向，并以此使风力发电机获得的风能最大。

　　传动系统由增速齿轮箱、联轴节、主轴与机械制动器组成。传动系统负责将风轮旋转产生的机械能通过联轴传递到发电机的转子，并通过齿轮变速箱使风轮转速和发电机转子额定转速相匹配。

　　限速机构是由主控制器、变流器、机组控制安全链、变桨控制器和很多不同的传感器等共同组成的。限速机构能够对机组信号进行检测、在机组起动到并网运行发电过程中都会起到控制作用，同时还能够保证机组的安全运行。

　　塔架用来支撑风轮、发电机和尾翼。为了使塔架有一定的强度，同时还能房获足够大且足够均匀的风力，塔架通常需要修得很高。地面障碍物对风速产生的影响和风轮直径的大小共同决定了塔架的高度，但是通常情况下，一般小型的风力发电机塔架高度都在 6~20m。

　　主机架与机舱罩。主机架是用来安装风力发电机组的传动系统和发电机的，而且主机架还和塔架的顶端相连，从而将风轮以及传动装置产生的所有负载都传送到塔架上。机舱罩将发电机、传动系统以及控制装置等部件都遮盖起来，起到保护作用。

　　偏航系统。偏航系统的操作装置主要由驱动发电机、偏航轴、制动装置、齿轮传动系统等结构构成，它的功能是将风轮调整到对风方向。

5.2.2 光伏电站介绍

1）光伏电池的基本结构

光伏电池主要由其表面上的 PN 结、正电极和背电极构成。一般光伏电池中还包括减反射层、表面钝化层等结构[89]，光伏电池的基本结构如图 5-2 所示。

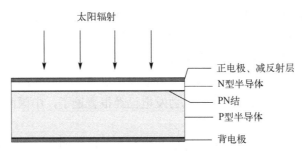

图 5-2 光伏电池的基本结构

2）光伏电池的工作原理

光伏电池利用"光生伏打效应"将太阳光能转换为电能，是组成光伏发电系统最基本的单位。光伏电池根据使用的材料进行划分可分为硅电池、化合物半导体电池和有机半导体电池等，其中硅电池占主导，硅电池又可细分为单晶硅电池、多晶硅电池和非晶体硅电池等。无论是哪种硅材料的光伏电池，其核心部分都是半导体材料形成的 PN 结。下面以半导体硅材料为例说明光伏电池的工作原理。

通常情况下，在硅原子的最外层有 4 个电子，其围绕原子核在固定轨道转动，当最外层的电子受到外来能量作用时，较低能量价带的电子将脱离轨道而成为自由电子，在原有的位置上形成一个"空穴"，纯净的硅晶体的自由电子和空穴数量相等。当把硼、镓等元素掺入硅晶体中时，这些元素将俘获电子形成空穴型半导体，即 P 型半导体；反之，如果将磷、砷等元素掺入硅晶体中，其将释放电子形成电子型半导体，即 N 型半导体。当两种类型的半导体结合时，由于电子与空穴的扩散作用，在其交界面处就会形成一个 PN 结，并在结区内形成由 N 型区指向 P 型区的内建电场，称之为势垒电场。当光伏电池受到阳光照射时，半导体材料内产生大量的电子-空穴对，在势垒电场的作用下，电子向 N 型半导体漂移，空穴向 P 型半导体漂移，并分别聚集于两个电极部分，如图 5-3 所示。当 N 区积聚过剩的电子，P 区积聚过剩的空穴时，就会形成一个与势垒电场方向相反的光生电动势，这就是"光生伏打效应"。当在半导体的 P 型层和 N 型层分别连接金属导线，接通负载时，将有电流通过外电路，形成一个个电池元件。将这些小的电池元件通过串、并联构成能产生一定的电压和电流，并输出功率的光伏电池阵列[90]。

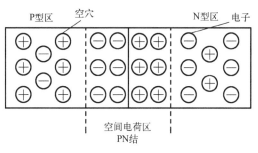

图 5-3 PN 结的结构示意图

5.3 研 究 现 状

5.3.1 风功率预测研究现状

风功率预测是电力系统制定超短期调度计划的基础，能够降低大规模风电并网所带来的不确定性对电力系统运行安全性、稳定性和经济性带来的不利影响。近年来，风功率预测技术研究蓬勃发展，新的方法和创意不断涌现。根据现有研究基础可以将风功率预测方法划分为不同的类别，如图 5-4 所示。

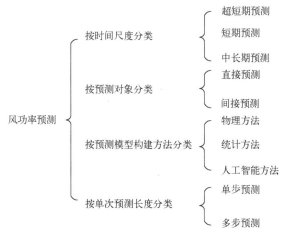

图 5-4 风功率预测方法分类

（1）根据风功率预测的时间尺度可分为超短期预测、短期预测和中长期预测[91,92]。超短期预测一般采用 15min 为最小时间尺度进行预测，预测时间通常不超过 3h，能够辅助风电场对风力发电机组的机械部件进行控制和改良以及控制和稳定电能质量，并辅助电网调度部门制定实时调度计划[93]；短期预测是以分钟或小时为主要时间尺度的预测；中长期预测的预测时间尺度大多以天为单位[94,95]。

（2）根据不同的预测对象可将风功率预测方法分为直接预测和间接预测两种，间接预测是先预测风速，然后在所预测风速的基础上根据各发电机组的功率特性曲线汇总得到风电场的输出功率；直接预测则根据风电场的历史出力数据，直接对风功率进行建模预测[96]。

（3）根据不同种类的预测模型，可以将风功率预测模型构建方法分为物理方法、统计方法以及人工智能方法。物理方法借助数值天气预报（numerical weather prediction，NWP）经过对风电场周边区域开展地形、尾流和空间相关性分析得到的微尺度气象相关信息（如风速、风向和温度等），遵循质量、动量以及能量的守恒方程逐步求解风功率，这种预测方式计算量庞大且需要气象部门提供各种气象数据，在中长期风功率预测中优势明显[97]。统计方法通常以风功率时间序列和风速时间序列作为基础，仅需要历史数据即可建立输入特征与风功率时间序列间的映射关系，然后将实测数据代入此映射关系开展预测。代表性方法有随机时间序列法、卡尔曼滤波法等[98]。其中，随机时间序列法侧重于根据历史风功率数据来反映未来风功率的变化趋势，但其预测精度较低，且在建立高维度映射关系时难以确定模型参数[99]；卡尔曼滤波法预测精度高，但易受到风功率的随机性与波动性的影响[100]。人工智能方法可通过历史数据深入挖掘输入特征与风功率时间序列间的潜在关系，相比统计方法更适合处理高维度的复杂问题，代表性的方法为神经网络法和支持向量机回归等。

（4）风功率预测按照单次预测长度可以分为单步预测和多步预测，相比单步预测，多步预测所需要的输入数据更少且可以提供更多的未来信息，能够辅助电力系统进一步完善配电计划；传统的滚动式多步预测引入了大量的累积误差，严重影响了数据的变化趋势，对于预测结果的使用造成了一定程度的误导，多步输入多步输出方法（multi-input and multi-output strategy，MIMO）消除了累积误差，更好地体现了风功率数据的变化趋势，成为目前多步预测的主流[101]。

随着风电产业的不断发展，大量新颖的风功率预测模型和方法不断涌现，使得风功率预测方法的实用性和有效性与现有研究相比得到进一步提升[102-105]。根据研究现状，风功率预测方法一般分为风功率数据预处理、预测模型构建与计及气象因素的最优风功率预测模型构建 3 个步骤。

1）基于时频域分析方法的风功率数据预处理研究现状

大规模并网风电场对于电力系统的影响主要来自于它的功率的不稳定性，风功率的波动性和不平衡性直接影响了风功率预测模型的准确性[106,107]。为了降低风功率数据的波动性，当前研究主要通过对风功率数据进行预处理，并在此基础上构建预测模型，能够降低模型复杂度以改善预测精度。

在风功率数据预处理方法中，通常采用时频域分析方法将风功率数据按照不同中心频率分解为具有独立物理意义的本征模态函数（IMF），从而降低风功率数据本身的不确定性[108]。常用时频域分析方法有经验模态分解方法、小波分解法和变分模态分解（variational mode decomposition，VMD）方法等。相比小波分解法的多尺度细化分析方式，经验模态分解方法能够根据数据自身的时间特征尺度开展针对性分解，使经验模态分解具有自适应特性，无须设定任何基函数即可完成任何形式的时间序列分析，更适合样本容量较大的风功率数据预处理过程，但经验模态分解方法易出现模态混叠[109,110]，研究者在保留其自适应性的同时提出了一系列改进方法；集合经验模态分解引入高斯白噪声来缓解模态混叠问题，但其分解结果中混入的噪声成分难以消除[111,112]，影响了分解的可靠性；在集合经验模态分解基础上改进得到的互补集合经验模态分解通过引入正反两组白噪声来消除分解结果中的噪声成分，降低了噪声对分解结果的影响[113-115]，能够更有效地降低风功率数据的随机性和波动性对预测模型训练环节的负面影响。

经验模态分解系列方法虽然具有自适应分解层数的能力，但其工作原理导致得到的模态函数频率分布不均匀，难以避免模态混叠问题的出现。VMD 方法区别于经验模态分解方法，其主要工作原理根据 Hilbert（希尔特）变换和 Wiener（维纳）滤波方法改进得到，能够根据人工设置的分解层数均匀分配模态函数的中心频率[116,117]。

现有风功率预处理研究中，经验模态分解系列方法的针对性强，但对中心频率的分配不均匀导致容易出现模态混叠现象；VMD 方法能够均匀分配中心频率，却不具备自适应特性，针对性较差。将经验模态分解方法的自适应特性和 VMD 方法相结合有助于提高风功率数据预处理的可靠性和针对性。

2）基于深度神经网络的风功率预测模型研究现状

风功率的不平稳性和高度相互依赖性质加大了预测难度。因此，风功率预测模型需要具有强大的鲁棒性、记忆能力、非线性映射能力以及自学习能力。在现有人工智能方法中，神经网络方法，如人工神经网络方法和前馈型神经网络等，均善于构建非线性预测模型，具有优秀的泛化性能，适合短期和超短期风功率预测[118]。

但传统神经网络缺乏理论指导，导致网络参数复杂，具有较大随机性的初始参数导致采用神经网络方法所构建的预测模型具有不确定性和不可复现性[119-121]，在实际应用过程中需要重新花费时间来训练模型，降低了神经网络方法的收敛速度和预测精度。针对神经网络方法存在的参数复杂、初始参数随机性高和网络结构单一等问题。研究者提出了深度神经网络方法，深度神经网络方法如卷积神经网络和循环神经网络，在对具有高度相互依赖性质的风功率时间序列进行预测时，能够依靠其独特的模型结构有效避免梯度消失现象[122-124]，改善了传统神经网络方法容易陷入局部最优的缺陷，更适合大数据多特征的超短期风功率预测的需要。

同时，深度神经网络方法具有灵活且稳定的结构，改善了传统神经网络的随机性，其通过多层结构的方式用较少的参数实现复杂映射关系，强调了模型结构的深度，突出了对特征的集中学习，使其预测结果具有可复现性，节省了风功率预测系统的运算资源，提高了电网运行的经济性。

在对序列依赖性较高的风功率时间序列进行预测时，需要预测模型拥有强大的记忆能力。传统神经网络在训练新样本时会遗忘旧样本，学习和记忆能力不稳定，在新的风功率样本输入时会破坏调整完毕的网络连接权值，导致已完成的学习信息消失，从而减缓了收敛速度，并易陷入局部收敛。

面对传统神经网络方法存在的记忆消失现象，Hochreater 和 Schmidhuber 在 1997年提出了长短期记忆（long short-term memory，LSTM）神经网络（以下简称 LSTM）方法，该方法通过在循环神经网络的基础上加入记忆模块，在解决梯度爆炸和消失问题的同时，实现了对长期历史状态的记忆与遗忘，通过记忆模块和遗忘门的操作能够实现对风功率预测过程中的历史状态信息进行取舍，得到可靠的预测结果[125-127]。

3）计及气象因素的风功率预测研究现状

风电机组的输出功率与当地气象因素有直接联系，物理方法能够依靠精确的NWP 实现中长期风功率预测，证明了气象因素对风功率预测的重要性[128]。我国目前尚无完善的针对超短期风功率预测的 NWP 气象预报系统，且已开发出的辅助NWP 系统中的气象特征，如风速和温度等与实际值具有较大偏差，导致风功率预测的准确率下降[129]。但鉴于风功率与气象因素的高相关性，在对风功率的直接预测过程中，将风电场侧风塔的气象因素作为特征构建预测模型，能够有效提高超短期风功率预测的准确性[130,131]。

引入气象因素能在一定程度上强化复杂外界条件对风功率的映射关系，但相同种类的气象特征间存在的信息冗余反而会降低预测准确率，且过多输入特征增加了模型的复杂程度，降低了模型的预测效率[132]。更进一步来讲，风功率相关气象特征之间存在信息的重叠，冗余特征只会降低训练效率；而且预测模型通过特定的特征组合的特征子集能够得到更加有效的信息，从而提高预测准确率。

为了发掘出有效的气象特征输入组合并去除重叠的特征，引入风功率相关气象特征并使用特征选择选出最佳的输入特征集合并构建最优风功率预测模型，就可以在预测的准确率和模型的复杂程度两方面同时进行优化，最终保证风功率预测的准确率和效率。为降低预测模型的复杂度，当前研究通常采用特征选择环节来确定最优特征子集[133]。

特征选择方法可分为 Filter 方法和 Wrapper 方法[134]。Filter 方法需要依靠特定评价函数评估特征重要度，并在此基础上开展前向特征选择或后向特征选择。Filter方法具有速度快、计算量小等特点，适合工程应用；而 Wrapper 方法计算量远高于前者，实用性较低[135]。特征重要度直接影响 Filter 方法的特征选择结果。

在 Filter 采用的特征重要度分析方法中，互信息（MI）可以分析特征子集与预测目标间的相关性，但不能分析特征子集的各个特征之间的冗余性；条件互信息（conditional mutual information，CMI）能够在保证变量强相关的前提下，保持子集

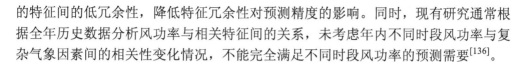

的特征间的低冗余性，降低特征冗余性对预测精度的影响。同时，现有研究通常根据全年历史数据分析风功率与相关特征间的关系，未考虑年内不同时段风功率与复杂气象因素间的相关性变化情况，不能完全满足不同时段风功率的预测需要[136]。

5.3.2 光伏出力预测研究现状

1. 光伏电站出力预测特征集合构建方法

构建合适的特征集合是预测光伏电站出力的第一步。由于影响光伏出力的因素众多且各因素间存在复杂的联系，到目前为止，国际上没有形成统一的用于光伏电站出力预测的最优特征集合构建方法。然而，构建良好的特征集合能够对光伏电站出力预测精度的提升发挥重要的作用。因此，如何构建用于开展光伏电站出力预测的特征集合具有重要研究意义。文献[137]通过理论分析总结了光伏电站周边的气象因素，包括太阳辐照强度、环境温度以及相对湿度等，并将上述分析的各类气象因素构建特征集合作为预测模型的输入。这种特征集合的构建方法能够考虑到不同气象特征对光伏电站出力预测的影响，但没有计及光伏电站自身对出力值的影响，因此具有一定的局限性。文献[138]的原始特征集合包含了太阳辐照强度、温度、云量、气象站的露点、气象站的平均温度、气象站的云量、历史光伏电站出力值以及气象热指数等特征。该特征集合中包含了多种具有相似信息的气象因素，如气象站平均温度与温度、云量与气象站的云量等特征，因此存在人为加入过多同类信息造成信息冗余问题，且在特征重要度分析时未考虑去除冗余信息的环节，因此该特征集合的构建不利于预测模型精度和预测效率的提升。文献[139]在构建原始特征集合时未考虑气象因素对光伏出力的影响，仅考虑了历史光伏出力特征、地球倾斜角以及光照时间等因素。该预测方法在晴天光伏电站出力预测时具有较高的预测精度，然而在阴天和雨天情况下的预测效果较差。同时，该方法为了提高精度引入了复杂的优化和预测算法，因此增加了建模的难度。文献[140]和[141]仅采用了历史光伏出力值来构建特征集合，弱化了其他因素对光伏出力预测的影响，通过对预测模型的优化提高预测精度，这无疑对模型性能提出了更高的要求。文献[142]采用的特征集合仅包含了云量和环境温度这两类气象因素，提出了一种计及环境温度和云层覆盖范围的短期光伏电站出力预测方法。通过利用环境温度和云量在不同季节的变化情况，得到不同季节光伏电站出力的特性。由于没有考虑到光伏电站内部因素对预测值的影响，随着光伏发电模块温度的变化，预测误差会随之变大。由此可见，明确光伏发电模块内部结构和影响因素对光伏电站出力预测精度的提升至关重要。文献[143]在构建神经网络预测模型时用到的特征集合包含环境温度、太阳总辐照强度、太阳辐照强度、风速、风向、气压、降水、云层覆盖率、云量以及时刻等特征。在构建物理模型的时候采用的特征仅为太阳辐照强度和环境温度两类特征。通过实验证明，构建的神经网络模型在小样本条件下的误差精度较低。由于神经网络模型需要的特征种类多，需要大量的数据训练神经网络模型以提高其预测的精度。综合各类参考文献可以看出，由于光伏电站出力受到的影响因素众多，国内外在其特征集合构建问题上并没有形成统一的标准。

综合整理各类文献中用到的外部气象因素构成的特征集合,用到最多的特征有：太阳辐照强度、温度、云量、压强和相对湿度等。在内部影响因素中，用到最多的特征为历史光伏出力。在众多的特征结合构建方法中，普遍存在模型输入的信息冗余或信息缺失等问题。如何在保证具有足够信息量的条件下避免信息的冗余，对光伏电站出力预测精度的提升具有重要意义。

2. 光伏电站出力预测特征选择方法

在原始特征集合构建完成后，如何选择原始特征集合中的有效信息对于光伏电站出力预测的精度具有重要影响。文献[144]在开展特征选择时将线性回归作为其选择依据。该方法仅考虑输入量与目标量之间的线性相关关系，线性相关关系越好，特征重要度越高。由于这种方法没有计及已选特征与备选特征之间的冗余性，且不能客观度量非线性特征间的相关性，筛选出的特征较理想情况具有较大差距。文献[145]采用支持向量机对不同天气类型下的光伏电站出力值按照天气类型进行分类，并选择对应天气类型下的光伏出力值特征作为预测模型的输入。该方法仅考虑历史光伏电站出力值对预测的影响，未考虑气象因素的影响。文献[146]首先通过采用灰色关联分析的方法确定与待预测日温度最为接近的相似日，然后选择相似日中包含的太阳辐照强度和温度作为预测模型输入开展光伏出力预测实验。该特征选择方法仅从温度的角度对特征子集进行划分，未考虑其他因素对光伏出力的影响，因此具有很大的局限性。文献[147]采用二次雷尼（Renyi）熵准则与主成分分析方法结合，对预测模型中的训练数据进行了降维处理。通过对比实验得到，经过降维处理后的特征集合维度仅为原始特征集合的30%，但是预测精度却有所提升。由于简化了的训练集合，模型的训练效率提高了50%以上。文献[148]采用通径分析方法对气象因素之间的相互作用进行分析并解耦。通过解耦处理，消除气象特征间的相互作用，然后通过K相邻算法在特征集合中选择与待预测时刻样本相接近的输入变量构建特征集合。这种特征选择方法得到的特征子集能够保证选择出的每一种特征都与待预测光伏电站出力值之间存在较强的相关性，然而其并没有考虑到已选特征集合的信息冗余等问题。文献[149]首先采用K均值聚类的方法，对光伏出力数据按照天气类型进行划分，然后根据待预测日的天气类型选取对应天气类型下的特征集合，进而开展对应天气类型下的光伏出力概率性预测。文献[150]根据线性回归理论，通过统计分析得到光伏出力的最主要影响因素为太阳辐照强度，因此选择太阳辐照强度构建光伏电站出力预测的特征集合。由于在选择输入特征时未考虑其他气象因素，预测结果存在偏差较大的情况，因此，文中又引入了偏差矫正的方法来提高预测的精度。

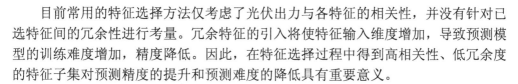

目前常用的特征选择方法仅考虑了光伏出力与各特征的相关性，并没有针对已选特征间的冗余性进行考量。冗余特征的引入将使特征输入维度增加，导致预测模型的训练难度增加，精度降低。因此，在特征选择过程中得到高相关性、低冗余度的特征子集对预测精度的提升和预测难度的降低具有重要意义。

3. 光伏电站出力预测方法

为确保大电网的稳定运行，必须对光伏电站出力进行精准的预测和判断[151]。因此，除对特征子集进行优化外，获得高性能的预测模型对光伏电站出力预测精度的提升发挥了重要的作用。目前，常用的预测方法大多是利用数据集内各特征与光伏电站出力之间的关联性构建预测模型[152]。常用于构建光伏电站出力预测模型的方法如下。

1）时间序列统计方法

时间序列统计方法在光伏电站出力预测研究中受到了广泛的关注。文献[153]提出了一种考虑气象因素的时间序列统计预测模型。与传统时间序列统计预测模型相比，由于在构建预测模型时考虑到了气象因素对光伏电站出力的影响，该模型在不同天气类型条件下的预测精度得到了提升。

2）马尔可夫链

马尔可夫链在预测领域得到了广泛的应用。文献[154]将马尔可夫链作为光伏电站出力预测的模型。该方法采用了直接预测的方式，通过直接利用光伏电站的历史出力，有效地排除了光伏电站内部因素对出力预测的影响，同时避免了对太阳辐照强度数据的采集和转换。然而该方法仅考虑了历史光伏出力对预测的影响，在复杂气象条件下具有较低的预测精度。文献[155]提出一种基于改进马尔可夫链的光伏电站出力预测方法，该方法将光伏电站历史出力数据作为输入构建预测模型。改进的马尔可夫链能够有效保留历史光伏电站出力时间序列中的自相关特征，较普通马尔可夫链具有更高的预测精度。然而，该方法在历史出力数据量不足时具有较低的预测精度。

3）支持向量机法

文献[156]采用了小波分析和支持向量机组合预测的方法。首先，对已有的光伏出力历史数据开展小波分析；然后，将分析结果输入支持向量机对其进行分类；最后，将分类结果通过合适的人工神经网络模型开展预测。该方法利用了支持向量机的分类功能，辅助预测模型提高预测精度。文献[157]提出了基于分散搜索和支持向量回归（SVR）的混合预测方法。通过引入分散搜索可以简化 SVR 惩罚因子和核函数寻优复杂度来构建最优的 SVR 预测模型。目前采用的 SVR 大多需要配合具有良好性能的寻优算法进行参数的寻优。由此可见，如何搜索最优参数组合是保证 SVR 精度的关键。

4）智能预测方法

在智能预测方法中，应用最广的是人工神经网络预测模型。其中，反向传播神经网络（back propagation neural network，BPNN）是目前应用最广和最为成熟的预测模型，但是其网络结构的设置复杂，不合理的网络设置会对预测模型性能造成很大的负面影响。文献[158]运用了混沌-RBF 神经网络预测模型，通过分析光伏发电系统输出功率的混沌特性，选取 RBF 神经网络实现了在复杂天气条件下的预测。文献[159]提出了一种基于改进灰色 BPNN 的光伏出力组合预测方法，利用 BPNN 对光伏电站出力的灰色预测结果开展优化组合输出，并根据输出值和期望值的偏差自动调整组合权值。该方法将多个独立的预测结果组合成 BPNN 的训练样本，使得预测模型能够得到较为精确的预测结果。但是 BPNN 自身存在参数设置复杂、寻优困难等缺点，使得模型搭建过程较为复杂。文献[160]中提出了一种基于人工神经网络和模拟集成的方法，利用数值天气预报模型和计算天文变量作为预测模型的输入，对光伏发电厂发电进行 72h 的确定性和概率预报。文献[161]提出了一种鲁棒多层感知神经网络用于光伏发电日前预测。通过多层感知神经网络对光伏出力进行预测，验证了该方法的有效性。

大量基于深度神经网络预测的研究证明深度神经网络的效果要优于普通神经网络模型。文献[162]采用深度递归神经网络模型开展光伏出力预测研究。然而基于递归神经网络的预测模型会存在梯度消失的问题，因此该神经网络不能最大限度地利用历史数据中的有效信息，不利于预测精度的进一步提升。因此，文献[163]针对梯度消失的问题提出了改进。文献[164]采用深度卷积神经网络预测模型开展光伏出力预测。该方法将时间序列数据转化为二维数据形式，再由卷积核提取数据中的特征。该方法在数据量不充足的条件下误差精度较高。文献[165]采用深度长短期记忆神经网络的预测模型开展预测研究。该方法与多元线性回归、回归树以及递归神经网络相比具有更高的预测精度。

综合各类预测方法，采用单一的预测模型通常不能满足高精度的预测要求。因此，在研究中多采用混合预测的方法。研究表明，深度神经网络预测模型较普通神经网络、支持向量机以及时间序列统计等具有更高的预测精度。

5.4 本章小结

本章从实际工程角度出发，明确了风光功率预测对建设智能电网的重要意义，并对风光电站功率预测问题进行了较为全面的梳理，主要工作如下。

（1）全面介绍了风、光发电机组的工作原理，分析了风、光发电机组的基本结构，为后续风、光电站功率预测提供了技术支持。

（2）从时间尺度、预测方法、特征选择等方面对现有的风、光功率预测情况进行了总结，指出现有研究中存在模型泛化性有待提高，对风、光功率影响因素分析不足，极端场景预测准确性较低等问题。

第6章 基于优化特征选择算法的短期风速预测模型

风功率数据具有非平稳特性、预测模型不稳定和风电场特征集合构建方法不完善等问题，当前超短期风功率预测准确率依旧难以满足风电场和电网实时调度需求。为提高超短期风电场出力预测精度，本章从风功率数据预处理、获取扩维特征集合以及最优特征子集选择 3 个环节对短期风功率进行预测。在风功率数据预处理过程中，针对风电场出力预测过程中风功率数据的非平稳性对模型构建的影响，对原始风速序列进行分解和重构，再由重构后的风速序列建立特征集合；在获取扩维特征集合过程中进行特征生成，并将降维特征集与重构风速序列特征集合组合得到扩维特征集；在最优特征子集获取过程中，获取各特征重要度，并进行前向特征选择，从而确定最优子集，最终实现高精度的短期风速预测。

6.1 风电出力影响因素分析

6.1.1 风速分析

风速受季节、天气、大气压等多因素影响。各个地区的风能资源也存在较大差异性。图 6-1 展示了两个地区的 2018 年全年风速数据。图 6-1(a)是来自美国国家数据库的数据，图 6-1(b)是中国东北某风电场的风速数据。分析图 6-1，有以下结论。

（1）图 6-1(a)中，风速变化范围为 0～25m/s，风速最大值出现在 1～3 月；图 6-1(b)中，风速变化范围为 0～30m/s，且风速最大值出现在 9～12 月。并且该地区的风速变化没有美国某地区风速变化频繁。这说明同一个时间段内，不同地区的风速差异巨大。

（2）图 6-1 中，风速变化均没有明显的周期性，一年 12 个月中风速变化的随机性很大。此外风速最大值和最小值出现得也比较随机，无规律可循。这说明风速随着季节、温度和气候等因素的变化而变化。

风力发电的主要影响因素为风速，而风速随着季节、气候、地点等因素的变化而变化，并且风速变化没有特别明显的规律。因此若进行风速预测，然后采用恒定值或确定的概率分布从风速预测结果得到风功率预测结果势必存在较大的误差。因此不采取先预测风速，再通过风速-风功率转化曲线间接得到风电功率预测结果这种预测方法，而是使用历史风功率数据构建风功率预测模型，直接得到预测结果。

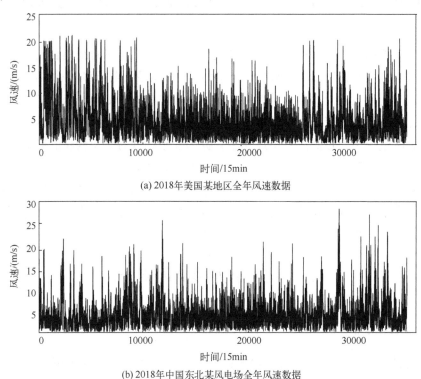

(a) 2018年美国某地区全年风速数据

(b) 2018年中国东北某风电场全年风速数据

图 6-1　某两个地区全年风速曲线

6.1.2　风电出力特性分析

首先具体分析风电数据的特性，根据风电的特点对风功率历史数据进行相应的处理，并构建合理的数据集。2008 年中国东北某两个风电场的风电出力数据如图 6-2 和图 6-3 所示。由图 6-2 和图 6-3 可得风电场 A 的风电出力范围在 0～500MW，风电场 B 的风电出力在−10～400MW。风电场 B 的风电出力之所以出现负值，是因为此时风电场没有发电，并且由传统机组给该风电场提供基本厂用电。风电场 A 和 B 的风电出力并不具备明显的周期性，而且同一个季节内的风电出力具有很强的波动性。这势必会给风电出力预测精度带来不利影响。因此在建立风功率预测模型之前应该对风电出力数据进行预处理，降低风功率波动性，以此为基础构建预测模型的输入集合。

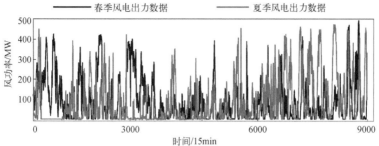

(a) 2018年中国东北风电场A春季和夏季风电出力数据

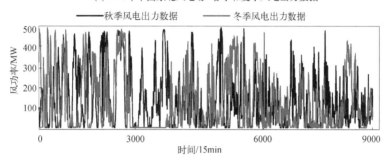

(b) 2018年中国东北风电场A秋季和冬季风电出力数据

图 6-2 2008 年中国东北风电场 A 的风电出力曲线

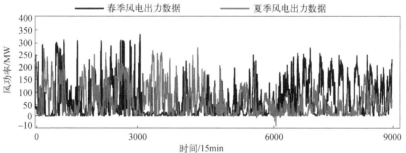

(a) 2018年中国东北风电场B秋季和冬季风电出力数据

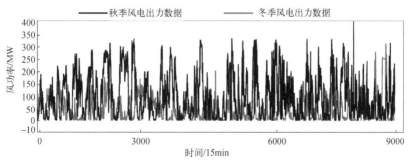

(b) 2018年中国东北风电场B秋季和冬季风电出力数据

图 6-3 2008 年中国东北风电场 B 的风电出力曲线

6.2 理 论 背 景

6.2.1 奇异值分解

VMD 是一种自适应的信号处理方法，由 Dragomiretskiy 和 Zosso 于 2014 年首次提出。VMD 的分解过程包括构造和求解两部分，涉及了 3 个重要概念：经典维纳滤波、希尔伯特变换和频率混合。

1）变分问题构造

变分问题是指将原始信号 f 分解为 k 个模态函数 $U_k(t)$（子序列）。假设每个子序列的有限带宽具有中心频率且是 ω_k，使得每个模态的估计带宽和最小。约束条件是各模态函数之和等于原始信号 f。

（1）通过希尔伯特变换，得到每个模态函数 $U_k(t)$ 的解析信号。

（2）对各模态的解析信号混合预估中心频率 ω_k，将每个模态的频谱移动到基频带上。

（3）采用解调信号的高斯平滑估计各模态信号的带宽，即梯度的二范数的平方。

因此该约束变分问题如下：

$$\min_{U_k,\omega_k}\left\{\sum_k\left\|\partial_t\left[\left(\delta(t)+\frac{\mathrm{j}}{\pi t}\right)\times U_k(t)\right]\mathrm{e}^{-\mathrm{j}\omega_k t}\right\|_2^2\right\} \tag{6-1}$$
$$\mathrm{s.t.}\sum_k U_k = f$$

式中，∂_t 表示对 t 求偏导数；$\delta(t)$ 为冲激函数。

2）变分问题求解

引入拉格朗日乘子 $\gamma(t)$ 和二次惩罚因子 α 得到式（6-2）：

$$L\left(\{U_k\},\{\omega_k\},\gamma\right)=\alpha\sum_k\left\|\partial_t\left[\left(\delta(t)+\frac{\mathrm{j}}{\pi t}\right)\times U_k(t)\right]\mathrm{e}^{\mathrm{j}\omega_k t}\right\|_2^2$$
$$+\left\|f-\sum_k U_k(t)\right\|_2^2+\left[\gamma(t),f-\sum_k U_k(t)\right] \tag{6-2}$$

利用基于对偶分解和拉格朗日法的交替方向乘子方法（alternate direction method of multipliers，ADMM）求解式（6-2），对 U_k、ω_k、γ 进行交替迭代寻优：

$$\hat{U}_k^{n+1}(\omega)=\frac{\hat{f}(\omega)-\sum_{i\neq k}\hat{U}_i(\omega)+\dfrac{\hat{\gamma}(\omega)}{2}}{1+2\alpha(\omega-\omega_k)^2} \tag{6-3}$$

$$\omega_k^{n+1} = \frac{\int_0^\infty \omega \left| \hat{U}_k(\omega) \right|^2 \mathrm{d}\omega}{\int_0^\infty \left| \hat{U}_k(\omega) \right|^2 \mathrm{d}\omega} \tag{6-4}$$

$$\hat{\gamma}^{n+1}(\omega) = \hat{\gamma}^n(\omega) + \tau \left(\hat{f}(\omega) + \hat{U}_k^{n+1}(\omega) \right) \tag{6-5}$$

式中，$\hat{U}_i(\omega)$、$\hat{U}_k^{n+1}$、$\hat{f}(\omega)$、$\hat{\gamma}(\omega)$ 表示 $U_i(\omega)$、U_k^n、$f(\omega)$、$\gamma(\omega)$ 的傅里叶变换；n 为迭代次数；τ 为更新步长，可以设置为 0。

对于给定的求解精度 ε，满足式（6-6）时停止迭代：

$$\sum_k \left\| U_k^{n+1} - U_k^n \right\|_2^2 < \varepsilon \tag{6-6}$$

VMD 的具体实现过程如下：

（1）初始化 U_k^1、ω_k^1、γ^1 与最大迭代次数 N，$n=0$；

（2）对于每个模式 U_k，根据式（6-3）、式（6-4）更新得到 $\hat{U}_k^{n+1}(\omega)$、ω_k^{n+1}；

（3）根据式（6-5），更新 γ，$n=n+1$；

（4）根据式（6-6）判断收敛性：若不收敛且 $n<N$，则重复步骤（2），否则停止迭代，得到最终的模态函数 U_k 和中心频率 ω_k。

VMD 应用于风速序列分解时，其性能主要受分解的模态函数个数 K 和拉格朗日乘子更新步长 τ 的影响。若 K 偏大，模态的 ω 会发生聚集甚至重叠；若 K 偏小，部分模态被分到邻近的模态上，甚至被丢弃。更新步长 τ 的不同会导致不同程度的残差出现，进而影响预测精度。因此本节提出了基于中心频率观察法确定 K 和基于残差指标（residual error index，REI）最小化的方法确定 τ。首先，计算和分析在不同 K 值下的分解模式的中心频率。一旦出现类似的频率，就将此时的 K 确定为分解的最佳 K。然后根据去噪时间序列和原始序列之间的均方根误差优化更新步长 τ，可以简化为 REI。REI 可表示为

$$\mathrm{REI} = \min \frac{1}{N} \sum_{i=1}^N \left| \sum_{k=1}^K U_k - f \right|_i \tag{6-7}$$

SVD 具有理想的去相关性。基于 SVD 的方法可以对特征进行重构，较好地从数据中分离出有用的信息。使用 SVD 生成特征可以保留原始特征集全部特征的部分信息，同时去除特征间的相关性。

已知训练矩阵 $A_{m\times n}$ 中 m 表示样本个数，n 表示特征个数，并且矩阵的秩为 r，对矩阵 A 进行奇异值分解：

$$A_{m\times n} = U_{m\times n} \Lambda_{n\times n} V_{m\times n}^{\mathrm{T}} \tag{6-8}$$

式中，U 和 V 分别为正交阵；$Λ$ 为 $m×n$ 的非负对角阵：

$$Λ_{m×n}^{\mathrm{T}} = \begin{bmatrix} S_1 & 0 & 0 & 0 & \cdots & 0 \\ 0 & \ddots & 0 & 0 & \cdots & 0 \\ 0 & 0 & S_n & 0 & \cdots & 0 \end{bmatrix} \qquad (6-9)$$

其中，$S_1,\cdots,S_n$ 为矩阵 A 的奇异值并且有 $S_1>S_2>\cdots>S_n$，根据主成分思想，奇异值越大，其包含的信息越多，因此前 h 个主成分所组成的特征空间对应新的矩阵 A'：

$$A'_{m×h} = U(:,1:h) × Λ_{h×h} \qquad (6-10)$$

式中，$U(:,1:h)$ 为 U 中前 h 列向量对应的矩阵；$Λ_{h×h}$ 为前 h 个较大奇异值对应的对角矩阵。对于风速序列的预测，h 的选取影响预测精度，由此提出一种基于不同奇异值的贡献率来计算对应的模型的 MAPE，选取最小 MAPE 下的贡献率为最佳贡献率，从而得到最佳奇异值个数 h。

贡献率 D 的计算公式如下：

$$D = \frac{\sum_{j=1}^{h} S_j^{\alpha}}{\sum_{i=1}^{n} S_i^{\alpha}} \qquad (6-11)$$

式中，S_i^{α} 为第 i 个奇异值对应的模型的 MAPE；S_j^{α} 为第 j 个奇异值对应的模型的 MAPE。

6.2.2 Gini 重要度

Gini 指数是一种节点不纯度的度量方式，可以将 Gini 指数作为评价指标来衡量每个特征在随机森林中的每棵树中的预测贡献。

假设 S 是含有 s 个样本的数据集，可分为 n 类，s_i^0 表示第 i 类包含的样本数（$i=1$,$2,\cdots,n$），则集合 S 的 Gini 指数为

$$\mathrm{Gini}(S) = 1 - \sum_{i=1}^{n} P_i^2 \qquad (6-12)$$

式中，$P_i = s_i^0 / s$，代表任意样本属于第 i 类的概率。当 S 中只包含一类时，其 Gini 指数为 0。当 S 中所有类别均匀分布时，Gini 指数取最大值。

随机森林使用某特征划分节点时，可将 S 分为 m 个子集（S_j^0, $j=1,2,\cdots,m$），则 S 的 Gini 指数为

$$\mathrm{Gini}_{\mathrm{split}}(S) = \sum_{j=1}^{m} \frac{s_j^0}{s} \mathrm{Gini}(S_j^0) \qquad (6-13)$$

式中，s_j 为集合 S_j^0 中的样本数。由式（6-13）可知，具有最小 Gini$_{split}$ 值的特征划分效果最好。随机森林在进行节点划分时，首先计算候选特征子集中每一个特征分割该节点后的 Gini$_{split}$ 值，并用分割节点前节点的 Gini 指数减去该值，得到特征的"Gini Importance"，即 Gini 重要度。之后选择 Gini 重要度最大的特征作为该节点的分割特征。在随机森林构建完成后，把同一特征的所有 Gini 重要度线性叠加并降序排列，即可得到所有特征的重要度排序。

6.2.3 方法流程

为提高风速预测精度，本节提出了一种新模型。通过分析比较，选择 OVMD（optimal variational model decomposition，最优变分模态分解）、OSVD（optimal singular value decomposition，最优奇异值分解）以及 RF 作为基本方法。所提模型中主要有三部分：第一部分是使用 OVMD 对原始风速序列进行分解和重构，再由重构后的风速序列建立初始特征集（OFS）；第二部分是使用 OSVD 生成特征，得到降维特征集（RFS），并将 OFS 与 RFS 组合得到扩维特征集（EFS）；第三部分是采用 RF 计算 EFS 的特征重要度，进行前向特征选择，从而确定最优子集 S_{best}，框架如图 6-4 所示。在该模型中，OVMD 用于将原始风速序列分解为 K 个模式，再选择若干个模式进行重组，得到新风速序列。OSVD 生成特征，得到特征集 RFS。RF 进行特征重要度计算，建立最优子集。在该模型中，选择特定的方法对 OVMD 的 K 和 τ、OSVD 的 h 等参数进行优化，改善模型性能。

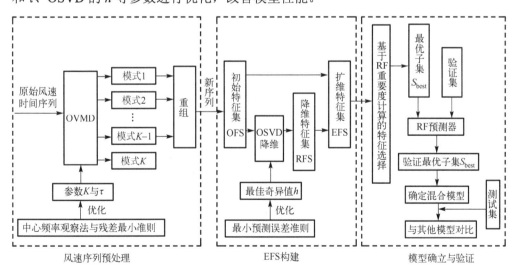

图 6-4　所提预测方法的模型

该模型的具体实现步骤如下。

步骤 1：准备数据，确定训练集、测试集、验证集。

步骤 2：对原始风速序列进行 OVMD 处理。

步骤 2.1：通过中心频率观察法与残差最小准则确定 OVMD 分解参数 K 和更新步长 τ。

步骤 2.2：使用 OVMD 将原始风速序列分解为 K 个模式，得到 K 个 IMF。

步骤 2.3：IMF 按幅值大小排序，剔除幅值最小的 1 个 IMF，剩余 $K-1$ 个 IMF 重组，得到新的风速序列。

步骤 3：创建特征集。

步骤 3.1：用新风速序列建立特征集，得到包含 96 个历史风速特征的集合 OFS $(F_1,F_2,F_3,\cdots,F_{96})$。

步骤 3.2：采用 OSVD 生成特征，得到 RFS（包含 h 个特征，表示为 $F_{97},F_{98},\cdots,F_h$）。OFS 与 RFS 组合得到 EFS（包含 $96+h$ 个特征：$F_1,F_2,\cdots,F_{96},F_{97},\cdots,F_h$）。

步骤 4：重复步骤 2 和 3，对验证集与测试集进行相同的处理。

步骤 5：采用 RF 对 EFS 的特征进行重要度计算排序（假设按照降序排列如下：$F_1',F_2',F_3',F_4',F_5',\cdots$）。

步骤 6：根据重要度排序，选择 RF 作为预测器，进行前向特征选择。

步骤 6.1：输入集合为 $\{F_1'\}$，建立模型进行预测。

步骤 6.2：输入集合为 $\{F_1',F_2'\}$，建立模型进行预测。

步骤 6.3：循环，直至输入集合为 $\{F_1',F_2',\cdots,F_h'\}$，建立模型进行预测。

步骤 6.4：比较全部模型的预测结果，最好的预测结果对应的输入集合为最优子集 S_{best}。

步骤 7：利用验证集对最优子集 S_{best} 进行验证，证明模型的性能。

6.2.4 实例分析

相较于单步预测，多步预测更能评估所提模型的性能。为了评估每种方法的真实性能，所有实验重复 30 次，结果中呈现的 RMSE、MAE 和 MAPE 的值是 30 次实验的平均值。

为了定量评估预测模型的性能，采用三种误差指标：平均绝对误差（MAE）、RMSE 和 MAPE，公式如表 6-1 所示。它们都测量实际值和预测值之间的偏差。一般而言，这些指标值越小表明预测性能越好。其中 N_t 是样本大小，y_i 和 $\hat{y}_i$ 分别是时间段 i 的观察值和预测值。

表 6-1 评估指标

指标	定义	公式
MAE	平均绝对误差	$\text{MAE}=\dfrac{1}{N_t}\sum\limits_{i=1}^{N_t}\lvert y_i-\hat{y}_i\rvert$

续表

指标	定义	公式
RMSE	均方根误差	$\mathrm{RMSE}=\sqrt{\dfrac{\sum\limits_{i=1}^{N_t}(y_i-\hat{y}_i)^2}{N_t}}$
MAPE	平均绝对百分误差	$\mathrm{MAPE}=\dfrac{1}{N_t}\sum\limits_{i=1}^{N_t}\left\|\dfrac{y_i-\hat{y}_i}{y_i}\right\|\times100\%$

此外，为了定量评估不同模型的性能，定义了指标 RMSE、MAE 和 MAPE 的下降比率：

$$P_{\text{index}}=\frac{v_\mathrm{A}-v_\mathrm{B}}{v_\mathrm{A}}\times100\% \tag{6-14}$$

式中，v_A 和 v_B 分别为模型 A 和模型 B 的指标值，指标是 MAE、RMSE 或 MAPE。

以下介绍数据来源，使用美国 NREL（National Renewable Energy Laboratory）提供的 2009 年的数据。该数据的采样间隔为 15min，一天包含 96 个点。按照季节划分春夏秋冬 4 个数据集。在每个数据集中选取 24 天进行实验（表 6-2）。训练集占数据集的 60%（16 天，1536 个点），测试集占 20%（4 天，384 个点），验证集占 20%（4 天，384 个点）。表 6-3 给出了数据的统计信息（包括平均值、最大值、最小值、标准差和峭度）。

表 6-2 实验数据集划分

季节	数据集划分		
	训练集	验证集	测试集
春季	3 月 25 日～4 月 9 日	4 月 10 日～13 日	4 月 14 日～17 日
夏季	6 月 16 日～31 日	7 月 1 日～4 日	7 月 5 日～8 日
秋季	8 月 30 日～9 月 14 日	9 月 15 日～18 日	9 月 19 日～22 日
冬季	1 月 1 日～16 日	1 月 17 日～20 日	1 月 21 日～24 日

表 6-3 实验数据统计信息

季节	统计指标				
	平均值/(m/s)	最大值/(m/s)	最小值/(m/s)	标准差	峭度
春季	4.91	10.67	1.48	2.142	1.95
夏季	3.93	11.26	0.62	1.83	5.67
秋季	5.45	20.28	0.37	4.03	6.08
冬季	7.96	19.97	1.14	4.01	2.47

实验使用四种类型的模型验证所提方法的有效性。第一类是 FR-FM（feature reduction-forecasting model），即基于特征降维的风速预测模型，其中包括 PCA（主成分分析）-RF 和 OSVD-RF，预测器选定为 RF。第二类是 TSD-FM（time series decomposition- forecasting model），即基于时间序列分解的模型，其中包括 VMD-RF、

OVMD-RF，它们是由 TSD 方法和 RF 组成的模型。第三类是 TSD-FR-FM（time series decomposition-feature reduction-forecasting model），包括 OVMD-OSVD-RF 和 OVMD-EFS-RF、OVMD-EFS$_{fs}$-RF。第四类是基本模型，特征集不经过任何处理。表 6-4 对各模型进行了简单解释。

表 6-4　本章模型

方法	模型	描述
FR-FM	PCA-RF	PCA 降维生成特征
	OSVD-RF	OSVD 降维生成特征
TSD-FM	VMD-RF	VMD 对原始风速进行处理
	OVMD-RF	OVMD 对原始风速进行处理，特征集为 OFS
TSD-FR-FM	OVMD-OSVD-RF	OVMD 对原始风速进行处理，OSVD 生成特征，特征集为 RFS
	OVMD-EFS-RF	OVMD 对原始风速进行处理，OSVD 生成特征，特征集为 EFS
	OVMD-EFS$_{fs}$-RF	OVMD 对原始风速进行处理，OSVD 生成特征，特征集为 EFS，并进行特征选择
基本模型	OFS-RF	特征集为初始数据集 OFS，预测器为 RF

采用 OVMD 方法来实现数据预处理。使用 OVMD 进行分解需要预定义两个参数：分解的模式数 K 和更新参数 τ。表 6-5 和表 6-6 中给出不同季节、不同 K 值下的各 IMF 的中心频率。从表 6-5 和表 6-6 中可以看出相似的中心频率从 $K=6$ 开始出现，因此，要分解的最佳模式数确定为 5。由于原始风速序列的 REI 需要尽可能小以确保预测精度，因此需要在分解时间序列之前优化更新参数 τ。

表 6-5　不同 K 值下的中心频率（春夏）

数据集	K	中心频率				
春季	2	2.760×10^{-4}	0.336			
	3	2.327×10^{-4}	0.030	0.336		
	4	2.328×10^{-4}	0.021	0.129	0.340	
	5	2.357×10^{-4}	0.019	0.125	0.244	0.358
	6	2.325×10^{-4}	0.019	0.125	0.253	0.323	0.364
夏季	2	4.70×10^{-4}	0.236			
	3	2.74×10^{-4}	0.035	0.240		
	4	2.30×10^{-4}	0.031	0.073	0.241	
	5	2.29×10^{-4}	0.031	0.073	0.241	0.322
	6	2.29×10^{-4}	0.031	0.073	0.237	0.303	0.324

表 6-6　不同 K 值下的中心频率（秋冬）

数据集	K	中心频率				
秋季	2	5.49×10^{-4}	0.256			
	3	4.17×10^{-4}	0.053	0.258		
	4	4.16×10^{-4}	0.053	0.236	0.324	

续表

数据集	K	中心频率				
秋季	5	2.20×10^{-4}	0.020	0.165	0.240	0.324
	6	2.06×10^{-4}	0.019	0.163	0.222	0.306	0.337
冬季	2	3.96×10^{-4}	0.267				
	3	3.49×10^{-4}	0.020	0.267			
	4	3.43×10^{-4}	0.020	0.167	0.352		
	5	3.36×10^{-4}	0.019	0.163	0.235	0.355	
	6	3.33×10^{-4}	0.019	0.163	0.230	0.323	0.358

　　原始风速序列的 REI 值如图 6-5 所示。图 6-5(a) 中，REI 值达到最小值 0.231 时，τ 为 0.26；图 6-5(b) 中，REI 达到最小值 0.127 时，τ 为 0.46；图 6-5(c) 中，REI 值达到最小值 0.212 时，τ 为 0.53；图 6-5(d) 中，REI 达到最小值 0.316 时，τ 为 0.37。确定最佳 K 和 τ 之后，使用 OVMD 方法分解该序列。图 6-6 展示了 4 个数据集的原始序列（ECG）和子序列（IMF1～IMF5），四个原始风速序列都被分解为 5 个子序列，其波动都有所增加。IMF1 显示原始风速序列的一般趋势，并且幅值最大；而 IMF5 频率最大但幅值最小，波动性较强；其他模式具有明显的周期性。图 6-7 展示采用 EMD 方法分解春季数据集数据的结果，可以看到 EMD 存在明显的端点效应，造成失真，并且 IMF 个数较多。与采用 EMD 方法分解的子序列（图 6-7）相比，图 6-6 中，采用 OVMD 方法进行风速时间序列的分解避免了 EMD 方法的端点效应，减少了 IMF 个数。因此，新方法采用 OVMD 方法对风速序列进行分解与重构，去除 IMF 中幅值最小的 1 个，将其他 IMF 重组得到新风速序列。该重构风速序列用于后期实验。

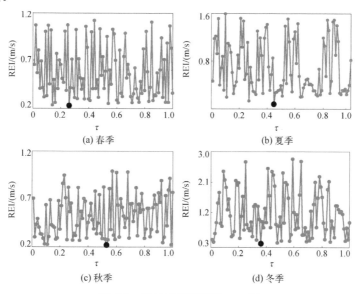

图 6-5　原始风速序列的 REI 值

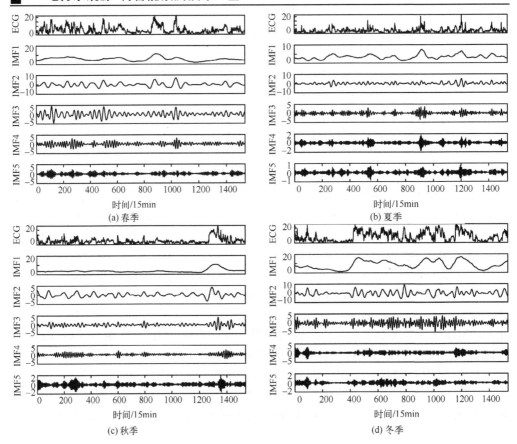

图 6-6 OVMD 值

纵坐标单位为 m/s

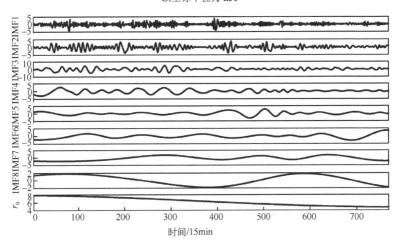

图 6-7 EMD 值（春季）

纵坐标单位为 m/s；r_0 为 EMD 分解得到的趋势分量

为降低 Filter 特征选择方法导致的低重要度特征信息损失，提高预测精度，采用 OSVD 生成特征构建新的候选特征集合。图 6-8 给出不同贡献率下，仅采用 OSVD 生成特征集开展风速预测的 RF 预测精度。不同 OSVD 特征集下的最佳奇异值个数 h 如表 6-7 所示。

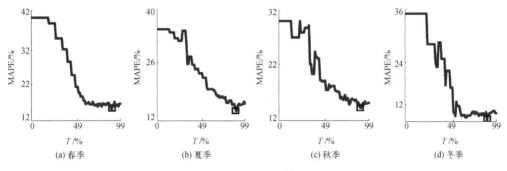

图 6-8　最佳贡献率筛选过程
T 为贡献率

表 6-7　不同 OSVD 特征集下的最佳奇异值个数 h

数据集	一步	两步	三步	四步
春季	15	15	15	15
夏季	22	22	22	22
秋季	16	16	16	16
冬季	14	14	14	14

设置 OSVD 的参数，并使用该方法对初始特征集 OFS（包含 96 维特征）进行降维，生成特征集合 RFS（不同数据集的 RFS 包含的特征个数不同）。该特征集比初始数据集减少若干维特征，但值得注意的是，RFS 中特征不是初始特征集中的任一特征。因为 OSVD 将原始数据由高维空间映射到低维空间，每一维度新特征均保留原始特征集合中全体特征的部分重要信息。

在数据处理之后，下面介绍实验中的特征选择，本章提出了一种基于递归策略的多步风速预测模型：首先采用随机森林对 EFS 的所有特征进行重要度计算；再根据特征重要度，采用前向特征选择方法，根据 EFS 进行特征选择，确定最优子集。其中随机森林的参数（树的个数）选择确定为 500。表 6-8～表 6-11 列举了特征选择结果，图 6-9 展示了特征选择过程。

表 6-8　春季特征选择结果展示

模型	最优子集包含的特征
一步	F_1, F_2, F_3, F_4, F_{100}, F_5, F_{102}, F_{97}, F_{99}, F_6, F_{13}, F_{71}, F_{19}, F_{15}, F_{96}, F_{98}, F_{24}, F_{23}, F_{109}, F_{82}, F_{89}, F_{41}, F_{26}, F_{77}, F_{105}, F_{43}, F_{62}, F_{65}, F_{94}, F_{110}, F_{106}

模型	最优子集包含的特征
两步	F_1, F_2, F_3, F_4, F_{14}, F_{97}, F_{15}, F_{98}, F_{16}, F_{105}, F_{109}, F_{12}, F_{89}, F_5, F_{102}, F_6, F_{13}, F_{96}, F_{100}, F_{71}, F_{94}, F_{82}, F_{68}, F_{25}, F_{92}, F_{85}, F_{63}, F_{106}
三步	F_1, F_2, F_3, F_{98}, F_4, F_{97}, F_{100}, F_{94}, F_{96}, F_{102}, F_{95}, F_{110}, F_{20}, F_6, F_5, F_{91}, F_{24}, F_{70}, F_{31}, F_{106}, F_{78}, F_{101}, F_{90}, F_{76}, F_{77}, F_{23}
四步	F_1, F_2, F_3, F_{97}, F_4, F_{100}, F_{98}, F_{33}, F_{106}, F_{77}, F_{58}, F_{109}, F_{67}, F_{18}, F_{30}, F_{61}, F_{13}, F_{68}, F_{108}, F_{94}, F_{96}, F_{92}, F_{31}, F_{20}, F_{102}, F_{76}

表 6-9　夏季特征选择结果展示

模型	最优子集包含的特征
一步	F_1, F_2, F_3, F_{114}, F_{109}, F_5, F_{97}, F_{51}, F_{110}, F_4, F_{50}, F_{90}, F_{91}, F_{36}, F_{49}, F_{101}, F_{104}
两步	F_1, F_2, F_3, F_4, F_{97}, F_{114}, F_5, F_{51}, F_{103}, F_{90}, F_{25}, F_{91}, F_{53}, F_6, F_{24}, F_{107}, F_{18}, F_{61}, F_{13}, F_{101}
三步	F_1, F_2, F_3, F_{109}, F_4, F_{97}, F_{114}, F_5, F_{95}, F_{39}, F_{89}, F_6, F_{20}, F_{29}, F_{44}, F_{84}, F_{69}, F_{26}, F_{100}, F_{104}
四步	F_1, F_2, F_3, F_{118}, F_{109}, F_4, F_{103}, F_{100}, F_{101}, F_{88}, F_5, F_{108}, F_{104}, F_{97}, F_{115}, F_6, F_{29}, F_{44}, F_{110}, F_{114}

表 6-10　秋季特征选择结果展示

模型	最优子集包含的特征
一步	F_1, F_2, F_3, F_4, F_{111}, F_{99}, F_5, F_{16}, F_{103}, F_{105}, F_{102}, F_{100}, F_{110}, F_{108}, F_{18}, F_{96}, F_{65}, F_{19}, F_{85}, F_{75}, F_6
两步	F_1, F_2, F_3, F_{111}, F_{99}, F_4, F_{110}, F_{103}, F_{105}, F_{104}, F_{14}, F_5, F_{108}, F_{100}, F_{26}, F_{95}, F_{10}, F_{23}, F_{102}
三步	F_1, F_2, F_3, F_{111}, F_{100}, F_4, F_{106}, F_{13}, F_{103}, F_{102}, F_{108}, F_{14}, F_{95}, F_{107}, F_{96}, F_{24}, F_{31}, F_{101}, F_{94}, F_{38}, F_{105}
四步	F_1, F_2, F_{111}, F_3, F_{100}, F_{38}, F_4, F_{103}, F_{106}, F_{96}, F_{13}, F_{12}, F_{107}, F_{102}, F_{98}, F_{110}, F_{29}, F_{93}, F_{94}, F_{63}, F_{23}, F_{101}

表 6-11　冬季特征选择结果展示

模型	最优子集包含的特征
一步	F_1, F_2, F_3, F_{96}, F_4, F_{18}, F_{95}, F_5, F_{109}, F_{89}, F_{43}, F_{29}, F_{91}, F_{101}, F_{79}, F_{102}, F_{24}, F_{69}, F_{25}, F_{27}, F_{74}, F_{103}, F_{45}, F_{16}, F_{108}
两步	F_1, F_2, F_3, F_{109}, F_{104}, F_{102}, F_{26}, F_{96}, F_4, F_{103}, F_{94}, F_{75}, F_{17}, F_{51}, F_{18}, F_{93}, F_{105}, F_{45}, F_{100}, F_{61}, F_{79}, F_{62}, F_{38}, F_{67}, F_{97}, F_{107}
三步	F_1, F_{96}, F_2, F_{95}, F_3, F_{93}, F_{91}, F_{105}, F_{101}, F_{110}, F_{44}, F_4, F_{60}, F_{86}, F_{94}, F_{25}, F_{43}, F_{71}, F_{98}, F_{73}, F_{92}, F_{85}, F_{74}, F_{106}, F_{15}
四步	F_1, F_2, F_{96}, F_{95}, F_3, F_{109}, F_{104}, F_{47}, F_{100}, F_{97}, F_{37}, F_{102}, F_{71}, F_{13}, F_{107}, F_{105}, F_4, F_{38}, F_{42}, F_{70}, F_{84}, F_{90}, F_{14}, F_{27}, F_{108}, F_{52}, F_{57}

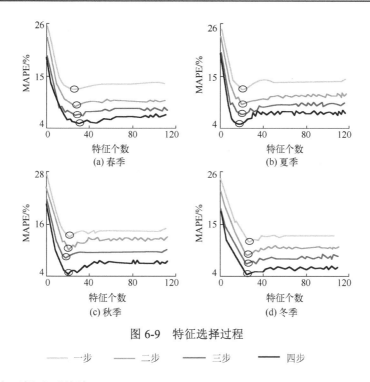

图 6-9　特征选择过程

——— 一步　　——— 二步　　——— 三步　　——— 四步

由实验可得以下结论。

（1）不同预测目标下，同一特征的重要度不一样。以表 6-8 春季数据集为例，特征 F_4 在模型一步和两步中的特征重要度位于第 4 位，但是在三步和四步中位于第 5 位；特征 F_{14} 在两步中位于第 5 位，但是并未包含在其他模型的最优子集中。因此，应该针对不同预测目标单独建模。

（2）最优子集中同时包含三步 OFS 特征和 RFS 特征。不同数据集下，不同预测尺度的最优子集结果中均包含若干 OFS 特征和 RFS 特征，如表 6-12 所示。例如，在夏季数据集中，四步预测模型中 OFS 特征和 RFS 特征均为 10 个，各占 50%。这一结果说明 EFS 这一特征集构建方法在风速预测中是有效的，这为以后的风速预测提供了一定的理论依据。通过保留 OFS 特征，可保留全部重要特征信息；通过保留 RFS 特征，可保留部分低重要度特征的部分信息。从而，新方法有效降低了传统特征降维或特征选择方法造成的信息损失。

表 6-12　最优子集中 EFS 特征和 RFS 特征个数

数据集	一步		两步		三步		四步	
	OFS	RFS	OFS	RFS	OFS	RFS	OFS	RFS
春季	22	9	21	7	19	7	19	7
夏季	11	6	15	5	15	5	10	10

数据集	一步		两步		三步		四步	
	OFS	RFS	OFS	RFS	OFS	RFS	OFS	RFS
秋季	13	8	10	9	12	9	13	9
冬季	20	5	18	8	20	5	19	8

使用春夏秋冬四个数据集进行单步预测。8 种方法在 4 个数据集下进行单步风速预测的 RMSE、MAE 和 MAPE 指数分别在表 6-13 中展示，进行以下讨论。

（1）FR-FM 中，OSVD-RF 的 MAPE、MAE 和 RMSE 均低于 PCARF，体现出 OSVD 在单步风速预测中的表现更好。

（2）TSD-FM 中，以春季数据集为例，模型 OVMD-RF 的 MAPE、RMSE 和 MAE 比 VMD-RF 低了 2.76 个百分点、0.06kW 和 0.06kW，表明了 OVMD 在单步风速预测中的有效性与先进性。

（3）模型 OVMD-OSVD-RF 的 MAPE、MAE 和 RMSE 均低于模型 OSVD-RF 和 OVMD-RF，由此说明这两种方法的组合有利于短期风速预测模型精度的提高。

（4）模型 OVMD-EFS-RF 的 MAPE、RMSE 和 MAE 明显低于 OVMD-OSVD-RF，说明 EFS 可提高风速预测的精度。

模型 OVMD-EFS$_{fs}$-RF 在 EFS 特征集基础上，进行前向特征选择，从而确定最优子集。以春季数据集为例，模型 OVMD-EFS$_{fs}$-RF 相对于模型 OVMD-EFS-RF 的 P_{RMSE}、P_{MAE} 和 P_{MAPE} 分别为 18.42%、25.93%和 26.72%。不同的数据集中，模型 OVMD-EFS$_{fs}$-RF 的各项指标是 8 个模型里最低的，表明这一模型在单步风速预测中精度最高。

表 6-13　不同数据集的不同评估指标（单步预测）

模型	春季			夏季			秋季			冬季		
	RMSE/kW	MAE/kW	MAPE/%	RMSE/kW	MAE/kW	MAPE/%	RMSE/kW	MAE/kW	MAPE/%	RMSE/kW	MAE/kW	MAPE/%
OFS-RF	0.79	0.73	18.66	0.64	0.54	17.76	0.88	0.80	19.65	0.82	0.72	15.72
PCA-RF	0.75	0.68	17.99	0.49	0.47	15.39	0.84	0.72	16.94	0.78	0.71	13.02
OSVD-RF	0.65	0.58	15.30	0.48	0.43	14.46	0.66	0.56	14.48	0.73	0.67	12.29
VMD-RF	0.70	0.57	14.78	0.49	0.46	14.85	0.73	0.67	16.75	0.74	0.69	12.55
OVMD-RF	0.64	0.51	12.02	0.49	0.39	12.69	0.57	0.46	12.70	0.67	0.63	10.09
OVMD-OSVD-RF	0.46	0.41	9.97	0.34	0.33	10.77	0.50	0.41	11.46	0.59	0.56	9.26
OVMD-EFS-RF	0.38	0.27	6.70	0.27	0.24	7.92	0.36	0.31	8.66	0.47	0.46	6.48
OVMD-EFS$_{fs}$-RF	0.31	0.20	4.91	0.17	0.15	4.89	0.25	0.21	5.67	0.28	0.25	4.28

为评估 OVMD-EFS$_{fs}$-RF 模型的性能，表 6-14 中通过 P_{index} 值展示各模型的性能。所提模型性能在其他七个模型的基础上均得到很大的提高，尤其是对于基本模型、FR-FM 和 TSD-FM 中的所有模型，性能提升均高于 50%。从表 6-13 与表 6-14 中可以得出的结论是，选择 FR-FM 和 TSD-FM 类别中的最佳模型，以及 TSD-FR-FM 类别中的所有模型进行多步风速预测。为了更直接地展示所提模型的优越性，将 OSVD-RF、OVMD-RF、OVMD-OSVD-RF、OVMD-EFS-RF 作为对比实验组进行比较。

表 6-14　所提模型与比较模型的 P_{index} 值（不同数据集）　　　　（单位：%）

模型	春季			夏季			秋季			冬季		
	P_{RMSE}	P_{MAE}	P_{MAPE}	P_{RMSE}	P_{MAE}	P_{MAPE}	P_{RMSE}	P_{MAE}	P_{MAPE}	P_{RMSE}	P_{MAE}	P_{MAPE}
OFS-RF	60.76	72.60	73.69	73.44	72.22	72.47	71.59	73.75	71.15	65.85	65.28	72.77
PCA-RF	58.67	70.59	72.71	65.31	68.09	68.23	70.24	70.83	66.53	64.10	64.79	67.13
OSVD-RF	52.31	65.52	67.91	64.58	65.12	66.18	62.12	62.50	60.84	61.64	62.69	65.17
VMD-RF	55.71	64.91	66.78	65.31	67.39	67.07	65.75	68.66	66.15	62.16	63.77	65.90
OVMD-RF	51.56	60.78	59.15	64.58	61.54	61.47	56.14	54.35	55.35	58.21	60.32	57.58
OVMD-OSVD-RF	32.61	51.22	50.75	50.00	54.55	54.60	50.00	48.78	50.52	52.54	55.36	53.78
OVMD-EFS-RF	18.42	25.93	26.72	37.04	37.50	38.26	30.56	32.26	34.53	40.43	45.65	33.95

图 6-10～图 6-13 分别显示了 4 个数据集的预测结果。为了更好地说明所提模型的优势，在图 6-10～图 6-13 中对四个数据集的原始风速的峰值与谷值进行标记，并且以峰谷值为中心点进行区间长度为 20 个点的局部分析（子图为原始风速的谷值和峰值的局部放大图）。通过对图 6-10～图 6-13 进行分析，有以下几点值得注意。

（1）峰（谷）值局部放大图中，模型 OVMD-EFS$_{fs}$-RF 在风速较高（低）时预测精度也较高，当风速突然变化时，该模型也可以得到较好的预测值，并且所得风速序列变化趋势与原始序列变化趋势一致，是 8 个模型中表现最好的。

（2）模型 OVMD-EFS-RF 的表现仅次于模型 OVMD-EFS$_{fs}$-RF，明显好于其他模型。一方面说明最优子集是有效的，另一方面说明 EFS 可提高风速预测精度。

（3）在峰（谷）值局部放大图中，模型 OSVD-RF 获得比模型 PCA-RF 更好的表现，模型 OVMD-RF 获得比模型 VMD-RF 更好的表现，说明了 OSVD 和 OVMD 的有效性。

很明显，所提出的模型的预测曲线与实际曲线最匹配，更好地跟踪了原始风速序列，并且并未出现风速变化趋势与原始风速序列完全相反的情况。相比之下，其他模型在风速波动较大时，会出现与实际值变化完全相反的预测结果。

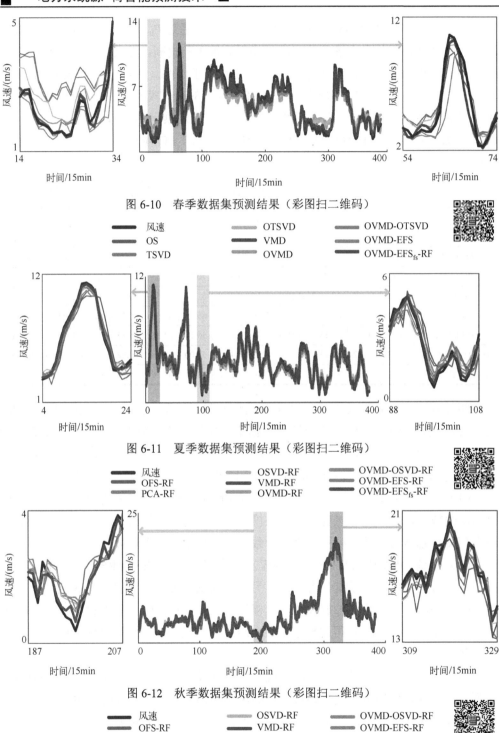

图 6-10　春季数据集预测结果（彩图扫二维码）

风速	OTSVD	OVMD-OTSVD
OS	VMD	OVMD-EFS
TSVD	OVMD	OVMD-EFS$_{fs}$-RF

图 6-11　夏季数据集预测结果（彩图扫二维码）

风速	OSVD-RF	OVMD-OSVD-RF
OFS-RF	VMD-RF	OVMD-EFS-RF
PCA-RF	OVMD-RF	OVMD-EFS$_{fs}$-RF

图 6-12　秋季数据集预测结果（彩图扫二维码）

风速	OSVD-RF	OVMD-OSVD-RF
OFS-RF	VMD-RF	OVMD-EFS-RF
PCA-RF	OVMD-RF	OVMD-EFS$_{fs}$-RF

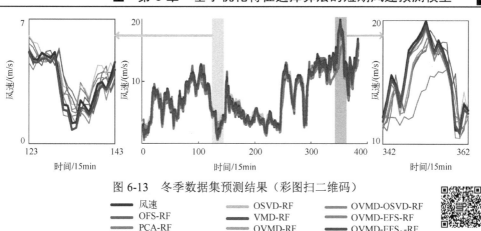

图 6-13　冬季数据集预测结果（彩图扫二维码）

── 风速	── OSVD-RF	── OVMD-OSVD-RF
── OFS-RF	── VMD-RF	── OVMD-EFS-RF
── PCA-RF	── OVMD-RF	── OVMD-EFS$_{fs}$-RF

　　为了更好地展示模型的预测效果，将 FR-FM、TSD-FM 和 TSD-FR-FM 类别中的所选模型的 RMSE、MAE 和 MAPE 进行比较（图 6-14）。指数变化趋势明显一致：模型精度随着 OSVD-RF、OVMD-RF、OVMD-OSVD-RF、OVMD-EFS-RF 以及最终提出的模型的顺序而提高。所有评估指标和所有数据集都具有这一变化趋势，说明了 FR、TSD 和 EFS 在提升模型性能方面的贡献。

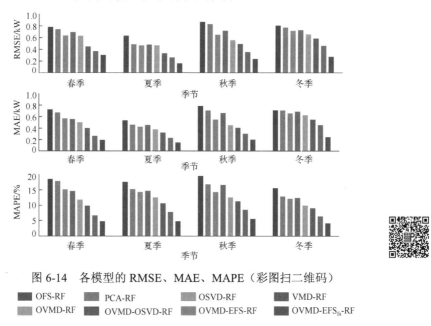

图 6-14　各模型的 RMSE、MAE、MAPE（彩图扫二维码）

| ■ OFS-RF | ■ PCA-RF | ■ OSVD-RF | ■ VMD-RF |
| ■ OVMD-RF | ■ OVMD-OSVD-RF | ■ OVMD-EFS-RF | ■ OVMD-EFS$_{fs}$-RF |

　　各模型的预测误差分布如图 6-15 所示。箱线图清楚地表明，OVMD-EFS$_{fs}$-RF 的预测误差在不同数据集中均分布在 0 附近，并且该模型的预测误差分布比其他 7 个模型更集中，更接近 0，这意味着所提模型几乎可以在所有数据点获得较均匀的高精度。而其他模型在部分数据点的预测误差较大，不能很好地跟踪原始风速序列。

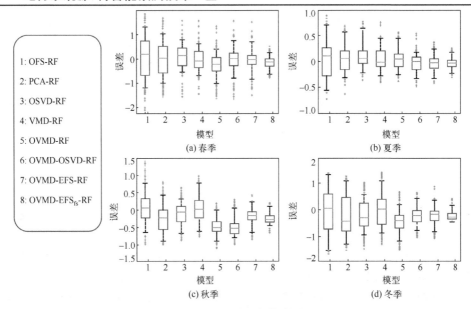

1: OFS-RF

2: PCA-RF

3: OSVD-RF

4: VMD-RF

5: OVMD-RF

6: OVMD-OSVD-RF

7: OVMD-EFS-RF

8: OVMD-EFS$_{fs}$-RF

(a) 春季

(b) 夏季

(c) 秋季

(d) 冬季

图 6-15　误差分布箱线图

在介绍完单步预测性能后，通过大量实验评估所提模型的多步预测性能。对 FR-FM、TSD-FM 和 TSD-FR-FM 类别中选出的模型 OSVD-RF、OVMD-RF、OVMD-OSVD-RF、OVMD-EFS-RF 以及 OVMD-EFS$_{fs}$-RF 的一步、两步、三步、四步预测结果进行分析。表 6-15～表 6-18 列出了不同模型的 RMSE、MAE 和 MAPE，表中 RMSE 和 MAE 的单位为 kW，MAPE 的单位为%。从表 6-15～表 6-18 中我们观察到，所提模型 OVMD-EFS$_{fs}$-RF 的各项评估指标远低于其他方法。同时，在单步和多步预测中，OVMD-RF 在绝大部分实验下的表现好于 OSVD-RF。

表 6-15　春季数据集下的多步预测结果

模型	一步			两步			三步			四步		
	RMSE	MAE	MAPE	RMSE	MAE	MAPE	RMSE	MAE	MAPE	RMSE	MAE	MAPE
OFS-RF	0.79	0.73	18.66	0.91	0.80	20.52	1.28	0.89	23.42	1.58	1.00	25.00
PCA-RF	0.73	0.68	17.99	0.83	0.74	19.26	0.94	0.81	21.71	1.36	0.90	22.91
OSVD-RF	0.66	0.58	15.30	0.73	0.63	18.00	0.81	0.75	20.12	0.90	0.85	21.98
VMD-RF	0.70	0.59	14.78	0.81	0.72	16.21	0.90	0.80	18.62	1.13	0.89	20.30
OVMD-RF	0.62	0.51	12.02	0.70	0.60	15.13	0.79	0.70	17.00	0.85	0.83	19.02
OVMD-OSVD-RF	0.48	0.41	9.97	0.62	0.52	11.57	0.71	0.63	13.91	0.80	0.76	15.98
OVMD-EFS-RF	0.38	0.28	6.70	0.46	0.37	8.17	0.51	0.48	9.77	0.63	0.57	13.80
OVMD-EFS$_{fs}$-RF	0.32	0.25	4.91	0.38	0.33	6.56	0.47	0.41	8.53	0.53	0.50	12.02

表 6-16　夏季数据集下的多步预测结果

模型	一步			二步			三步			四步		
	RMSE	MAE	MAPE	RMSE	MAE	MAPE	RMSE	MAE	MAPE	RMSE	MAE	MAPE
OFS-RF	0.64	0.54	17.76	0.74	0.63	19.59	1.02	0.89	22.86	1.41	1.01	24.56
PCA-RF	0.50	0.48	15.39	0.60	0.59	17.44	0.84	0.68	19.77	1.11	0.80	22.36
OSVD-RF	0.48	0.43	14.46	0.55	0.55	16.81	0.72	0.60	17.39	0.85	0.69	20.40
VMD-RF	0.49	0.46	14.85	0.54	0.52	16.06	0.81	0.64	18.90	1.06	0.76	21.59
OVMD-RF	0.48	0.39	12.69	0.57	0.44	14.64	0.64	0.55	16.20	0.75	0.65	19.42
OVMD-OSVD-RF	0.34	0.33	10.77	0.38	0.40	12.13	0.48	0.47	14.17	0.59	0.56	17.35
OVMD-EFS-RF	0.27	0.24	7.18	0.32	0.28	9.01	0.39	0.38	11.05	0.47	0.48	14.40
OVMD-EFS$_{fs}$-RF	0.17	0.15	4.89	0.24	0.26	6.97	0.29	0.31	9.03	0.36	0.40	12.10

表 6-17　秋季数据集下的多步预测结果

模型	一步			两步			三步			四步		
	RMSE	MAE	MAPE	RMSE	MAE	MAPE	RMSE	MAE	MAPE	RMSE	MAE	MAPE
OFS-RF	0.88	0.80	19.65	0.96	0.82	21.41	1.26	1.05	23.98	1.60	1.11	25.87
PCA-RF	0.84	0.72	16.94	0.89	0.75	19.17	0.95	0.90	21.79	1.36	0.95	23.41
OSVD-RF	0.65	0.56	14.15	0.69	0.66	16.73	0.73	0.73	18.69	0.98	0.83	21.05
VMD-RF	0.73	0.67	16.75	0.78	0.72	18.45	0.85	0.82	20.93	1.26	0.88	22.85
OVMD-RF	0.57	0.46	12.70	0.65	0.49	15.09	0.76	0.62	17.97	0.89	0.70	20.66
OVMD-OSVD-RF	0.50	0.41	11.46	0.57	0.47	13.69	0.68	0.56	15.73	0.77	0.63	18.34
OVMD-EFS-RF	0.36	0.31	8.07	0.44	0.36	10.49	0.52	0.45	13.00	0.65	0.50	15.03
OVMD-EFS$_{fs}$-RF	0.25	0.21	5.70	0.28	0.27	8.89	0.31	0.35	10.64	0.39	0.44	13.24

表 6-18　冬季数据集下的多步预测结果

模型	一步			两步			三步			四步		
	RMSE	MAE	MAPE	RMSE	MAE	MAPE	RMSE	MAE	MAPE	RMSE	MAE	MAPE
OFS-RF	0.82	0.72	15.72	0.89	0.77	17.42	0.99	0.91	20.10	1.26	1.00	23.19
PCA-RF	0.75	0.72	13.02	0.81	0.74	15.39	0.90	0.87	18.42	1.17	0.90	20.66
OSVD-RF	0.71	0.67	12.30	0.75	0.72	13.29	0.82	0.79	16.15	0.89	0.83	18.46
VMD-RF	0.73	0.68	12.55	0.81	0.71	15.06	0.85	0.84	17.53	0.90	0.88	19.78
OVMD-RF	0.66	0.63	10.09	0.71	0.69	13.05	0.76	0.73	15.27	0.86	0.77	17.50

续表

模型	一步			两步			三步			四步		
	RMSE	MAE	MAPE	RMSE	MAE	MAPE	RMSE	MAE	MAPE	RMSE	MAE	MAPE
OVMD-OSVD-RF	0.58	0.56	9.26	0.64	0.60	11.18	0.68	0.65	13.21	0.76	0.73	15.35
OVMD-EFS-RF	0.46	0.47	6.08	0.51	0.49	8.38	0.57	0.53	10.15	0.63	0.63	12.52
OVMD-EFS$_{fs}$-RF	0.24	0.25	4.28	0.27	0.28	6.59	0.29	0.30	8.62	0.41	0.40	11.02

根据表 6-15～表 6-18 以及实验结果，在图 6-16～图 6-19 中展示 8 个模型在不同数据集中、不同预测尺度下的 MAPE 对比图，图 6-18 和图 6-19 中 RMSE、MAE 为标幺值。分析图 6-16～图 6-19，得到以下几点。

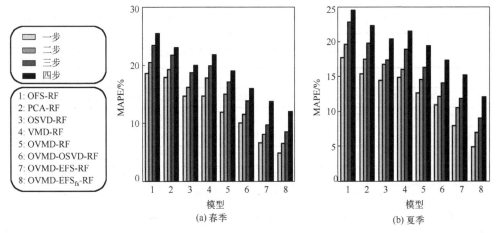

图 6-16　不同预测尺度不同模型下的 MAPE 比较（春夏）

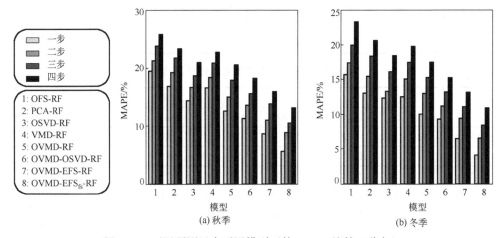

图 6-17　不同预测尺度不同模型下的 MAPE 比较（秋冬）

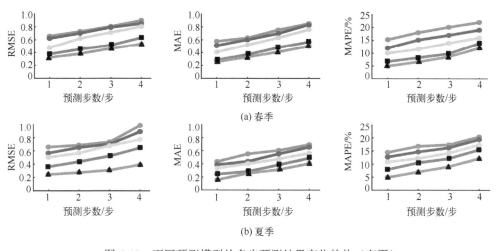

(a) 春季

(b) 夏季

图 6-18　不同预测模型的多步预测结果变化趋势（春夏）

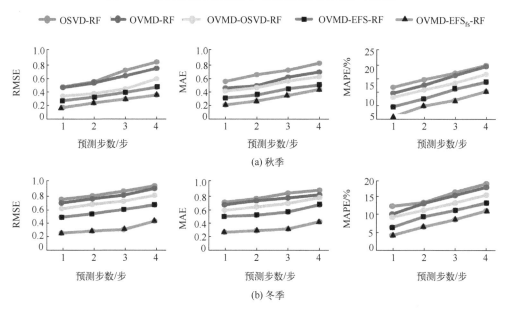

(a) 秋季

(b) 冬季

图 6-19　不同预测模型的多步预测结果变化趋势（秋冬）

（1）在不同预测尺度下，模型 OSVD-RF 的 MAPE 值均小于 PCA-RF，模型 OVMD-RF 的 MAPE 值均小于 VMD-RF，说明优化方法 OSVD 与 OVMD 在多步预测中也可提高风速预测精度。

（2）模型 OVMD-OSVD-RF 的 MAPE 值小于模型 OSVD-RF、OVMD-RF，说明两种优化方法的组合在多步预测中也是有效的。

（3）模型 OVMD-EFS-RF 的效果好于模型 OVMD-OSVD-RF，说明特征集 EFS 可提高风速预测精度，验证了 EFS 在多步预测中的有效性。

（4）模型 OVMD-EFS$_{fs}$-RF 的 MAPE 值最小，说明该模型预测精度最高，反映出基于 EFS 特征集进行特征选择得到最优子集的方法，在多步风速预测中同样可以提高预测精度。

为评估 OSVD 方法和 OVMD 方法对模型预测精度提高的贡献，表 6-19、图 6-16～图 6-19 针对模型 OSVD-RF、OVMD-RF、OVMD-OSVD-RF、OVMD-EFS-RF 以及所提模型进行重点分析。表 6-19 中展示比较模型的各个指标的 P_{index} 值。观察到模型 OSVD-RF 的各个值最大，说明所提模型对该模型的改进最大。图 6-18 与图 6-19 显示了不同模型获得的性能指标随预测范围增加的变化趋势。分析图 6-18 与图 6-19 得到以下结论：① 所提模型的评估指标 RMSE、MAE 和 MAPE 具有最小值，说明所提模型的性能好于其他模型；② 随着预测范围的增加，同一模型的各项指标数值增加，说明预测时间尺度越长，模型的预测精度越低；③ OVMD-RF 的表现始终好于 OSVD-RF，在一定程度上反映了 OVMD 方法在精度提高上的贡献大于 OSVD 方法。

表 6-19　所提模型的性能提高的百分比　　　　　　（单位：%）

数据集	模型	一步			两步			三步			四步		
		P_{RMSE}	P_{MAE}	P_{MAPE}	P_{RMSE}	P_{MAE}	P_{MAPE}	P_{RMSE}	P_{MAE}	P_{MAPE}	P_{RMSE}	P_{MAE}	P_{MAPE}
春季	OSVD-RF	51.52	56.90	67.91	47.95	47.62	63.56	41.98	45.33	57.60	41.11	41.18	45.31
	OVMD-RF	48.39	50.98	59.15	45.71	45.00	56.64	40.51	41.43	49.82	37.65	39.76	36.80
	OVMD-OSVD-RF	33.33	39.02	50.75	38.71	36.54	43.30	33.80	34.92	38.68	33.75	34.21	24.78
	OVMD-EFS-RF	15.79	10.71	26.72	17.39	10.81	19.71	7.84	14.58	12.69	15.87	12.28	12.90
夏季	OSVD-RF	64.58	65.12	66.18	56.36	52.73	58.54	59.72	48.33	48.07	57.65	42.03	40.69
	OVMD-RF	64.58	61.54	61.47	57.89	40.91	52.39	54.69	43.64	44.26	52.00	38.46	37.69
	OVMD-OSVD-RF	50.00	54.55	54.60	36.84	35.00	42.54	39.58	34.04	36.27	38.98	28.57	30.26
	OVMD-EFS-RF	37.04	37.50	31.89	25.00	7.14	22.64	25.64	18.42	18.28	23.40	16.67	15.97
秋季	OSVD-RF	61.54	62.50	59.72	59.42	59.09	46.86	57.53	52.05	43.07	60.20	46.99	37.10
	OVMD-RF	56.14	54.35	55.12	56.92	44.90	41.09	59.21	43.55	40.79	56.18	37.14	35.91
	OVMD-OSVD-RF	50.00	48.78	50.26	50.88	42.55	35.06	54.41	37.50	32.36	49.35	30.16	27.81

续表

数据集	模型	一步			两步			三步			四步		
		P_{RMSE}	P_{MAE}	P_{MAPE}	P_{RMSE}	P_{MAE}	P_{MAPE}	P_{RMSE}	P_{MAE}	P_{MAPE}	P_{RMSE}	P_{MAE}	P_{MAPE}
秋季	OVMD-EFS-RF	30.56	32.26	29.37	36.36	25.00	15.25	40.38	22.22	18.15	40.00	12.00	11.91
冬季	OSVD-RF	66.20	62.69	65.20	64.00	61.11	50.41	64.63	62.03	46.63	53.93	51.81	40.30
	OVMD-RF	63.64	60.32	57.58	61.97	59.42	49.50	61.84	58.90	43.55	52.33	48.05	37.03
	OVMD-OSVD-RF	58.62	55.36	53.78	57.81	53.33	41.06	57.35	53.85	34.75	46.05	45.21	28.21
	OVMD-EFS-RF	47.83	46.81	29.61	47.06	42.86	21.36	49.12	43.40	15.07	34.92	36.51	11.98

在实际生产中模型的准确性和效率都需要考虑。但是矛盾的是准确性提高，效率就会降低。因此应该选择两者相平衡的模型。图 6-20 中，花费时间最长的模型是 OVMD-EFS-RF（包含特征个数最多），花费时间最短的是 OTSVD-RF（包含特征个数最少）。从准确性方面来说，所提模型的效果远好于其他几个模型；从效率方面来说，所提模型位居第三位。可以得到结论，所提模型在准确性和效率之间取得了一个较好的平衡，既达到高准确性要求，效率表现也较好，因此这个模型在现实情况中是可以使用的。

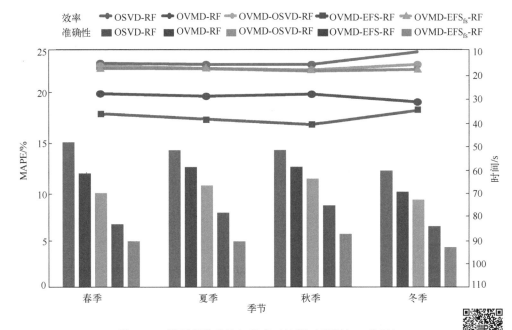

图 6-20　模型的准确性与效率对比图（彩图扫二维码）

6.3 本 章 小 结

本章提出了 OVMD-EFS$_{fs}$-RF 模型进行短期风速预测。在对比实验中采用四个数据集的数据，对所提方法和模型进行验证和测试。从单步和多步预测的实验结果证明所提方法的有效性。

（1）采用 OVMD 对原始风速序列进行预处理，降低噪声及离群点、不正常点对预测精度的影响。使用基于中心频率观察法和残差指标最小化准则优化 OVMD 的参数。

（2）采用降维方法 OSVD 生成特征，并与原始特征集组合得到 EFS，在此基础上，针对 EFS 开展前向信息选择，通过保留部分生成特征，降低特征信息损失。

（3）使用 RF 在 EFS 基础上进行前向特征选择，确定最优子集，克服特征集维度过大带来的预测困难，并且消除冗余信息对预测精度的消极影响。

（4）分析单步和多步预测结果中 OVMD-RF 和 OSVD-RF 的表现，评估 OVMD 以及 OSVD 对模型改进的贡献大小。

第7章　基于改进VMD与双向LSTM的风功率预测研究

风功率数据具有强烈的波动性和随机性，对高度非平稳的风功率数据进行适当预处理能够改善预测模型的训练难度，从而提高预测准确率。为降低风功率数据的波动性，采用经验模态分解等时频域分析方法通过将风功率分解为有限个具有物理意义的本征模态函数来降低风功率时间序列的随机性和波动性，从而建立相对简单的映射模型来反映风功率时间序列的变化规律以提高风功率预测精度。针对经验模态分解方法无法均匀分配中心频率的缺陷以及采用经验模态分解方法针对性不强的问题，将自适应方法与能够均匀分解时间序列的经验模态分解方法结合，提高预处理环节的可靠性。针对传统神经网络模型中存在的高随机性、记忆能力差以及易陷入局部最优等缺陷，在风功率数据预处理的基础上，采用预测精度更高的双向LSTM方法构建预测模型。

7.1　基于改进VMD的风功率数据预处理

7.1.1　风功率数据预处理方法

当前预测模型只能对非线性系统进行有效拟合而无法有效缓解来自非线性数据的影响，故风功率数据的随机性和波动性会对预测结果造成极大的影响。采用时频域分析方法对风功率数据进行适当分解重构预处理，能够有效削弱风功率数据的非平稳性，从而降低建模的难度，常用的时频域分析方法如下。

1）互补集合经验模态分解

经验模态分解（empirical mode decomposition，EMD）方法是1998年由美国国家宇航局的Huang等通过对小波变换方法和窗口傅里叶变换方法进行改进得到的。该方法将非线性、非平稳时间序列按照其自身变化趋势和尺度分解为有限个IMF和1个余项相加的形式，每个本征模态函数的长度均与原始序列相同。EMD及其衍生方法具有自适应特性，能够不依靠研究者的主观经验，依据数据本身的特性自行确定IMF的数量，避免了人为导致的模态混叠和分解不完全等问题。EMD算法的分解步骤如下。

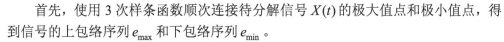

首先，使用 3 次样条函数顺次连接待分解信号 $X(t)$ 的极大值点和极小值点，得到信号的上包络序列 $e_{\max}$ 和下包络序列 $e_{\min}$。

其次，将两个序列取平均得到序列 $m_1(t)=[e_{\max}(t)+e_{\min}(t)]/2$。

再次，剔除上下包络的均值，得到初步分解信号，即

$$h_1 = X(t) - m_1 \tag{7-1}$$

最后，用信号 $h_1(t)$ 代替待分解信号 $X(t)$ 重复以上步骤，直到信号中极值点和零点的数量相同或差 1 且信号的上下包络线关于时间轴局部对称，得到 IMF_1。

使用剔除 IMF_1 的原始数据作为待分解样本重复执行上述步骤，直到剩余信号单调或无法分解为止，最终所余函数称为该信号的余项。通过 EMD 方法所得到的各 IMF 均相互独立，且具有以下特性。

（1）每个 IMF 的极值点数目应与过零点个数相同或至多相差 1 个。

（2）每个 IMF 的上、下包络线以时间轴为中心局部对称，且上下包络线的平均值为 0。

（3）EMD 系列方法所得到的 IMF 分量分别代表了原始信号在某个频域区间内的波动特性，其余项则代表了原始信号的基本走向。

EMD 方法能够自适应地分解出相互独立的 IMF 分量，已摆脱了传统傅里叶变换的局限性，能够将非平稳信号按照不同频率尺度进行信号分离。但对于复杂且含有大量离群数据的时间序列，EMD 得到的 IMF 中往往会出现模态混叠的现象，即同一 IMF 中混入了其他频率尺度的时间序列分量，导致了信息损失或分解不完全等现象。

针对此问题，Huang 等提出了集合经验模态分解（ensemble empirical mode decomposition，EEMD）方法。EEMD 方法通过在原始信号中加入白噪声，利用噪声频谱均匀分布的特性弥补了 EMD 容易出现模态混叠的缺陷，但其引入的噪声难以消除，且会导致分解效率下降，影响了 EEMD 的实际应用效果。

互补集合经验模态分解（CEEMD）算法是由 EMD 与 EEMD 改良得到的，该方法能够有效避免模态混叠现象的产生，并成功过滤了噪声所带来的影响。CEEMD 在 EEMD 的基础上做出了如下改进。

（1）同时引入幅值相同相位相反的两组白噪声信号 $\pm x_n(t)$，分别加入原始序列 $g(t)$，得到待分解序列 $x_1(t) = g(t) + x_n(t)$ 和 $x_2(t) = g(t) - x_n(t)$。

（2）分别对两组序列进行 EMD 可以得到两组本征模态函数，最后将两组本征模态函数中对应的分量取平均，作为 CEEMD 的结果。

相较于 EMD，CEEMD 避免了 EMD 易出现模态混叠的缺陷；相较于 EEMD，CEEMD 通过噪声频域互补消除了噪声影响，可以更加精确稳定地分离信号中不同频率段的成分，进一步满足了风功率等非平稳信号的预处理需要。

2）变分模态分解

变分模态分解（VMD）方法是 Dragomiretskiy 等于 2014 年提出的信号分解方法。区别于 EMD 及其衍生方法，VMD 方法是根据希尔伯特变换和维纳滤波方法改进得到的。VMD 方法是一种准正交且完全非递归的分解方法，该方法将变分问题求解过程应用于信号分解领域，将 EMD 方法的递归分解方式转化为非递归变分分解方式，通过迭代求解每个本征模态函数的中心频率和带宽的方式凸显了信号的局部特征，实现了更加稳定且抗干扰能力强的信息剥离。

VMD 方法不具备自适应性，其分解的核心参数在于分解尺度 k，通过人为预设的 k 值，来将原始信号 $X(t)$ 按不同中心频率分解为 k 个本征模态函数 $u_k(t) = A_k(t)\cos(\phi_k(t))$，$A_k(t)$ 表示模态函数幅值，$\phi_k(t)$ 表示模态函数相位。然后采用迭代寻优的方式不断更新每个本征模态函数的最优中心频率和功率谱中心，从而完成分解，该寻优过程的约束条件为全部本征模态函数之和等于原始信号 $X(t)$，其目标函数为

$$\min_{\{u_k\},\{\omega_k\}}\left\{\sum_k\left\|\partial_t\left[\left(\delta(t)+\frac{\mathrm{j}}{\pi t}\right)u_k(t)\right]\mathrm{e}^{-\mathrm{j}\omega_k t}\right\|_2^2\right\} \tag{7-2}$$

式中，$\{\omega_k\}$ 为本征模态函数的中心频率集合；$\left(\delta(t)+\dfrac{\mathrm{j}}{\pi t}\right)^* u_k(t)$ 为每个本征模态函数 $u_k(t)$ 通过希尔伯特变换得到的单边频谱；$\delta(t)$ 为狄拉克分布函数。VMD 方法将信号分解问题转化为本征模态带宽的估计值之和最小的优化问题，即使得每个本征模态函数的中心频率集中在 ω_k 附近。

针对新的非约束变分优化问题，VMD 方法采用增广拉格朗日方程来解决：

$$\begin{aligned}L(\{u_k\},\{\omega_k\},\lambda) = &\ \alpha\sum_k\left\|\partial_t\left[\left(\delta(t)+\frac{\mathrm{j}}{\pi t}\right)u_k(t)\right]\mathrm{e}^{-\mathrm{j}\omega_k t}\right\|_2^2 + \left\|f(t)-\sum_k u_k(t)\right\|_2^2 \\ &+ \left\langle\lambda(t), f(t)-\sum_k u_k(t)\right\rangle\end{aligned} \tag{7-3}$$

式中，α 为引入的二次惩罚因子，用来保证重构信号的精确性；$\lambda(t)$ 用来保持约束条件的严格性；$f(t)$ 为任意实信号。VMD 方法的具体分解过程如下。

（1）根据预设参数 k 得到初始本征模态函数集合 $\{\hat{u}_k^1\}$ 和其瞬时频率 $\{\omega_k^1\}$ 以及初始拉格朗日乘法算子 $\{\hat{\lambda}^1\}$，并将初始本征函数集合通过傅里叶等距离变换转化到频域。

（2）通过用 $\omega-\omega_k$ 替代 ω 的方式来对频域形式的本征模态函数进行二次优化，得到新的模态函数 $\hat{u}_k^{n+1}(\omega)$ 和其瞬时频率 ω_k^{n+1}。

（3）重复步骤（2）直到全部 k 个模态函数都更新完毕。

（4）对拉格朗日乘法算子 λ 进行如下更新：

$$\hat{\lambda}^{n+1}(\omega) \leftarrow \hat{\lambda}^{n}(\omega) + \tau[\hat{f}(\omega) - \sum_{k} \hat{u}_{k}^{n+1}(\omega)] \tag{7-4}$$

式中，τ 为噪声容限；$\hat{f}(\omega)$ 为 $f(t)$ 的傅里叶变换后的信号。

（5）每次完成优化后，对 VMD 方法的分解精度进行判别，若满足
$$\sum_{k} \left\| \hat{u}_{k}^{n+1} - \hat{u}_{k}^{n} \right\|_{2}^{2} / \left\| \hat{u}_{k}^{n} \right\|_{2}^{2} < e \ （e \ 为收敛误差），则停止迭代，否则返回步骤（2）继续迭代。$$

其中，u_{k}^{n+1}、ω_{k}^{n+1} 的更新方式如下。

VMD 方法通过式（7-5）来求解 u_{k}^{n+1}：

$$u_{k}^{n+1} = \underset{u_k \in X}{\arg\min} \left\{ \alpha \left\| \partial_t \left[\delta(t) + \frac{j}{\pi t} \right] e^{-j\omega_k t} \right\|_2^2 + \left\| f(t) - \sum_i u_i(t) + \frac{\lambda(t)}{2} \right\|_2^2 \right\} \tag{7-5}$$

u_{k}^{n+1} 通过式（7-6）转化到频域：

$$\hat{u}_{k}^{n+1} = \underset{\hat{u}_k, u_k \in X}{\arg\min} \left\{ \alpha \left\| j\omega[(1 + \mathrm{sgn}(\omega + \omega_k))\hat{u}_k(\omega + \omega_k)] \right\|_2^2 + \left\| \hat{f}(\omega) - \sum_i \hat{u}_i(\omega) + \frac{\hat{\lambda}(\omega)}{2} \right\|_2^2 \right\} \tag{7-6}$$

用 $\omega - \omega_k$ 代替 ω 后变换到非负区间上积分的形式可得到式（7-7）：

$$\hat{u}_{k}^{n+1} = \underset{\hat{u}_k, u_k \in X}{\arg\min} \left\{ \int_0^\infty \left[4\alpha(\omega - \omega_k)^2 \left| \hat{u}_k(\omega) \right|^2 + 2 \left| \hat{f}(\omega) - \sum_i \hat{u}_i(\omega) + \frac{\hat{\lambda}(\omega)}{2} \right|^2 \right] \mathrm{d}\omega \right\} \tag{7-7}$$

通过对式（7-7）中的模态函数进行二次优化，即可得到相应频率的局部最优解：

$$\hat{u}_{k}^{n+1}(\omega) = \frac{\hat{f}(\omega) - \sum_{i \neq k} \hat{u}_i(\omega) + \frac{\hat{\lambda}(\omega)}{2}}{1 + 2\alpha(\omega - \omega_k)^2} \tag{7-8}$$

同理，对于瞬时频率 ω_{k}^{n+1} 的求解过程如下，首先按照式（7-9）将其转化为频域：

$$\omega_{k}^{n+1} = \underset{\omega_k}{\arg\min} \left\{ \int_0^\infty (\omega - \omega_k)^2 \left| \hat{u}_k(\omega) \right|^2 \mathrm{d}\omega \right\} \tag{7-9}$$

从而可得到：

$$\omega_{k}^{n+1} = \frac{\int_0^\infty \omega \left| \hat{u}_k(\omega) \right|^2 \mathrm{d}\omega}{\int_0^\infty \left| \hat{u}_k(\omega) \right|^2 \mathrm{d}\omega} \tag{7-10}$$

最后 VMD 方法通过对 $\{\hat{u}_k(\omega)\}$ 进行傅里叶逆变换，得到时域的本征模态函数集合 $\{u_k(t)\}$。

VMD 方法通过希尔伯特变换将时域上的分解问题转化为频域上的非约束变分优化问题，并采用了广义拉格朗日方程求解此二次优化问题，相比同类型方法，能够有效回避模态混叠或过分解等现象，在预设参数 k 值合理的情况下，VMD 方法具有更高的可靠性和抗干扰性。

7.1.2　预测模型与评价指标

本节采用美国国家风能技术中心（National Wind Technology Center，NWTC,）15min 分辨率的风功率数据开展试验。试验环境为运算频率为 2.7GHz 的 Intel$^{(R)}$Core$^{(TM)}$I7-6820HK 处理器以及 15.9GB 内存的个人计算机，试验平台为 MATLAB2016b 和以 Anaconda3 作为基础环境的 Python3.6。

为验证风功率数据的预处理环节的可靠性，采用不同预测模型分别对原始风功率和不同预处理方法所得到的重构风功率数据开展预测。最终，根据预测结果的误差指标来决定合适的预处理方法。

极限学习机（extreme learning machine，ELM）方法是一种根据前馈神经网络改进得到的单隐含层前向神经网络，目的是解决神经网络方法中存在的学习效率低和参数设置复杂问题，其主要优点是结构简单、训练速度快且预测准确率高。ELM 通过一种线性参数模型替代了 BP 神经网络的反向误差传播，能够在效率优势明显的情况下保持与前馈神经网络相当的精确度。ELM 方法的通用近似原理几乎适用于全部常用激励函数，使得 ELM 同时具备了良好的泛化性能和优秀的学习效率，适合在超短期时限内处理高维度、大样本容量的学习任务，但 ELM 方法依旧无法避免由离群数据导致的陷入局部最优问题。离群鲁棒性极限学习机（outlier-robust extreme learning machine，ORELM）通过将 ELM 的目标函数转化为易于处理的凸松弛问题，从而避免求解稀疏矩阵；并采用增广拉格朗日函数（ALM）方法处理凸松弛问题，加强了预测模型应对离散数据的能力，提高了 ELM 的泛化性能。ORELM 作为一种高效而可靠的风功率预测模型得到了较为广泛的应用，故采用 ORELM 对风功率数据预处理的效果进行评价。

在风功率预测过程中，不同特征变量的取值区间往往相差很大，为避免不同特征间存在的数量级差异对预测模型带来的影响，需对原始特征集合数据进行归一化或标准化处理，从而加快预测模型的梯度下降速度。由于两种处理方式对预测模型产生的效果相同，故采用如下方式将风功率及其相关气象特征的取值映射到[0,1]，映射规则如下：

$$x'_{ij} = \frac{x_{ij} - \min\limits_{j=1,2,\cdots,N}\{x_{ij}\}}{\max\limits_{j=1,2,\cdots,N}\{x_{ij}\} - \min\limits_{j=1,2,\cdots,N}\{x_{ij}\}} \tag{7-11}$$

式中，x_{ij} 为 j 时刻的第 i 维特征值；$\max\limits_{j=1,2,\cdots,N}\{x_{ij}\}$ 为第 i 维特征在全体样本中取得的最大值；$\min\limits_{j=1,2,\cdots,N}\{x_{ij}\}$ 为第 i 维特征在全体样本中取得的最小值；x'_{ij} 为第 i 维特征经归一化后得到的新特征值；N 为样本总数。

在预测模型得到最终的预测曲线后，需将预测值依照相应的规则进行反归一化，从而恢复到原有的量级，反归一化规则如下：

$$y'_i = y_i \times (\max\limits_{j=1,2,\cdots,N}\{x_{ij}\} - \min\limits_{j=1,2,\cdots,N}\{x_{ij}\}) + \min\limits_{j=1,2,\cdots,N}\{x_{ij}\} \tag{7-12}$$

式中，y_i 为第 i 个时刻的风功率预测值；y'_i 为反归一化后得到的风功率预测值。

为了评价模型的预测性能，在风功率预测中通常采用 RMSE 和 MAPE 作为评价指标。两种指标的具体公式如下：

$$\text{RMSE} = \sqrt{\frac{1}{T}\sum_{t=1}^{T}(x_t - \hat{x}_t)^2} \tag{7-13}$$

$$\text{MAPE} = \frac{1}{T}\sum_{t=1}^{T}\left|\frac{x_t - \hat{x}_t}{x_t}\right| \times 100\% \tag{7-14}$$

式中，$\hat{x}_t$ 为与真实风功率 x_t 相对应的预测值；T 为风功率样本的数量。

由式（7-14）可知，在真实风功率较小区域得到的 MAPE，会略大于实际风功率较大区域所得到的指标，即 MAPE 在正偏差上施加的惩罚项高于负偏差。为保证评价指标的公平性，引入了对称平均绝对百分比误差（symmetric mean absolute percentage error，SMAPE），其计算如下：

$$\text{SMAPE} = \frac{1}{T}\sum_{t=1}^{T}\frac{|x_t - \hat{x}_t|}{(x_t + \hat{x}_t)/2} \times 100\% \tag{7-15}$$

为保证误差的物理意义和公平性，采用 RMSE 和 SMAPE 作为预测模型的评价指标。

7.1.3 基于风功率数据预处理的超短期风功率预测方法

针对风功率数据的非平稳性，提出基于改进 VMD 的风功率预处理方法，新方法通过预处理过程将风功率时间序列分解为有限个具有物理意义的本征模态函数，在保留时间序列主要趋势的前提下进行重构。采用降低了波动性的重构风功率数据开始超短期预测，降低了建模难度以及模型复杂度，从而提高了预测精度。

1）风功率预处理流程

预处理流程主要分为两个部分。第 1 部分采用 EMD、EEMD 和 CEEMD 等自适应预处理方法对风功率数据进行预处理，该流程中将信号按照信号频率从高到低排列分解为 IMF，通常拥有较高频率的 IMF 代表了信号在短周期内的变化趋势，较低频率的 IMF 代表了信号在中长周期内的变化趋势，如果风功率序列的高频 IMF 在极短的时间内多次波动，则表示该 IMF 含有较多非周期性波动成分。尽管波动成分中含有少量的信息，但模态中含有的大量离群点极大地影响了预测模型的精确度和稳定性，故滤除具有强波动性的前 k 个 IMF，剩余 IMF 重构为新的风功率时间序列，从而降低离群点对预测模型的影响，提高模型的预测精度。以分解长度为 1 周为例，其预处理过程如图 7-1 所示。

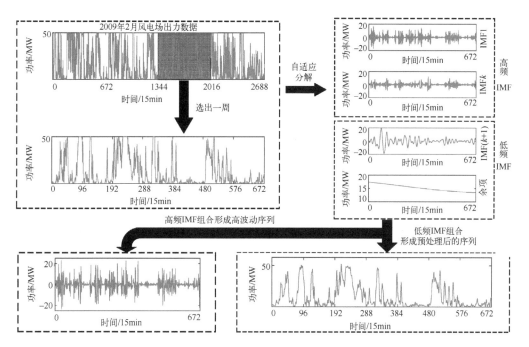

图 7-1　自适应预处理流程

第 2 部分采用 VMD 方法对风功率数据进行预处理，其流程与第 1 部分的差异在于，带有非周期性信号的高频率模态函数是在预处理过程后期得到的，故将 VMD 所分解出的后 k 个本征模态函数滤除，剩余模态函数重构为新的风功率时间序列。同时，由于 VMD 方法不具备自适应分解层数的特性，故分别讨论了将不同自适应预处理方法：EMD、EEMD 和 CEEMD 的分解层数作为 VMD 的预设分解层数的可行性，间接使得 VMD 具有了自适应性。最后通过算例分析，对比了两个预处理部分的效果，从而选出合适的预处理流程和方法。

2）基于自适应预处理的风功率预测

为分析不同分解长度对预处理结果的影响，分别将 2004～2013 年的风功率数据按照 1 周、1 个月（4 周）和 1 个季度（13 周）为单位开展分解，在参数相同的情况，即 EEMD 和 CEEMD 在原始信号中加入信噪比为 5dB 的白噪声、迭代次数为 500。由于 VMD 不具有自适应性，故不进行讨论。3 种方法得到的平均 IMF 层数如表 7-1 所示。

表 7-1　不同分解长度得到的平均 IMF 层数

周期	方法	平均 IMF 层数									
		2004年	2005年	2006年	2007年	2008年	2009年	2010年	2011年	2012年	2013年
1 周	EMD	8.46	8.65	8.65	8.65	8.08	8.62	8.62	8.54	8.35	8.54
	EEMD	9.83	9.77	9.77	9.92	9.69	9.81	9.98	9.83	9.75	9.79
	CEEMD	9.88	9.90	10.00	9.96	9.98	9.92	9.92	9.98	9.88	9.88
4 周	EMD	11.15	11.31	11.23	11.46	11.38	10.92	11.38	11.38	11.23	11.23
	EEMD	12.38	12.31	12.15	12.31	12.08	12.08	12.54	12.15	12.15	12.23
	CEEMD	12.46	12.00	12.00	12.15	12.08	12.08	12.08	12.08	12.23	12.38
13 周	EMD	15.00	14.50	13.50	14.00	14.00	13.50	15.50	14.00	14.00	15.00
	EEMD	14.75	14.25	14.50	14.75	14.50	15.25	15.00	14.75	14.75	14.50
	CEEMD	14.25	13.50	13.75	14.25	14.00	14.25	14.25	14.25	14.25	14.00

从表 7-1 中可知，不同分解长度的风功率信号采用相同预处理方法所得到的 IMF 层数有明显区别，以 1 周为分解单位进行分解时，得到的 IMF 层数在 8～10 层；以 4 周为单位进行分解时，得到的 IMF 层数在 11～13 层；以 13 周为单位进行分解时，得到的 IMF 层数在 13～16 层，证明了分解长度的确会对预处理方法的结果造成影响。

图 7-2 显示了不同预处理方式下的 IMF 层数热度图，其中每个色块都代表当前预处理方法得到的本征模态函数层数，深色的色块代表本征模态函数的层数较少，浅色的色块则代表当前预处理方法在处理相同长度的风功率时间序列时能够得到更多的本征模态函数。从图 7-2 中可以发现，EMD 所对应阶段的色块颜色要更深，EEMD 阶段中则会经常出现浅色色块，而在以 4 周和 13 周为分解单位进行分解时，CEEMD 阶段中出现浅色色块的频次低于 EEMD 阶段。证明了 EMD 方法存在将多个不同频段风功率序列归类于 1 个本征模态函数的现象，即出现了模态混叠。

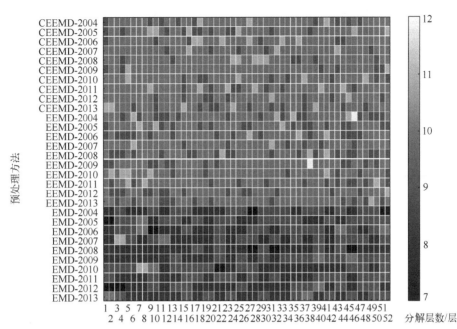

(a) 以 1 周为单位进行预处理

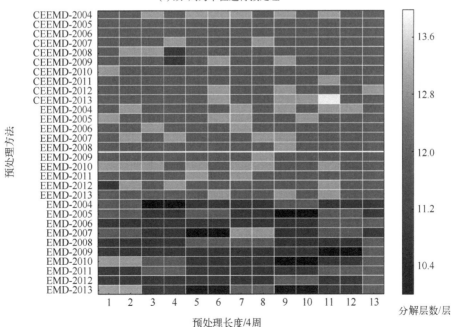

(b) 以 4 周为单位进行预处理

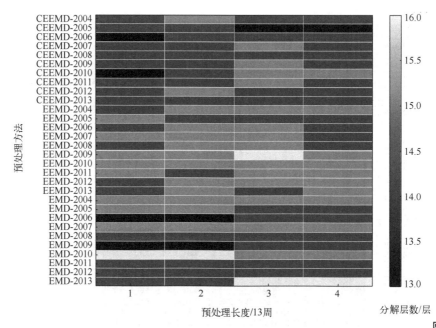

(c) 以13周为单位进行预处理

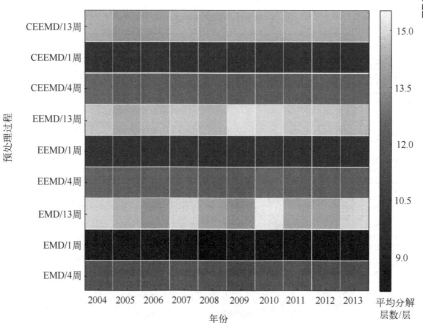

(d) 每种预处理过程的平均层数

图 7-2   不同预处理方式下的 IMF 层数热度图（彩图扫二维码）

结合表 7-1 可知，EMD 所得到的分解层数要远少于另外两种方法，即存在模态混叠现象的可能性最高，EEMD 和 CEEMD 所得到的分解层数相近，但 EEMD 偶尔会出现分解层数激增现象，说明白噪声对 EEMD 的分解结果存在影响。CEEMD 在对不同分解长度的信号进行预处理时，得到的 IMF 层数相对合理，且无较大波动，初步证明了它的先进性。

预处理流程中的参数 k 直接影响了自适应预处理方式的效果，本节分别将每种分解长度下得到的 IMF 的前 3～5 项作为高频波动项滤除，并分别比较了 CEEMD、EEMD 和 EMD 的预处理效果，给出了每种信号分解方法的预处理结果。

为全面对比信号分解长度、IMF 滤除层数和预处理方法 3 种因素对风功率预处理环节的影响，以 ORELM 为预测方法，采用 16 维历史风功率特征作为输入，不同分解长度下的风功率数据作为训练集，以 2004～2008 年的风功率数据作为训练集，以 2009 年 3 月 30 日到 4 月 5 日的风功率数据为测试集，采用不同自适应预处理方法开展风功率预测，所得到的预测结果的 RMSE 指标如表 7-2 所示。

表 7-2　预处理前后风功率预测的 RMSE　　　（单位：MW）

分解长度	IMF 滤除层数	EMD	EEMD	CEEMD	原始序列
1 周	3	7.457	6.551	6.205	9.899
	4	9.211	8.110	6.895	9.899
	5	12.298	11.102	8.528	9.899
4 周	3	7.249	6.555	6.277	9.899
	4	9.01	7.948	6.599	9.899
	5	11.735	10.378	7.829	9.899
13 周	3	6.387	6.157	6.104	9.899
	4	8.806	8.017	6.309	9.899
	5	10.63	10.335	8.257	9.899

为进一步比较各预处理方法得到的预处理效果，图 7-3 以 2009 年 4 月 1 日的风功率序列为例，给出了 3 种信号分解方法以季度为分解长度的预处理结果。从图 7-3 可知，经过 CEEMD 预处理后得到的风功率曲线降低了风功率的波动性，且在功率较高部分，如 4 月 1 日 6:00～12:00 等时间段内可更准确地跟随风功率的变化趋势；而采用 EMD 和 EEMD 方法预处理后的风功率序列则发生了较大幅度偏离原始风功率曲线的情况，难以反映风功率变化的细节趋势。

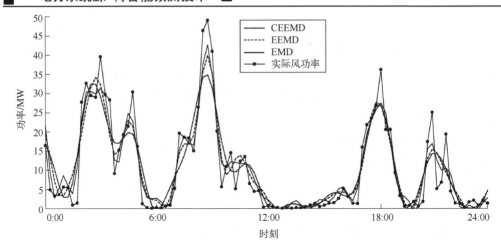

图 7-3　不同预处理方法重构的风功率曲线

从表 7-2 可知，大部分预处理方式所得到的 RMSE 指标均低于采用原始序列直接开展预测所得到的 RMSE，证明了对风功率数据开展预处理的必要性。在 3 种分解长度下，预测结果的 RMSE 随着 IMF 滤除层数的增加而增加，证明了信号分解方法所得到的 IMF 中所含有的趋势性有效信息随着频率的下降而逐渐升高。值得注意的是，EMD 和 EEMD 两种方法在滤除 5 层高频 IMF 后，其 RMSE 反而超过了预处理前的预测结果，也间接证明了对预处理环节参数选择的必要性。

在各预处理环节的 RMSE 指标中，采用 CEEMD 方法开展预测所得到的 RMSE 相较于使用原始数据降低了 13.85%～38.34%，相较于使用 EMD 方法降低了 4.43%～33.29%，相较于使用 EEMD 方法降低了 0.86%～24.56%；且在滤除 5 层 IMF 时，其 RMSE 也能低于未预处理时的预测结果，既证明了 CEEMD 相比 EMD 和 EEMD 更适合处理风功率数据且能够有效降低离群点对风功率预测的影响，又证明了 CEEMD 方式所得到的 IMF 的模态混叠现象并不明显。

综上可知，采用 13 周，即 1 个季度为预处理长度，以 CEEMD 方法开展风功率数据预处理，IMF 滤除层数为 3 时，对预测精度的提升最大。

3）基于改进 VMD 预处理的风功率预测

在自适应方法的预处理结果中可以发现 3 种方法虽然具有自适应分解层数的能力，但滤除 IMF 层数逐步增加时，其 RMSE 却并未呈现线性增长，说明 3 种方法得到的 IMF 之间的频率间隔可能不均匀。为证明不同 IMF 之间的确存在频率间隔不均匀的现象，从每个 IMF 中含有的极值点个数出发，给出了以 13 周为分解长度，3 种预处理方法所得到的 IMF 的平均极值点个数，结果如图 7-4 所示。

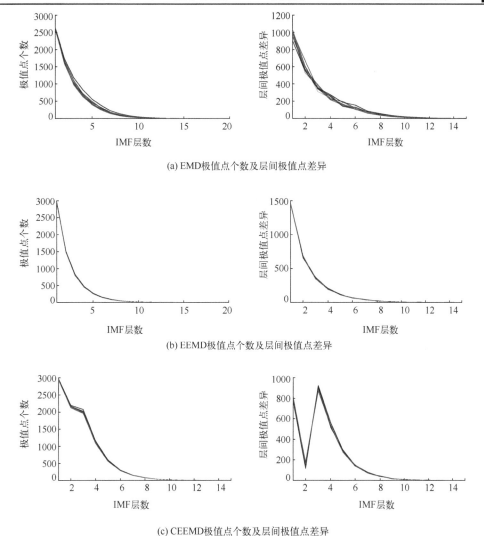

(a) EMD极值点个数及层间极值点差异

(b) EEMD极值点个数及层间极值点差异

(c) CEEMD极值点个数及层间极值点差异

图 7-4　极值点个数及层间极值点差异

图中多条线为多次实验的结果

　　从图 7-4 中可知，3 种自适应方法所得到的 IMF 的极值点个数随 IMF 层数的增加呈现下降趋势，但首层 IMF 与第 2 层 IMF 的极值点个数差距要远大于其他层间的差异，证明了自适应方法存在频率分布不均匀的现象。对比 3 种方法的极值点曲线可知，CEEMD 和 EEMD 所得到的 IMF 层数稳定，且下降趋势相同；区别于另外两种方法，在 CEEMD 得到的分解结果中，第 2 层 IMF 的极值点个数差异有明显的减小，这说明了 CEEMD 的性能在 EMD 方法的基础上的确有所提升，同时也反映出 EMD 等自适应信号分解方法得到的 IMF 并非按照固定频率间隔均匀分配。

VMD 方法能够根据预先设置的分解层数 k 均匀分配本征模态函数集合的中心频率，从而更精确地分离高频信号，减小模态混叠现象对预处理环节的影响。因此，将 EMD 等方法的自适应性与 VMD 平均分配中心频率的特性相结合可能得到更加稳定和精确的分析结果，加强风功率数据预处理环节对预测模型准确率的影响。图 7-5 以 $k=12$ 为例，按频率从高到低的顺序给出了 VMD 方法分解结果中每层的极值点个数和层间极值点差异。从图 7-5 可知，VMD 方法所得到的本征模态函数按从高频到低频的顺序排列后，每层的极值点个数下降趋势平缓，且层间极值点数量差异也呈现阶梯下降趋势，证明了 VMD 方法在中心频率分布方面的先进性。

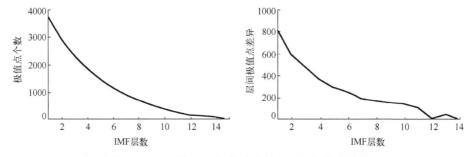

图 7-5　VMD 的 IMF 极值点个数及层间极值点差异

为弥补 VMD 方法由于不具备自适应特征而对风功率数据预处理针对性不强的不足，分别将 EMD、EEMD 和 CEEMD 与 VMD 方法结合，首先通过自适应方法得到分解层数，然后用 VMD 方法按照该分解层数开展分析。为对比不同自适应方法和 VMD 方法结合对风功率预处理环节的影响，同样以 ORELM 作为预测方法，从分解长度、IMF 滤除层数和预处理方法 3 个角度开展了对比。为保证公平性，VMD 部分采用了与自适应分解部分相同的训练集和测试集，得到的预测结果（RMSE）如表 7-3 所示。

表 7-3　预处理前后风功率预测 RMSE　　　　　　　　　（单位：MW）

分解长度	IMF 滤除层数	EMD-VMD	EEMD-VMD	CEEMD-VMD	原始序列
	2	8.161	8.524	8.942	9.899
	3	7.915	7.656	7.473	9.899
1 周	4	7.386	7.130	6.702	9.899
	5	8.888	7.726	6.153	9.899
	6	12.122	9.154	7.546	9.899
	2	8.147	6.555	8.496	9.899
	3	7.169	7.708	7.682	9.899
4 周	4	6.446	6.675	6.846	9.899
	5	7.522	6.282	5.465	9.899
	6	8.681	7.304	6.101	9.899

续表

分解长度	IMF 滤除层数	EMD-VMD	EEMD-VMD	CEEMD-VMD	原始序列
13 周	2	7.646	7.533	8.119	9.899
	3	6.771	7.567	7.524	9.899
	4	6.428	6.230	6.028	9.899
	5	6.179	6.264	5.789	9.899
	6	7.424	7.329	7.295	9.899

从表 7-3 中能够发现，在 CEEMD-VMD 方法以 4 周为分解长度，滤除 5 层高频本征模态函数时，预处理环节对预测模型准确率的提升最大，为进一步比较自适应预处理方法与 VMD 方法间的预处理效果，图 7-6 同样以 2009 年 4 月 1 日的风功率序列为例，给出了采用 CEEMD 信号分解方法的最优预处理重构曲线以及 CEEMD-VMD 信号分解方法的最优预处理重构曲线。

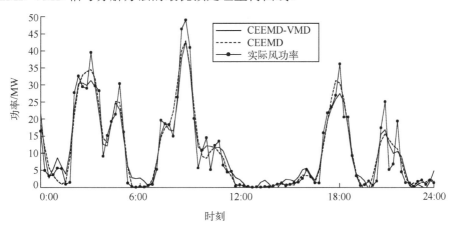

图 7-6　最优预处理方法重构的风功率曲线

从图 7-6 可发现，两种方法重构的风功率均可准确拟合原始风功率曲线，但从重构曲线可发现，CEEMD 方法在对突然变化的风功率数据进行预处理时会出现对变化趋势判断错误的现象，即将部分趋势序列作为高频波动滤除，导致了最终的预测模型间存在差异。

从表 7-3 可知，采用自适应预处理方法与 VMD 方法相结合的预处理方式能够有效提高风功率预测模型的准确率；对比表 7-2 可知，VMD 方法对预测准确率的提升要高于自适应方法，采用改进 VMD 方法预处理得到的数据开展预测，其最优预测结果的 RMSE 比采用 EMD 方法得到的最优预测结果 RMSE 低 14.44%，比采用 EEMD 方法得到的最优预测结果 RMSE 低 11.24%，比采用 CEEMD 方法得到的最优预测结果 RMSE 低 10.47%，证明了 VMD 方法的有效性和先进性。

同时,对比表 7-2 和表 7-3,不难发现采用自适应方法开展预处理环节,其 RMSE 往往随着滤除的 IMF 层数的增加而增加;而采用改进 VMD 方法开展预处理环节,其 RMSE 却有明显的极小值存在。为分析此现象产生的原因,图 7-7 分别给出了采用 CEEMD 和 VMD 方法分别以 1 周作为分解周期下的 IMF 的图像。对比图 7-7 中的两组分解函数可以发现,由于两种分解方法工作原理的差异,其子函数分别按照频率从高到低和从低到高排列,即 CEEMD 等方法从待处理信号中不断分离高频分量直到仅剩余项为止,而 VMD 方法则不断提取待处理信号的基本趋势直到剩余信号的高频分量为止。从图 7-7 可发现,VMD 方法得到的高频模态函数的幅值要远小于 CEEMD 的高频 IMF 的幅值且 VMD 方法对信号的高频部分分离得更加彻底。故预处理环节中在对采用 VMD 方法得到的本征模态函数逐层滤除的过程中,其 RMSE 存在局部最小值;而对采用 CEEMD 方法得到的 IMF 逐层滤除时,则因为一次性除去了大量趋势信号,导致 RMSE 呈逐渐增加趋势。

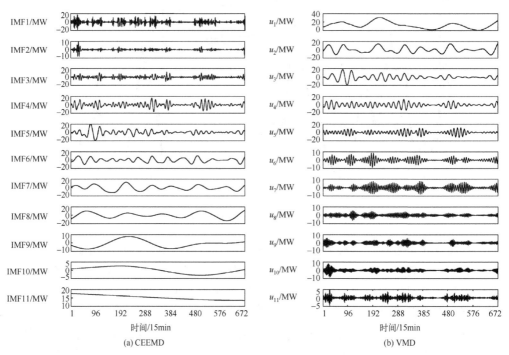

图 7-7 CEEMD 和 VMD 的本征模态函数

通过对比证明了采用 CEEMD-VMD 方法以 4 周为分解单位,滤除 5 层高频本征模态函数时的预处理环节具有更强的可靠性和针对性,能够强化预处理环节对风功率预测模型准确率的提升。

7.2　基于优化双向 LSTM 的风功率预测模型构建

具有强大鲁棒性、记忆能力、非线性映射能力以及自学习能力的预测模型是超短期风功率预测的强大根基。传统神经网络方法收敛速度缓慢且受初始状态影响容易陷入局部最优值，难以满足超短期风功率预测的需求。

为进一步提高风功率预测的准确率，针对传统神经网络模型中存在的高随机性、记忆能力差以及易陷入局部最优等缺陷，在风功率数据预处理的基础上，采用预测精度更高的双向 LSTM 方法构建预测模型。通过引入记忆模块增强了对长期训练状态的记忆能力，并避免了梯度消失和爆炸现象，缓解了因过拟合引起的陷入局部最优问题。同时，采用双向循环结构增强了网络的特征学习过程，有效提高了风功率预测精度。

为提高模型收敛速度并发挥模型的最佳性能，采用能够快速收敛的贝叶斯优化方法对模型进行超参数优化，降低了参数设置对模型的影响，改善了风功率预测模型的收敛速度。最后，通过对比不同风功率预测模型的预测曲线和预测误差，验证了新方法的有效性。

7.2.1　深度预测模型

在具有反向传播能力的前馈神经网络被提出后，神经网络方法由于缺乏严格的数学理论支持以及收敛速度慢等缺陷而一度陷入低迷，加之 sigmoid 激活函数的饱和特性导致的梯度消失现象使得神经网络领域的研究停滞。直到深度学习理论体系的提出才使神经网络方法再次成为焦点，深度学习方法被应用于图像识别、时间序列预测、自然语言处理和信息检索等领域，并取得了巨大的成功。为改善风功率预测模型性能，采用深度预测模型方法开展超短期风功率预测研究。

1）循环神经网络

循环神经网络（recurrent neural networks，RNN）是当前深度学习领域中的代表性方法之一，独特的循环共享结构在有效减少网络参数的同时强化了记忆能力，在具有高度相互依赖性的风功率时间序列的预测过程中，能够快速调整网络参数，得到最佳预测模型。

循环神经网络通过参数共享来将时间序列的样本关联起来，从而在传统神经网络的基础上强化了记忆能力，即当前待预测值与历史预测值之间存在关联关系时循环神经网络能够有效提取关联信息，并通过反向传播的方式完成训练。循环神经网络方法的基础单元如图 7-8 所示。

从图 7-8 可知，每 1 个预测值 y_t 实际上由当前输入特征 x_t 和前 1 时刻的预测值 y_{t-1} 共同确定，h_{t-1} 记录了每个时刻前所有时刻的隐含层状态，使得循环神经网络的状态传播方式变为

$$-a_t = b + wh_{t-1} + ux_t \tag{7-16}$$

式中，$-a_t$ 为过程函数；$h_{t-1}=\tanh(a_{t-1})$ 为 $t-1$ 时刻的隐含层状态；w 为不同时刻隐含层间的连接矩阵；u 为输入层与隐含层间的连接矩阵。最终，预测概率可表示为

$$\hat{y}_t = \text{softmax}(y_t) \tag{7-17}$$

式中，$y_t = c + vh_t$ 表示 t 时刻的输出，c 为常数，v 表示隐含层与输出层间的连接矩阵；$\hat{y}_t$ 为预测概率。结合图 7-8 和式（7-16）、式（7-17）可知，在循环神经网络的隐含层之间都存在参数共享，即连接矩阵 u、v 和 w 在每个隐含层间均相同，即被循环神经网络认为相关性较高的信息无论出现于哪个隐含层中，均会得到训练，因此循环神经网络能够处理任意长度的时间序列。

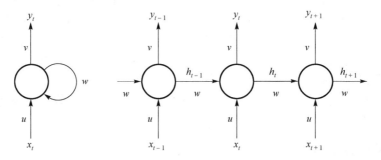

图 7-8　循环神经网络基础单元

从循环神经网络方法的工作方式能够看出，区别于传统线性预测模型单向传递结构，循环神经网络方法用深度结果替代纵向神经元累加，通过大幅减少网络参数降低了模型复杂程度，有效提高超短期风功率预测效率。循环神经网络能够在同时刻激活多个隐含层，得到多个线性的状态，每个隐含层均用于完成部分特征的学习，并通过权重共享来完成信息的交互，强化了特征学习模式，提高了风功率预测模型的准确率。同时，区别于传统神经网络的随机性，循环神经网络通过对输入数据进行概率分布分析，能够得到 1 个接近全局最优的初值，保证了模型预测结果的可复现性，更加满足超短期风功率预测对模型复杂度和准确性的需求。

2）长短期记忆神经网络

在处理具有强相互依赖性的风功率时间序列时，对历史数据的训练必须得到保留和筛选。虽然理论上循环神经网络能够处理任意长度的时间序列，但当历史风功率序列的训练状态与待预测风功率特征距离较远或经过了多次循环后，循环神经网络的状态矩阵 h_t 中历史风功率序列信息往往会被更近距离的风功率序列信息所取代。根据式（7-16）可知，由于参数矩阵 w 在每次循环中被所有时刻的隐含层所共享，故 h_t 的变化方式可简化表述为 w^t，w^t 经过多次迭代后会以指数级的速度趋近于 0 或者无穷，导致远距离训练得到的信息消失，产生类似于"遗忘"的效应。

LSTM 方法采用 3 个门式的结构来替代循环神经网络中的隐含层，LSTM 中隐含层的抽象结构如图 7-9 所示。从图 7-9 可知，LSTM 在标准循环神经网络的基础

上加入了输入门、输出门、遗忘门和记忆单元，记忆单元由 sigmoid 函数和点乘运算组成。LSTM 利用 sigmoid 函数的取值范围设置了信息的通过比例，记忆单元的取值为 0 表示没有信息通过，记忆单元的取值为 1 表示全部信息均可通过，从而控制信息的记忆和遗忘。

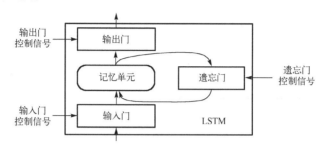

图 7-9 LSTM 隐含层的抽象结构

LSTM 模型通过记忆单元 C_t 来保持长期记忆，其更新流程如下：

$$C_t = f_t \times C_{t-1} + i_t \times \tilde{C}_t \tag{7-18}$$

$$f_t = \text{sigmoid}(W_f \cdot [h_{t-1}, x_t] + b_f) \tag{7-19}$$

$$i_t = \text{sigmoid}(W_i \cdot [h_{t-1}, x_t] + b_i) \tag{7-20}$$

$$C_t = \tanh(W_C \cdot [h_{t-1}, x_t] + b_C) \tag{7-21}$$

式中，f_t 和 i_t 分别为遗忘门和输入门；$\tilde{C}_t$ 为得到输入门反馈的新记忆值；W_f、W_i、W_C 为频率系数矩阵。根据式（7-19）～式（7-21）可知，f_t 和 i_t 为 sigmoid 的函数，取值范围为[0,1]；$\tilde{C}_t$ 为 tanh 函数，取值范围为[−1,1]。在记忆单元 C_t 的影响下，状态矩阵 h_t 的更新方式变为 $h_{t-1}=o_t \times \tanh(C_{t-1})$，并通过输出门 $o_t = \text{sigmoid}(W_o \cdot [h_{t-1}, x_t] + b_o)$ 输出当前状态。图 7-10 给出了标准循环神经网络和 LSTM 的结构对比，图中 σ 节点表示 sigmoid 函数。

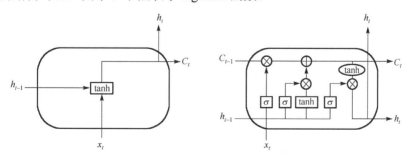

图 7-10 标准循环神经网络和 LSTM 结构对比

LSTM 在保留循环神经网络结构优势的同时，通过加入记忆模块和 3 种门结构在循环神经网络的基础上实现了对历史风功率样本训练状态的保留和遗忘，缓解了新风功率样本对现有模型的冲击，降低了模型陷入局部最优的风险。同时，LSTM的记忆模块使得风功率序列训练状态通过线性叠加方式在网络中更好地传播，消除了梯度爆炸或消失问题，进一步提高了超短期风功率预测精度。

7.2.2 超短期风功率 LSTM 预测模型构建

预测模型的精度和收敛速度是评价超短期风功率预测模型优劣的重要指标，能够快速收敛并得到误差较小的拟合曲线的预测模型是超短期风功率预测所迫切需要的。为提高预测模型的精度和收敛速度，从模型结构选择和参数优化两方面构建适用于超短期风功率预测的 LSTM 预测模型。

1）LSTM 模型结构选择

深度神经网络灵活的组合能力打破了传统的预测模型构建方式。在传统机器学习方法的研究过程中，一个有效的神经网络预测模型通常需要确定合适的隐含层节点数量并花费时间对大量参数进行调整才能发挥出模型的最佳性能，无法满足超短期风功率预测对模型收敛速度的需求。而 LSTM 方法通过将不同功能的神经元灵活组合，大幅减少了参数数量，有效提高了风功率预测模型的准确率。

以 LSTM 为代表的各类循环神经网络模型在网络框架方面具有极高的灵活度，在 LSTM 模型隐含层节点数量不变的情况下，LSTM 可以排列为 1 层 LSTM、2 层 LSTM 和双向 LSTM（bidirectional-LSTM，Bi-LSTM），不同结构的 LSTM 网络模型的构造方式如图 7-11 所示。从图中可知，2 层 LSTM 加强了 LSTM 对单一特征的学习频率；Bi-LSTM 通过建立输入特征与下一时刻的预测值之间的联系，进一步提高了模型的特征学习强度。

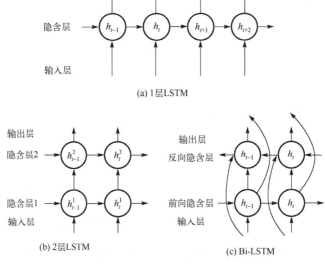

(a) 1层LSTM

(b) 2层LSTM

(c) Bi-LSTM

图 7-11　不同结构的 LSTM 模型构造方式

为验证不同结构 LSTM 模型的预测精度，选取 2005～2008 年共 4 年的预处理后的风功率数据分别采用 3 种模型以 2000 作为单次训练样本数量、以 10 个 LSTM 基本节点和 0.001 的学习率训练模型，选取 2009 年 2 月 9 日～15 日的风功率数据进行测试，根据预测结果的误差指标确定最适合超短期风功率预测的 LSTM 模型结构。3 种模型预测结果的误差指标如表 7-4 所示。

表 7-4　不同结构下 LSTM 模型的误差指标

误差指标	1 层 LSTM	2 层 LSTM	Bi-LSTM
RMSE/MW	6.6717	6.6562	6.5680
SMAPE/%	20.57	19.98	19.13

对比表 7-4 的各项指标可以发现在 LSTM 节点数不变的情况下采用双向循环式结构开展风功率预测能够得到最优预测结果，其预测结果 SMAPE 指标比 1 层 LSTM 低 1.44 个百分点，比 2 层 LSTM 低 0.85 个百分点，故选择双向 LSTM 作为预测模型的结构。

为进一步提高模型的预测性能，加入全连接层对双向 LSTM 得到的特征结果进行自学习，最终模型的框架结构如图 7-12 所示，图中 int 表示模型构造器，tensors 表示张量。模型以 RMSE 最小作为目标函数，采用 Adam 优化器完成梯度下降和学习率调整。

2）LSTM 模型参数优化

在构建 Bi-LSTM 模型过程中，部分参数能够直接影响模型的收敛速度和最终的预测精度。其中最主要的两组参数为学习率和批次容量（batch size），学习率能够影响梯度下降的步长，成为直接决定风功率预测模型收敛速度和收敛精度的参数之一；批次容量决定了 Bi-LSTM 模型单次训练的样本容量，同样是能够影响风功率预测模型收敛速度的主要参数。同时，由于风功率时间序列在一定时间周期中存在相互依赖性，将合适长度的样本集中训练，能够有效提高 Bi-LSTM 模型的特征学习效果，从而提升预测精度。

为证明学习率对模型收敛速度和预测精度的影响，分别采用 0.001～0.0015 的学习率（lr）训练 Bi-LSTM 模型，得到损失函数曲线如图 7-13 所示。从图中可发现，模型的损失函数（RMSE）随着迭代次数的增加而减小，收敛速度随着学习率的增加逐渐加快，经过 150 次迭代后趋于稳定；测试集的损失函数虽然从数值上要高于训练集，但其变化趋势与训练集保持一致，证明了学习率对模型收敛速度和准确率的影响。

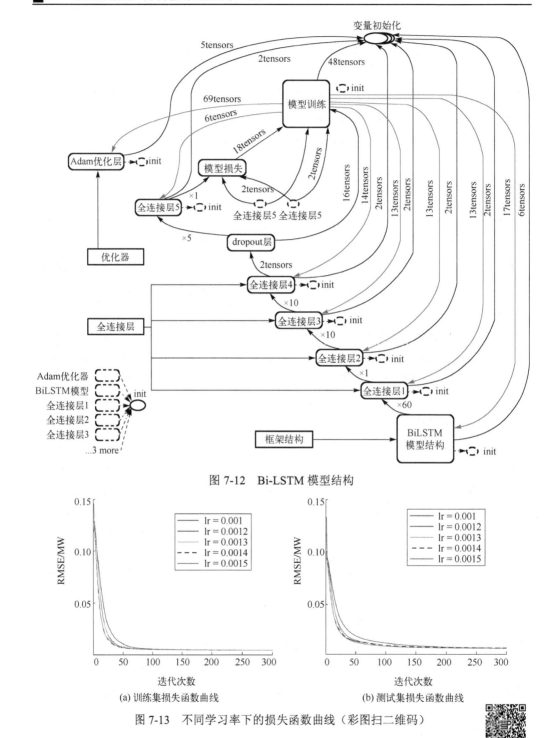

图 7-12　Bi-LSTM 模型结构

(a) 训练集损失函数曲线

(b) 测试集损失函数曲线

图 7-13　不同学习率下的损失函数曲线（彩图扫二维码）

循环神经网络和 LSTM 等深度神经网络方法将训练集分割成不同批次容量的向量集合进行训练和优化,其处理的主要对象不再是向量而是张量,合适的批次容量应根据训练集的样本容量而定,批次容量过大会导致模型难以对风功率样本开展针对性训练,过小会因模型训练频率密集而导致过拟合现象,预测训练集样本容量匹配的训练批次能够决定风功率预测模型的准确率。

为验证批次容量对模型预测精度的影响,选取 2005～2008 年的样本训练 Bi-LSTM 模型,在不同批次容量下分别对 2009 年 2 月 9 日～14 日开展分步预测,预测结果的误差指标如表 7-5 所示。

表 7-5　Bi-LSTM 在不同批次容量下的误差指标

批次容量	15min		30min		45min	
	RMSE /MW	SMAPE /%	RMSE /MW	SMAPE /%	RMSE /MW	SMAPE /%
50	5.569	21.43	6.4742	22.56	7.2637	22.86
100	5.347	20.9	6.3611	21.36	7.7948	21.49
300	5.3013	20.21	6.2407	20.5	7.0828	21.77
500	5.1257	19.05	6.2448	21.13	7.3733	22.75
800	5.3252	19.83	6.3522	21.36	7.2699	21.64
1000	5.1872	19.36	6.4311	21.94	7.3411	22.18

由于多步预测模型的训练集均是 4 年的历史数据,故 1 步预测时训练集的样本容量为 139776 个/15min,2 步预测时训练集的样本容量为 69888 个/15min,3 步预测时训练集的样本容量为 46592 个/15min。故对比表 7-5 的各项指标可以发现,相同的 Bi-LSTM 模型开展 3 种预测时,当训练集样本容量较小时,适当减小批次容量可以提升模型的预测精度,证明了批次容量参数与训练集样本容量具有直接联系。同时,相同 Bi-LSTM 模型在不同批次容量下,预测准确率也存在差异,证明了批次容量对模型准确率的影响。

为保证风功率预测的准确率,高效稳定的预测模型是重要基础。合适的参数设置能够有效提高模型的收敛速度并发挥模型的最佳性能。学习率、LSTM 节点个数以及全连接层的规模等参数均是能够影响 Bi-LSTM 神经网络的重要因素。依靠人工设置超参数的方法不够精确且效率低下,不符合风功率预测的时效性要求,当前研究主要应用超参数优化方法来对神经网络的参数进行优化。

当前常用的超参数优化方法包括网络搜索法、随机搜索法和贝叶斯优化(Bayesian optimization,BO)方法。网络搜索法通过对参数空间内的可行组合进行穷举,并依次代入模型来选择最优参数组合,搜索方式原始耗时较长,并不适合 Bi-LSTM 模型的参数寻优。随机搜索法则是对参数空间进行随机搜索,虽然能够显著缩短搜索时间,但无法全面搜索整个区域,无法根据先验知识来完成参数的选择,不适合 Bi-LSTM 模型进行参数寻优。针对风功率预测需要导入大量高维度样本导致优化的成本高和计算资源数量大的特性,本节采用贝叶斯优化方法来对 Bi-LSTM 模型进行参数寻优。

贝叶斯优化方法是根据 1978 年提出的贝叶斯定理完成的全局性和非线性的优化方法。贝叶斯优化优化方法属于近似逼近方法,首先根据参数组合的高斯先验概率得到后验期望值,然后根据损失函数找到最优参数组合的位置,之后继续根据新的位置计算下一个参数组合的后验期望值,重复该过程直到达到最大迭代次数或收敛为止。贝叶斯优化方法具有快速收敛且迭代次数少的优点,适合求解多峰值、非线性高波动性函数优化问题,能够快速找出合适的 Bi-LSTM 模型参数,从而提高模型的收敛速度并发挥模型的最佳性能。

为保证 Bi-LSTM 模型能够快速收敛并发挥最佳预测性能,新方法采用贝叶斯优化方法对图 7-11 所示结构的 Bi-LSTM 模型中的 LSTM 节点个数、学习率、dense_2 的节点个数和 dense_3 的节点个数进行了超参数寻优,优化结果如表 7-6 所示。

表 7-6 Bi-LSTM 参数优化结果

寻优结果	LSTM 节点个数	学习率	dense_2 节点个数	dense_3 节点个数
1 步	10	0.00167	20	3
2 步	39	0.0058	40	5
3 步	50	0.016	35	10

同时,由于批次容量仅与训练集的样本容量有关,故根据表 7-5 的实验结果,在 1 步预测模型中选取 500 作为单次优化的样本容量;在 2 步预测模型中选取 300 作为单次优化的样本容量;在 3 步预测模型中选取 100 作为单次优化的样本容量。

7.2.3　基于优化双向 LSTM 的超短期风功率预测

为验证优化双向 LSTM 模型的预测效果,选取 2005～2008 年的预处理风功率样本作为训练集,选取 2009 年 2 月 9 日～11 日的风功率样本作为测试集,分别采用 ELM、ORELM 和双向 LSTM 方法开展多步预测。

为直观展示预测结果,图 7-14 针对性地给出了预测模型在 3 天部分时段的 1 步预测曲线,从图 7-14(a)中可以发现,在风功率低于 5MW 时,3 种模型均能准确拟合真实风功率曲线变化趋势;但从图 7-14(b)和(c)中能够看出,当风功率接近峰值并稳定出力时,仅 Bi-LSTM 模型的预测曲线能够保持平稳的变化趋势,而其他两个模型的预测曲线则发生了明显的上下波动,证明了 Bi-LSTM 方法作为风功率预测模型能够通过对历史风功率系列的记忆提高训练准确性,并有效降低局部最优现象的发生概率。

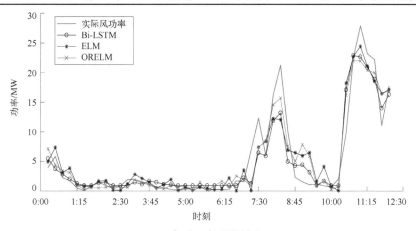

(a) 2009年2月9日部分预测曲线

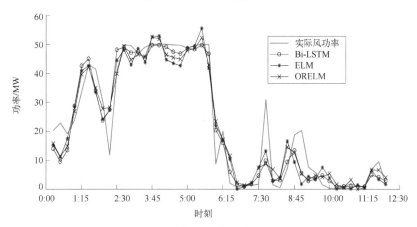

(b) 2009年2月10日部分预测曲线

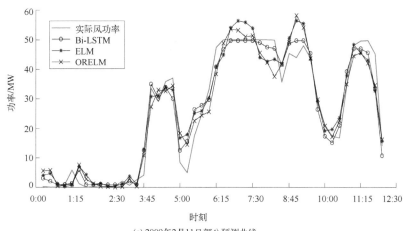

(c) 2009年2月11日部分预测曲线

图 7-14　测试集部分预测曲线

为进一步说明新方法的有效性，表 7-7 给出了 3 种预测模型的误差指标。从表中可知，Bi-LSTM 方法在 3 种步长的预测过程中均能够得到优于 ELM 和 ORELM 的预测结果。其中，在 15min 预测中，Bi-LSTM 方法比 ELM 方法的 RMSE 提升了 12.3%，SMAPE 提升了 9.4%；比 ORELM 方法的 RMSE 提升了 7.8%，SMAPE 提升了 3.8%。在 2 步和 3 步预测过程中，Bi-LSTM 预测精度同样有所提升，证明了 Bi-LSTM 作为超短期风功率预测模型能够得到较高的预测精度。

表 7-7　各预测模型的误差指标

模型	15min		30min		45min	
	RMSE /MW	SMAPE /%	RMSE /MW	SMAPE /%	RMSE /MW	SMAPE /%
ELM	5.0149	17.44	6.9065	23.83	8.564	23.96
ORELM	4.7712	16.43	6.1755	20.50	8.0293	20.76
Bi-LSTM	4.3975	15.80	6.1049	18.74	7.4362	19.14

7.3　计及气象因素的双向 LSTM 最优风功率预测模型构建

超短期风功率预测通常不使用 NWP 数据，其模型的输入特征为历史风功率和测风塔得到的风速和温度等气象特征。如何选择气象特征构建风电场气象特征和提高预测精度是当前的研究重点。完善的气象特征集合能够提高风功率预测精度，但气象特征间的冗余信息会降低模型的效率和精度。同时，对不同待预测时段的风功率使用相同数据集合进行训练会使预测模型缺乏针对性，导致准确率下降。

针对上述问题，在风功率数据预处理基础上，本节采用双向 LSTM 模型，根据风能捕捉公式构建的特征集合开展低冗余特征选择。首先，针对不同待预测日分时段构建数据集，并通过统计试验选择合适的数据集样本容量；然后，分别采用皮尔逊相关系数、互信息和条件互信息方法分析不同场景下历史特征与待预测风功率间的相关性，并得到按照相关性从高到低排列的特征子集；之后，根据特征相关性分析结果开展前向特征选择；最后，采用双向 LSTM 根据最优特征子集构建最优风功率预测模型并开展预测，以验证新方法的有效性。

7.3.1　多场景特征相关性分析方法

风功率与当地气象因素联系紧密，在风功率预测过程中引入气象特征能够提高预测精度。但引入过多气象特征会降低超短期风功率预测模型的精度和效率，因此必须对气象特征和历史风功率特征进行合理筛选。不同特征与风功率间的相关程度是筛选特征的重要依据，常用的相关性分析方法如下。

1）自相关系数

为保证训练集所包含的特征的完整性，需要分析风功率在不同时刻的相关性。

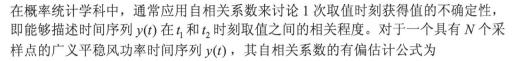

在概率统计学科中，通常应用自相关系数来讨论 1 次取值时刻获得值的不确定性，即能够描述时间序列 $y(t)$ 在 t_1 和 t_2 时刻取值之间的相关程度。对于一个具有 N 个采样点的广义平稳风功率时间序列 $y(t)$，其自相关系数的有偏估计公式为

$$r(k) = \frac{1}{N} \sum_{k=0}^{N-|k|-1} P(t)P(t-k) \tag{7-22}$$

式中，$P(t-k)$ 为距离待预测时刻 t 时间间隔为 k 的历史功率；$r(k)$ 为时间序列 $y(t)$ 的自相关系数。

自相关系数没有实际物理意义，无标准度量单位，也不是百分比。一般精确到小数点后两位，其值的正负号仅表示了相关方向，对于其值的大小所代表的意义目前在统计学界尚无明确规定，通常认为自相关系数的绝对值在[0.00,0.30]表示变量间微相关，在(0.30,0.50]表示变量间实相关，在(0.50,0.80]表示变量间显著相关，在(0.80,1.00]表示变量间高度相关。

2）皮尔逊相关系数

皮尔逊相关系数（PCC）是一种依赖性度量函数，能够计算输入特征 X 与预测对象 Y 间的线性相关程度，其计算方式如下：

$$r_{xy} = \frac{\sum(x_i - \overline{x})\sum(y_i - \overline{y})}{\sqrt{\sum(x_i - \overline{x})^2}\sqrt{\sum(y_i - \overline{y})^2}} \tag{7-23}$$

式中，$\overline{x}$ 为变量 x 的平均值；$\overline{y}$ 为变量 y 的平均值。PCC 值越大，则相关性越高。PCC 的取值一般在[-1,1]，PCC 取值大于 0，表示变量正相关；PCC 取值小于 0，表示变量负相关，为建立统一的比较方式，这里所展示的 PCC 数值均为归一化到[0,1]的正值。

3）互信息

互信息（MI）是一种信息论中的度量方法，能够度量特征中与预测目标关联的信息的含量。MI 使用概率密度函数来定义变量 X 和 Y 之间的相关性，其公式如下：

$$I(X,Y) = \sum_{X,Y} P(x,y) \lg \frac{P(x,y)}{P(x)P(y)} \tag{7-24}$$

式中，$P(x)$ 为样本 x 的边界密度函数；$P(x,y)$ 为样本 x 和样本 y 的联合概率密度函数。特征的 MI 值越大，则其与预测目标间的相关性越高。

4）条件互信息

条件互信息（CMI）在保证已选特征与待选特征之间冗余度最低的条件下，计算待选特征与预测目标之间的相关性。在给定离散随机变量 Z 的条件下，X 和 Y 间的 CMI 可表示为 $I(X;Y|Z)$。在风功率预测中，设原始特征集合为 V，给定的条件通常为已选定的特征集合 V_j，目标变量 C 与待选特征 V_i 之间 CMI 为

$$I(C;V_i \mid V_j) = I(C;V_i) - I(C;V_i;V_j) \tag{7-25}$$

式中，$I(C;V_i)$ 表示特征 V_i 与目标变量 C 之间的互信息（特征间的关联度）；$I(C;V_i;V_j)$ 则表示在目标变量相同时，特征 V_i 和特征 V_j 之间的信息重叠（特征间的冗余度）。

由式（7-25）可知，在特征与目标变量间的 MI 的基础上，CMI 将特征之间的冗余度作为特征评价的另一指标，既综合评价了特征对预测模型准确率的贡献程度，也保证了对应特征排列方式的低冗余度。故 CMI 能够减少特征间的冗余信息对特征选择结果的影响。

7.3.2 计及气象因素的最优风功率预测模型构建方法

完善的气象特征集能够提高风功率预测精度，但气象特征间的冗余信息会降低模型预测精度。同时，采用相同的数据集对全年风功率数据进行建模会导致准确率下降。为找出全面的气象特征、确定合理的数据集合并选择最有效的特征集合以构建最优预测模型，本节提出了计及气象因素的最优风功率预测模型构建方法。

1）基于风机能量捕捉公式的气象特征种类选取

风电是由风带动风电机组旋转而产生的电能，风速是直接影响风功率的因素之一，单台风电机组的风能捕捉公式如下：

$$P_{\mathrm{m}} = \frac{1}{2} C_{\mathrm{p}} A D V^3 \tag{7-26}$$

式中，P_{m} 为风电机组的转轮输出功率；C_{p} 为风电机组的功率系数；A 为风电机组的轮扫掠面积；D 为当前空气密度；V 为当前风速。

从式（7-26）中可知，风速是影响风功率的最主要因素，风作为一种大气压力不均衡所引起的空气流动，容易受到温度、湿度以及地表粗糙度等环境因素影响，风切变可反映风塔周围的地表粗糙度和不同高度处的风速变化率。因此，从风速与风电机组出力的关系角度出发，选取风速、温度、风切变和相对湿度作为待选特征。从式（7-26）中可推断出风轮扇面上不同高度的风向变化会对风电机组的出力造成影响，故选取风向作为待选特征。

在式（7-26）中，空气密度关系到风电机组所捕捉风能的多少，在高海拔地区风电场中，空气密度的影响尤为显著。空气密度同时还是温度、气压和湿度的函数：

$$D = \frac{1.276}{1 + 0.00366T} \cdot \frac{(P - 0.378 p_{\mathrm{w}})}{1000} \tag{7-27}$$

式中，P 为风电场的气压；T 为温度；p_{w} 为水气压，水气压的公式为

$$p_{\mathrm{w}} = \frac{S \cdot T}{217} \tag{7-28}$$

其中，S 为绝对湿度。从式（7-27）和式（7-28）可知，温度、气压和绝对湿度的变化会直接引起空气密度变化，而空气密度的变化则会影响捕捉风能的大小。因此，

从空气密度的角度出发，选择绝对湿度、空气密度和气压作为待选特征。

由于季节的周期变化，同一地点的风功率可能具备一定的年周期甚至季节周期特性，每日的实时辐照和当天的累计辐照能够从侧面反映这一天的晴朗情况。同理，已被选出的相对湿度和绝对湿度两种特征同样能够反映测量日期的降水量情况。基于此，选用辐照和累计辐照作为待选特征。

最终，选出的气象特征包括风速、温度、相对湿度、辐照、累计辐照、风向、绝对湿度、气压、风切变和空气密度。图 7-15 给出了风功率随不同待选特征变化的分布图像，从图中可以看到，不同特征间的确存在数量级的差别，进一步证明了对样本集合进行归一化的重要性。同时，从每种特征的分布图中可以明显地发现离群数据点的存在，这些离群数据风功率违反了特征的分布规律和客观物理规律，主要来源于采集设备的误差、人为操作不当以及设备维修重启等，会严重降低风功率预测模型的准确率。因此在构建风电场气象特征集合并开展预测前，应先对数据样本采用平均差值法和邻近数据去除异常数据，从而有效保证预测模型的准确率。具体替换和填补数据的方法如下：

$$x_i = x_{i-1}, \quad i = 2,3,\cdots,N \tag{7-29}$$

$$x_j = \frac{x_{j-1} + x_{j+1}}{2}, \quad j = 2,3,\cdots,N \tag{7-30}$$

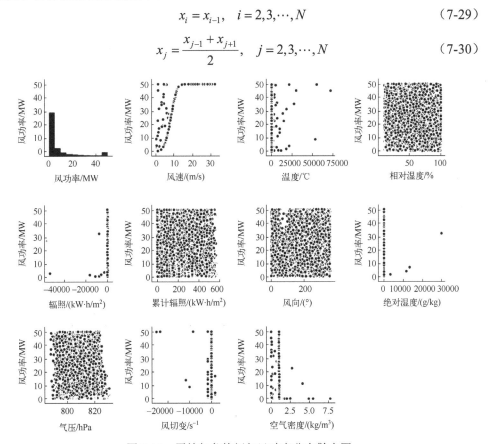

图 7-15　原始气象特征与风功率分布散点图

对于需要替换和填补的数据而言，若其后一时刻的数据存在缺失或者为异常数据，则采用式（7-29）进行数据的替换和填补。若其后一时刻的数据没有缺失且不是异常数据，则采用式（7-30）进行数据的替换和填补。

2）强相关历史特征选取

风功率时间序列具有一定的周期性和自相关性，即待预测风功率 y_t 和历史风功率 $y_{t-k}(k=1,2,\cdots,N)$ 间具有一定的关联性，故采用多维历史风功率特征作为风功率预测模型的输入能够有效提高预测准确率。然而，根据风功率时间序列的变化特性，不同历史时刻的风功率与待预测风功率间的相关性也有所区别。

与待预测风功率强相关的历史特征能够为预测模型提供更加有效的信息，该信息的有效性会随着延时的不断增加而降低，高维历史特征的输入不仅会增加特征间信息的冗余，还会提供失去时效性的信息。故采用自相关系数方法分析风功率特征，通过自相关系数取值范围选择与待预测风功率显著相关的历史特征维数，降低候选特征集合的冗余性。

为确定合适维度的历史风功率作为预测模型的输入特征，本书分析了 2004～2013 年的风功率时间序列的自相关性，其归一化结果如图 7-16 所示。从图中可明显看出，风功率具有一定的周期性，y_{t-k} 相对于 y_t 的相关性随着 k 值的不断增大而呈下降趋势，放大图中进一步显示了所有与 y_t 显著相关的时刻。为保证该筛选方式的完整性，又分别分析了 2004～2013 年的风功率时间序列的自相关性，其自相关系数大于 0.5（显著相关）的点的个数如表 7-8 所示，从表中可知，风功率的自相关系数在 10 年内并无明显差异，因此选择与下一时刻显著相关的 13 个历史时刻作为输入特征能够相对全面地反映风功率的变化趋势。

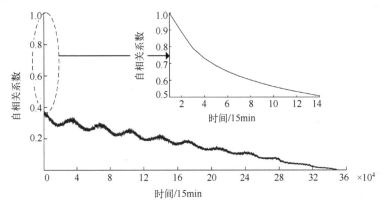

图 7-16　风功率自相关系数

表 7-8　2004～2013 年与待预测风功率显著相关的时间点个数

年份	2004	2005	2006	2007	2008	2009	2010	2011	2012	2013
时间点个数	13	12	17	12	16	14	10	14	12	11

在最终构建原始特征集时，为保证特征集的信息完整性，采用待预测时间点 t 前 13 个历史时间点（采样间隔 15min）的风功率 y_t，以及与风功率特征相匹配的前 13 个历史时刻的风速 x_t、温度 T_t、相对湿度 R_t、绝对湿度 S_t、气压 P_t、风切变 C_t、辐照 G_t、累计辐照 A_t、风向 E_t 以及空气密度 D_t 共 11 类特征作为基础特征。同时，统计每类基础特征的极值（max、min）、平均值（mean）、标准差（standard deviation，std）和方差（variance，var）作为补充特征，共计 198 维。最终得到的原始特征集合及其编号如表 7-9 所示。

表 7-9　原始特征集合及其编号

特征类型	历史特征		统计特征	
	具体信息	编号	具体信息	编号
风功率 (y_t)	$y_{t-1}, y_{t-2}, \cdots, y_{t-13}$	1～13	$\max(y_{t-1},\cdots,y_{t-13})$、 $\min(y_{t-1},\cdots,y_{t-13})$、 $\mathrm{mean}(y_{t-1},\cdots,y_{t-13})$、 $\mathrm{std}(y_{t-1},\cdots,y_{t-13})$、 $\mathrm{var}(y_{t-1},\cdots,y_{t-13})$	14～18
风速(x_t)	$x_{t-1}, x_{t-2}, \cdots, x_{t-13}$	19～31	$\max(x_{t-1},\cdots,x_{t-13})$、 $\min(x_{t-1},\cdots,x_{t-13})$、 $\mathrm{mean}(x_{t-1},\cdots,x_{t-13})$、 $\mathrm{std}(x_{t-1},\cdots,x_{t-13})$、 $\mathrm{var}(x_{t-1},\cdots,x_{t-13})$	32～36
温度(T_t)	$T_{t-1}, T_{t-2}, \cdots, T_{t-13}$	37～49	$\max(T_{t-1},\cdots,T_{t-13})$、 $\min(T_{t-1},\cdots,T_{t-13})$、 $\mathrm{mean}(T_{t-1},\cdots,T_{t-13})$、 $\mathrm{std}(T_{t-1},\cdots,T_{t-13})$、 $\mathrm{var}(T_{t-1},\cdots,T_{t-13})$	50～54
相对湿度 (R_t)	$R_{t-1}, R_{t-2}, \cdots, R_{t-13}$	55～67	$\max(R_{t-1},\cdots,R_{t-13})$、 $\min(R_{t-1},\cdots,R_{t-13})$、 $\mathrm{mean}(R_{t-1},\cdots,R_{t-13})$、 $\mathrm{std}(R_{t-1},\cdots,R_{t-13})$、 $\mathrm{var}(R_{t-1},\cdots,R_{t-13})$	68～72
绝对湿度 (S_t)	$S_{t-1}, S_{t-2}, \cdots, S_{t-13}$	73～85	$\max(S_{t-1},\cdots,S_{t-13})$、 $\min(S_{t-1},\cdots,S_{t-13})$、 $\mathrm{mean}(S_{t-1},\cdots,S_{t-13})$、 $\mathrm{std}(S_{t-1},\cdots,S_{t-13})$、 $\mathrm{var}(S_{t-1},\cdots,S_{t-13})$	86～90
气压(P_t)	$P_{t-1}, P_{t-2}, \cdots, P_{t-13}$	91～103	$\max(P_{t-1},\cdots,P_{t-13})$、 $\min(P_{t-1},\cdots,P_{t-13})$、 $\mathrm{mean}(P_{t-1},\cdots,P_{t-13})$、 $\mathrm{std}(P_{t-1},\cdots,P_{t-13})$、 $\mathrm{var}(P_{t-1},\cdots,P_{t-13})$	104～108
风切变 (C_t)	$C_{t-1}, C_{t-2}, \cdots, C_{t-13}$	109～121	$\max(C_{t-1},\cdots,C_{t-13})$、 $\min(C_{t-1},\cdots,C_{t-13})$、 $\mathrm{mean}(C_{t-1},\cdots,C_{t-13})$、 $\mathrm{std}(C_{t-1},\cdots,C_{t-13})$、 $\mathrm{var}(C_{t-1},\cdots,C_{t-13})$	122～126
辐照(G_t)	$G_{t-1}, G_{t-2}, \cdots, G_{t-13}$	127～139	$\max(G_{t-1},\cdots,G_{t-13})$、 $\min(G_{t-1},\cdots,G_{t-13})$、 $\mathrm{mean}(G_{t-1},\cdots,G_{t-13})$、 $\mathrm{std}(G_{t-1},\cdots,G_{t-13})$、 $\mathrm{var}(G_{t-1},\cdots,G_{t-13})$	140～144
累计辐照 (A_t)	$A_{t-1}, A_{t-2}, \cdots, A_{t-13}$	145～157	$\max(A_{t-1},\cdots,A_{t-13})$、 $\min(A_{t-1},\cdots,A_{t-13})$、 $\mathrm{mean}(A_{t-1},\cdots,A_{t-13})$、 $\mathrm{std}(A_{t-1},\cdots,A_{t-13})$、 $\mathrm{var}(A_{t-1},\cdots,A_{t-13})$	158～162
风向(E_t)	$E_{t-1}, E_{t-2}, \cdots, E_{t-13}$	163～175	$\max(E_{t-1},\cdots,E_{t-13})$、 $\min(E_{t-1},\cdots,E_{t-13})$、 $\mathrm{mean}(E_{t-1},\cdots,E_{t-13})$、 $\mathrm{std}(E_{t-1},\cdots,E_{t-13})$、 $\mathrm{var}(E_{t-1},\cdots,E_{t-13})$	176～180
空气密度 (D_t)	$D_{t-1}, D_{t-2}, \cdots, D_{t-13}$	181～193	$\max(D_{t-1},\cdots,D_{t-13})$、 $\min(D_{t-1},\cdots,D_{t-13})$、 $\mathrm{mean}(D_{t-1},\cdots,D_{t-13})$、 $\mathrm{std}(D_{t-1},\cdots,D_{t-13})$、 $\mathrm{var}(D_{t-1},\cdots,D_{t-13})$	194～198

3）分时段数据集合构造

风功率在一年中不同时段内与各种气象因素间的相关性和冗余性有所差异，采用统一数据集合开展预测难以提高模型的泛化性能。为使前向特征选择的结果能够满足不同时段风功率预测模型的需要，本节提出了基于逐日低冗余度风功率特征选择方法。以待预测时段的风功率为预测对象，从 2005～2008 年的历史数据中选取与待预测对象相同日期的前 k 天和后 $k-1$ 天的数据样本作为训练集分析特征间的相关性；并选取待预测对象前 2～8 天的数据作为验证集，用于确定最优特征子集，并利用待预测日前 1 天时间进行模型构建。

以预测 2009 年 4 月 6 日的风功率为例，针对这一天的数据集构成如下。首先，分别从 2005～2008 年中选取 4 月 6 日前 k 天和后 k–1 天（共 $8 \cdot k$ 天）的样本作为训练集，分析特征相关性；然后，以 2009 年 3 月 29 日～4 月 4 日的样本作为验证集开展前向特征选择，根据得到的最优特征子集，构建针对 2009 年 4 月 6 日的超短期风功率预测模型。数据集构建流程图如图 7-17 所示。为保证新方法满足所有时段风功率的预测需要，从 2009 年每个季度中各选出 7 天（共 28 天）的样本作为测试集，并针对测试集中的每天分别构建基于前向特征选择的风功率预测模型，以测试模型的泛化性能。

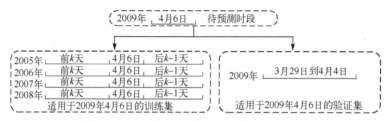

图 7-17　2009 年 4 月 6 日数据集构建流程图

在训练集构建过程中，参数 k 直接影响模型的预测精度和运算效率。为确定合适的 k 值，分别对 2009 年内 364 天（共 52 周）的风功率样本构建预测模型，从历史 4 年中选取与待预测对象相同日期的前 k 天和后 k–1 天样本作为模型的训练集。预测模型采用 Bi-LSTM 作为预测方法，采用经 CEEMD-VMD 预处理得到的风功率数据及相关特征集合训练模型。图 7-18 展示了 2009 年全年以不同 k 值构建数据集开展预测的周平均误差曲线。

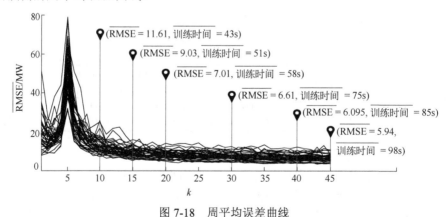

图 7-18　周平均误差曲线
训练时间表示周平均训练时间

由图 7-18 可知，模型训练时间随着训练样本的增加而增加，k 值在 10～20 时，模型的训练准确率显著降低，$\overline{\text{RMSE}}$ 降低了 39.62%，周平均训练时间仅提高了 15s；k 值在 20～30 时，模型的训练准确率提升趋势渐缓，$\overline{\text{RMSE}}$ 降低了 5.71%，模型的周平均训练时间却提高了 17s；k 值超过 40 后，模型的训练准确率趋于稳定甚至出现了小幅波动，k=45 时模型的 $\overline{\text{RMSE}}$ 仅比 k=40 时降低了 2.5%，而周平均训练时间提高了 13s。鉴于超短期风功率预测模型具有时效性，为保证特征选择过程的效率，以及所建立模型的预测精度，选择 k=40 构建数据集开展基于前向特征选择的超短期风功率预测，能够在保证模型训练效率的前提下稳定提高预测精度。

4）计及气象特征的多场景相关性分析

为分析采用历史邻近数据逐日开展特征选择的必要性与 CMI 特征冗余度分析优势，分别根据不同待预测时段历史邻近数据（adjacent data，AD）与历史 4 年全年数据（year data，YD），分析 2009 年 3 月 16 日、6 月 29 日、8 月 31 日和 11 月 23 日 4 个场景下的特征重要度。图 7-19 给出 PCC、MI 和 CMI 归一化后的特征重要度分析结果。

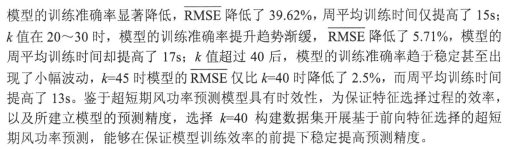

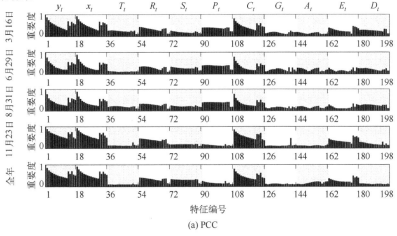

(a) PCC

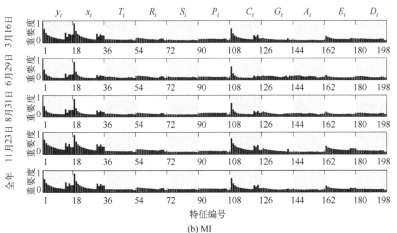

(b) MI

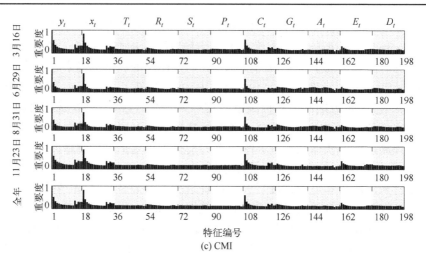

图 7-19 特征重要度分析结果

由图 7-19 可知，采用 AD 数据集分析，不同待预测时段中相同种类特征的重要度差别很大，如 PCC 中，特征 C_t 和 E_t 在 11 月 23 日中的重要度要远高于其他待预测日，证明了分时段分析特征相关性的必要性。同一重要度分析方法在不同待预测日中对相同特征的重要度排序也不同，且不同待预测日的特征排序差异明显，证明了使用 YD 数据集统一分析特征相关性无法完全体现气象特征与风功率之间在特定待预测日的相关性。

5）计及气象特征的最优风功率预测模型前向特征选择

气象特征的引入能够提高风功率预测的准确性，但不同气象特征间可能存在信息冲突，相同气象特征间也会存在信息冗余，均会对模型的预测结果造成影响。故采用相关性分析方法分析气象特征与预测风功率间的关系，并以此为依据开展前向特征选择，从而得到预测效果最佳的气象特征组合以构建最优预测模型，提高预测模型的准确性。

按照评价方式的不同，特征选择方法可以分为过滤器特征选择方法和封装器特征选择方法，两种方法的区别在于前者通过全部训练数据的统计相关性来评估特征的重要度，具有速度快、计算量小等特点，适合处理大样本数据；后者则依靠预测模型的训练准确率直接评价特征子集的预测能力，虽然可以在一定程度上减小偏差，但计算量远大于前者，不适合处理大样本数据。

特征选择方法的目标是寻找不影响预测精度的最小特征子集。风功率预测的训练数据集合较大，为突出风功率与相关气象特征间的相关程度，采用前向特征选择方式搜索最优特征子集。该方法首先通过分析特征与风功率时间序列间的相关性，获取不同特征的重要度排序，根据重要度将特征降序排列；然后将训练集合按照该顺序排列成 198 个数据子集，其中 198 为原始特征集合的总维数；接下来采用预测模型分别根据这些数据子集进行训练，在使用相同误差指标的情况下选出误差最小的一组作为最优特征子集；最后将最优特征子集作为预测模型的输入特征集合，构建最优预测模型并开展风功率预测。

新方法开展了以 RMSE 最小为指标的前向特征选择，其流程如图 7-20 所示。由图可知，新方法首先根据 PCC、MI 和 CMI 得到的特征重要度排序逐一建立特征集合，然后采用 Bi-LSTM、ORELM 和 ELM 分别对特征子集进行验证，从而筛选出最优风功率预测模型的特征子集。

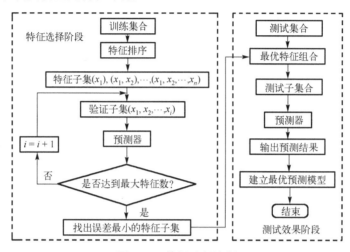

图 7-20　特征选择流程

7.3.3　基于低冗余特征选择的风功率预测案例分析

为验证新方法的有效性，采用 NWTC 风功率数据开展案例分析。首先，采用不同预测模型结合 AD 数据集和 YD 数据集分别开展特征选择，以比较采用不同数据集分析相关性的差异；然后，根据每种方法得到的最优特征在验证集中的表现，对比不同相关性分析方法的差异；最后，采用预测模型根据最优特征子集开展超短期风功率预测，找出最优预测模型并证明新方法的有效性和先进性。

为比较采用 AD 数据集与 YD 数据集分析特征相关性对预测模型的影响，分别采用以不同数据集得到的特征重要度序列构成特征子集训练预测方法，并将每个待预测时段前 7 天作为验证集。在训练集不同、验证集相同的条件下针对不同待预测时段，根据特征相关性分析得到的特征重要度分别结合 Bi-LSTM、ORELM 和 ELM开展前向特征选择。

图 7-21 分别给出了 2009 年 3 月 16 日、6 月 29 日、8 月 31 日和 11 月 23 日 4个待预测时段中，不同特征选择过程中，验证集的误差曲线。图 7-21 中，由 RMSE最低点确定最优特征子集。对比图 7-21 中的 AD 曲线和 YD 曲线可知，采用 AD 数据集开展特征选择的误差曲线快速收敛并达到最小 RMSE；而采用 YD 数据集开展特征选择的误差曲线则难以找到最优特征子集且最小 RMSE 更大。

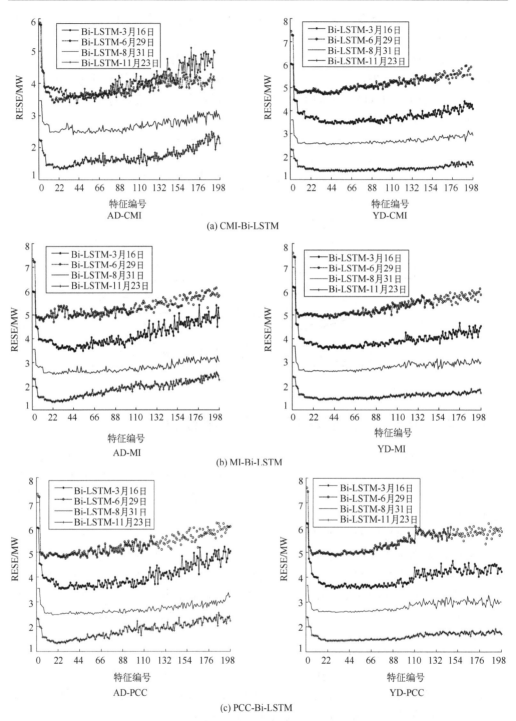

图 7-21　最优特征选择曲线

表 7-10 和表 7-11 为采用不同最优特征子集训练的预测模型在验证集中的预测效果。可知，在 4 个待预测时段中，AD-Bi-LSTM 的最优 RMSE 比 YD-Bi-LSTM 平均降低 3.3%；AD-ORELM 的最优 RMSE 比 YD-ORELM 平均降低 2.3%，证明即使在训练样本容量存在差距的情况下，采用 AD 数据集分析特征相关性依旧能够保证特征选择的执行效果。同时，不同预测时段中，AD-CMI-Bi-LSTM 均具有最高验证集预测精度。可初步证明 CMI 可降低最优特征子集特征间的冗余性，有助于提高模型预测精度。

表 7-10　AD 数据集最优特征子集及其验证集预测精度

时段	方法	AD-Bi-LSTM		AD-ORELM		AD-ELM	
		RMSE/MW	维数	RMSE/MW	维数	RMSE/MW	维数
3 月 16 日	PCC	3.496	59	3.621	30	3.652	28
	MI	3.474	45	3.517	45	3.532	27
	CMI	3.325	43	3.498	39	3.524	18
6 月 29 日	PCC	4.741	30	4.791	28	4.762	51
	MI	4.699	23	4.73	32	4.814	8
	CMI	4.694	64	4.719	9	4.753	6
8 月 31 日	PCC	2.471	16	2.479	16	2.507	16
	MI	2.497	25	2.533	22	2.564	12
	CMI	2.393	38	2.483	39	2.503	38
11 月 23 日	PCC	1.333	21	1.407	25	1.398	22
	MI	1.342	24	1.399	25	1.431	18
	CMI	1.329	23	1.346	27	1.355	16

表 7-11　YD 数据集最优特征子集及其验证集预测精度

时段	方法	YD-Bi-LSTM		YD-ORELM		YD-ELM	
		RMSE/MW	维数	RMSE/MW	维数	RMSE/MW	维数
3 月 16 日	PCC	3.652	28	3.661	67	3.654	17
	MI	3.532	27	3.570	39	3.676	21
	CMI	3.524	18	3.547	52	3.557	25
6 月 29 日	PCC	4.762	51	4.797	21	4.897	25
	MI	4.814	8	4.886	18	4.949	9
	CMI	4.753	6	4.762	55	4.754	28
8 月 31 日	PCC	2.507	16	2.563	28	2.588	30
	MI	2.564	12	2.560	38	2.597	64
	CMI	2.503	38	2.509	19	2.512	41

续表

时段	方法	YD-Bi-LSTM		YD-ORELM		YD-ELM	
		RMSE/MW	维数	RMSE/MW	维数	RMSE/MW	维数
11月23日	PCC	1.398	22	1.429	14	1.447	36
	MI	1.431	18	1.458	39	1.474	28
	CMI	1.355	16	1.430	36	1.362	33

为比较各特征子集中的特征冗余度，表 7-12 给出了 AD-Bi-LSTM 集合不同分析方法得到的最优特征子集所包含的特征种类。结合表 7-9 和表 7-12 可知，在适当减少同类特征后，CMI 方法可降低最优特征子集中同种类特征的数量以降低特征冗余度，从而提高预测精度；同时，CMI 加入相关性高的新种类特征可加强最优特征子集的信息完整度。

表 7-12　AD-Bi-LSTM 方法最优特征子集所包含特征种类　　　（单位：个）

时段	方法	特征种类										
		y_t	x_t	T_t	R_t	S_t	P_t	C_t	G_t	A_t	E_t	D_t
3月16日	PCC	15	14	0	4	0	10	13	0	0	3	0
	MI	14	13	0	4	0	0	9	1	0	4	0
	CMI	12	10	0	3	0	0	9	3	0	6	0
6月29日	PCC	10	10	0	0	0	3	7	0	0	0	0
	MI	8	5	0	3	0	0	3	1	2	1	0
	CMI	9	8	4	6	0	0	5	12	13	2	5
8月31日	PCC	8	5	0	0	0	0	3	0	0	0	0
	MI	8	9	0	0	0	0	5	2	0	1	0
	CMI	9	8	0	1	0	0	5	4	9	2	0
11月23日	PCC	9	7	0	0	0	0	5	0	0	0	0
	MI	9	9	0	0	0	0	5	0	0	1	0
	CMI	10	7	0	0	0	0	5	0	0	1	0

进一步分析表 7-12 可知，在 4 个待预测时段中，CMI 方法均能够有效控制集合中的冗余特征。在前 3 个待预测时段中，CMI 在保证特征子集低冗余度的前提下，使得 CMI 得到的最优特征子集比 MI 和 PCC 的集合信息更加完善，得到了更小的 RMSE；在 11 月 23 日中，CMI 保证了最优特征子集中的信息完整度，从而取得了低于 MI 和 PCC 的 RMSE 指标。初步证明了采用 CMI 开展低冗余前向特征选择能够在提高预测精度的同时降低最优特征子集中的特征冗余度。

为验证采用低冗余度特征选择构建最优预测模型的有效性，表 7-13 和表 7-14 给出了多种特征选择方法与不同预测方法结合在各待预测时段中的预测结果。可知，相比 PCC 和 MI，采用 CMI 开展特征选择可有效降低 SMAPE 和 RMSE，证明了采用低冗余度特征子集能够有效提高模型的预测精度；而相较采用 YD 数据集构建预测模型，采用 AD 数据集构建的预测模型能够得到更好的预测结果，再次证明了采用待预测时段邻近样本作为验证集开展特征选择可以有效提升特征选择的执行效果。

表 7-13　采用 AD 数据集时不同预测时段的误差指标

时段	方法	AD-Bi-LSTM			AD-ORELM			AD-ELM		
		RMSE /MW	SMAPE /%	特征维数	RMSE /MW	SMAPE /%	特征维数	RMSE /MW	SMAPE /%	特征维数
3 月 16 日	PCC	4.3811	17.56	59	4.519	18.88	30	5.6044	25.97	28
	MI	4.5131	17.92	45	4.6821	23.78	45	5.4472	25.04	27
	CMI	4.1354	17.33	43	4.2796	18.35	39	5.3805	24.5	18
6 月 29 日	PCC	2.5132	14.32	30	2.839	15.25	28	2.9443	15.97	51
	MI	2.5163	14.55	23	3.0244	16.97	32	2.925	17.38	8
	CMI	2.4743	13.95	64	2.6665	15.03	9	2.6611	15.8	6
8 月 31 日	PCC	1.6165	13.21	16	1.6938	13.73	16	1.8019	14.34	16
	MI	1.5183	12.87	25	1.6776	13.32	22	1.7662	14.61	12
	CMI	1.4765	12.47	38	1.6315	13.06	39	1.6761	13.21	38
11 月 23 日	PCC	4.3518	10.86	21	4.6606	11.32	25	4.7579	11.42	22
	MI	4.3982	10.64	24	4.7622	11.1	25	4.9043	12.58	18
	CMI	4.3387	10.45	23	4.6488	10.76	27	4.6915	11.48	16

表 7-14　采用 YD 数据集时不同预测时段的误差指标

时段	方法	YD-Bi-LSTM			YD-ORELM			YD-ELM		
		RMSE /MW	SMAPE /%	特征维数	RMSE /MW	SMAPE /%	特征维数	RMSE /MW	SMAPE /%	特征维数
3 月 16 日	PCC	4.4151	18.95	54	4.5701	26.4	67	5.9086	26.27	17
	MI	4.6912	19.29	38	4.7976	27.78	39	5.9218	27.43	21
	CMI	4.2561	18.63	68	4.3514	22.47	52	5.8515	24.74	25
6 月 29 日	PCC	2.6748	15.15	30	2.9192	16.12	21	2.8337	16.98	25
	MI	2.6168	15.95	39	2.9801	16.17	18	3.2099	17.4	9
	CMI	2.5156	14.74	43	2.7303	16.06	55	2.7455	16.75	28
8 月 31 日	PCC	1.7899	15.94	30	2.1565	16.66	28	2.2204	16.82	30
	MI	1.6248	14.13	66	2.1611	16.68	38	2.1628	16.84	64
	CMI	1.5984	13.73	39	1.6826	15.5	19	1.8694	16.45	41

时段	方法	YD-Bi-LSTM			YD-ORELM			YD-ELM		
		RMSE /MW	SMAPE /%	特征维数	RMSE /MW	SMAPE /%	特征维数	RMSE /MW	SMAPE /%	特征维数
11月23日	PCC	4.4813	11.22	22	4.7342	11.81	14	5.1264	12.45	36
	MI	4.4839	11.35	48	4.9247	11.48	39	5.0445	12.69	28
	CMI	4.3996	11.06	59	4.68	11.46	36	4.7951	11.72	33

图 7-22 给出了基于 AD-CMI-Bi-LSTM、AD-CMI-ORELM 和 AD-CMI-ELM 构建的最优预测模型在各预测时段的单步预测曲线。由图 7-22 可知，4 个预测时段中风功率变化范围极广（最小 1.2MW 到最大 49.8MW），且存在功率骤然攀升现象以及连续低出力的情况，且在 11 月 23 日的风功率曲线中，功率在低于 10MW 的范围内连续波动长达 6h，对预测模型的要求较高。由图 7-22 可知，虽然以上 4 天的预测难度较大，但对于不同预测时段，新方法均可准确拟合功率曲线的变化趋势，证明了新方法的有效性。

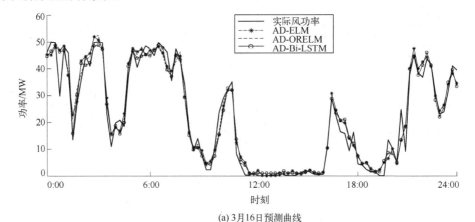

(a) 3月16日预测曲线

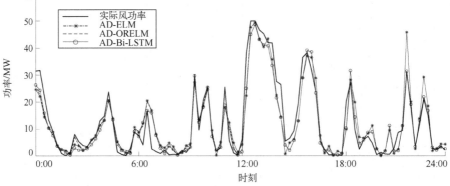

(b) 6月29日预测曲线

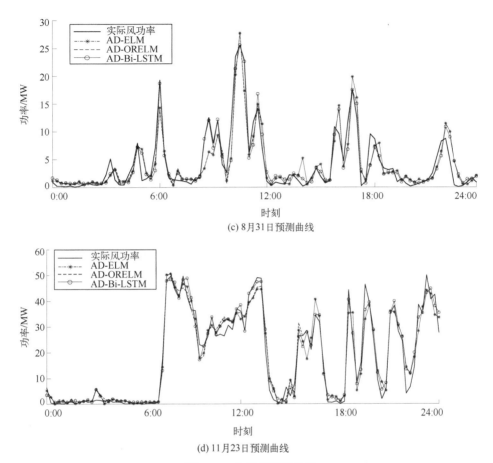

(c) 8 月 31 日预测曲线

(d) 11 月 23 日预测曲线

图 7-22 各季节预测曲线

为进一步验证新方法的有效性,选取 2009 年 3 月 16 日到 3 月 30 日、6 月 29 日到 7 月 5 日、8 月 31 日到 9 月 6 日以及 11 月 23 日到 11 月 29 日分别代表春夏秋冬 4 个季节构成测试集,开展基于低冗余特征选择的最优风功率预测模型建模并预测。

表 7-15 展示了采用不同预测模型根据最优特征子集开展预测的误差指标。由表可知,相比其他两种预测方法,基于 AD-Bi-LSTM 构建最优预测模型开展风功率预测有效降低了 SMAPE 和 RMSE,说明 AD-Bi-LSTM 方法能有效提高模型的预测精度。对比不同步长的预测结果,AD-Bi-LSTM 均能够得到更好的预测结果,再次证明了基于 AD-Bi-LSTM 构建最优预测模型的有效性。以春季的单步预测为例,AD-Bi-LSTM 比最差模型 AD-ELM 的 RMSE 降低 9.53%,SMAPE 降低 18.25%;比次优模型 AD-ORELM 的 RMSE 降低 8.03%,SMAPE 降低 13.00%,且在其他 3 个季节中均有提升,进一步验证了新方法的有效性与先进性。

表 7-15　所有待预测时段的预测结果

季节	模型	15min		30min		45min	
		RMSE /MW	SMAPE /%	RMSE /MW	SMAPE /%	RMSE /MW	SMAPE /%
春季	AD-ORELM	3.4391	13.85	4.5067	18.19	6.5204	23.19
	AD-ELM	3.4960	14.74	4.6265	19.03	6.7255	23.6
	AD-Bi-LSTM	3.1629	12.05	4.1407	16.64	5.7948	19.49
夏季	AD-ORELM	3.4628	18.27	5.6034	22.4	7.2172	26.22
	AD-ELM	3.547	18.61	5.6547	21.9	7.7677	26.22
	AD-Bi-LSTM	3.2361	18.08	5.5577	20.67	7.0690	21.28
秋季	AD-ORELM	2.2154	15.94	4.1028	19.48	4.3969	23.66
	AD-ELM	2.2508	15.31	4.1084	19.85	4.3833	23.43
	AD-Bi-LSTM	2.1926	15.03	3.7399	19.33	4.1689	22.10
冬季	AD-ORELM	2.9353	11.74	6.5911	19.37	8.5931	22.73
	AD-ELM	2.9982	11.98	6.3852	18.95	8.5128	25.75
	AD-Bi-LSTM	2.8096	11.33	6.3734	18.81	8.1333	20.60

为说明预测模型在不同季节之间预测效果存在的差异性，表 7-16 给出了各季节中风功率和风速的各项统计指标。从表 7-16 可知，4 个季节中风速和风功率的变化范围相近，但春季和冬季的平均风速要比夏季和秋季高 20%～37%，且从风功率和风速的方差可知，春季和冬季的风功率波动更为频繁且剧烈。因此，新方法在 4 个季节中的 RMSE 指标存在差异，也证明了针对不同预测时段构建最优风功率预测模型的必要性。

表 7-16　各季节中风功率和风速统计指标

特征	季节	变化范围	均值	方差
风速	春季	[0.29,32.48]	5.73	22.34
	夏季	[0.29,31.57]	4.68	10.30
	秋季	[0.25,30.52]	4.19	7.12
	冬季	[0.25,32.65]	5.63	21.76
风功率	春季	[1.06,48.8]	15.99	264.89
	夏季	[0.327,48.7]	8.32	126.91
	秋季	[0.749,44.7]	4.48	37.86
	冬季	[0.721,48.8]	12.51	245.94

注："风速"对应的"变化范围"和"均值"的单位为 m/s，"方差"单位为 $(m/s)^2$；"风功率"对应的"变化范围"和"均值"的单位为 MW，"方差"单位为 MW^2。

7.4　本　章　小　结

准确的风功率预测能够辅助电网调度部门制定合理的配电计划，从而降低风电不确定性为电网带来的不利影响。当前风功率预测过程中存在风功率数据非平稳特性影响模型精度、预测模型不稳定和风电场气象特征集合构建方法不完善等问题，导致超短期风功率预测精度难以满足风电场和电网实时调度的需求。为提高超短期风功率预测的准确性和可靠性，本章提出了基于改进 VMD 预处理与双向 LSTM 的风功率预测方法，主要从风功率数据预处理、预测模型改进和计及气象因素的双向 LSTM 最优风功率预测模型构建 3 个环节对超短期风功率预测方法进行改进。主要研究成果和创新如下。

针对风功率数据非平稳特性导致预测模型精度下降问题，提出采用时频域分析方法将风功率数据按照频率分解并滤除高频波动序列的预处理方法。面对经验模态分解方法无法均匀分配中心频率的缺陷以及 VMD 方法针对性差的不足，将自适应方法与能够均匀分配中心频率的 VMD 方法相结合。利用 CEEMD 方法的自适应特性，弥补了 VMD 方法缺乏针对性的不足，得到的改进 VMD 方法能够更稳定地分离信号中的高频波动分量，减小了趋势信息分量的损失，提高了风功率数据预处理环节的可靠性和针对性。

针对传统预测模型中存在的模型不稳定、易陷入局部最优和易遗忘历史训练状态等问题，采用经贝叶斯优化的双向 LSTM 方法构建超短期风功率预测模型。新方法依靠 LSTM 的记忆模块，实现了对历史风功率样本的长期记忆，改善了传统神经网络方法容易陷入局部最优的缺陷；采用双向循环结构，同时与前一时刻状态和输入特征建立映射关系，强化了预测模型的特征学习过程，降低了模型的不稳定性；采用贝叶斯优化方法对双向 LSTM 模型进行了超参数优化，解决了人工设置超参数不够精确的问题，加快了模型的收敛速度，最终提高了超短期风功率预测模型的精确性。

针对风电场气象特征集合构建不完善、特征间存在冗余度信息且未考虑不同时段风功率变化特性等问题，提出了计及气象因素的双向 LSTM 最优风功率预测模型构建方法。首先，新方法根据风能捕捉公式构造了相对完善的风功率预测特征集合；然后，采用邻近数据根据合适的训练集合范围进行针对性建模，克服了全年统一建模难以体现风功率变化特性的不足；之后，新方法通过 CMI 方法获取特征重要度排序，采用低冗余特征选择过程对输入特征进行筛选，降低了特征间的冗余度并丰富了特征种类，在保证预测精度的前提下得到最精简特征集合；最后，采用优化双向 LSTM 模型根据低冗余度特征集合构建最优风功率预测模型并开展预测，进一步提高了超短期风功率预测的准确率。未来研究重点集中于风功率预测与电网调度需求的衔接，从而根据电网实际需求进一步改进风功率预测方法。

第8章 超短期光伏电站出力预测

为了应对光伏电站出力的随机性和不确定性等问题，需要对光伏电站的出力进行准确的预测。准确的光伏电站出力预测能够为电网调度部门提供合理的调度安排依据，优化电网的检修计划配置，使常规能源能够更好地和光伏发电配合，降低电力系统的运行成本，提高光伏电站出力的利用率，有效地减轻光伏电站出力对电网系统的冲击，提高电网的安全性与稳定性。本章将着重探讨在复杂气象条件下光伏电站出力预测涉及的问题。首先，分析影响光伏电站出力的各类影响因素。其中，重点分析了不同气象因素与光伏电站出力之间的联系。在此基础上又分别分析了晴天、阴天和雨天条件下光伏电站出力与各类气象因素的联系。除此之外，简要地分析光伏电站内部因素对光伏电站出力的影响。其次，对光伏出力预测研究的背景和意义进行阐述。梳理并分析国内外常用于开展光伏电站出力预测的研究方法，其中包括特征集合构建方法、特征选择方法以及预测模型构建方法等。最后，采用西北某光伏电站历史数据及其对应的气象数据，分析气象特征与光伏电站出力之间的相关性。

8.1 光伏电站出力的影响因素分析

8.1.1 气象因素对光伏电站出力的影响分析

1）太阳辐照强度影响

太阳辐照强度是指地球表面某单位面积在单位时间内接收的太阳辐射能量。由于太阳是光伏电站出力的决定因素，某一时刻的太阳辐照强度直接影响光伏电站在此刻的出力值大小，太阳辐照强度越大则光伏电站的出力值就越大。太阳辐照强度受气象因素和环境因素的影响较大。而光伏电站所处的地理环境对太阳辐照强度影响可以作为客观因素，在光伏电站出力预测模型中可不予考虑。

图 8-1 展示出太阳辐照强度与光伏电站出力值之间的关系，其中太阳辐照强度和光伏电站出力值都经过归一化处理。从图中可以看出，无论是在晴天还是阴天，光伏电站出力值和太阳辐照强度值的变化的趋势都非常相似，然而两者数据所描绘的曲线却不能完全重合。这说明，太阳辐照强度并不是决定光伏电站出力的唯一因素，除了太阳辐射强度外还有其他因素影响着光伏电站出力的大小。通过分析可以看出，光伏电站出力与太阳辐照强度之间存在很强的正相关关系。

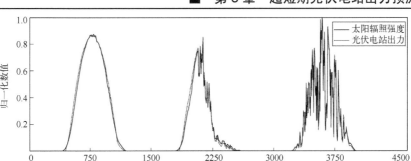

图 8-1　光伏电站出力与太阳辐照强度关系图

2）环境温度的影响

在通常条件下，环境温度的升高往往将引起光伏组件温度的升高。若光伏组件的温度过高，将会导致光伏系统的光电转化率降低，进而导致光伏电站的出力降低。统计实验表明：光伏组件的温度每上升 1℃，光伏电站的出力将下降 0.35%。因此，为了保证光伏电站出力不受温度过高而造成的负面影响，需要加强散热以降低光伏组件的温度。

光伏电站出力与环境温度的曲线如图 8-2 所示。从图中可以看出，在一天中的 7:00 到 12:00 时间段内，随着温度的升高，光伏电站的出力值逐渐增大；在 12:00 到 17:00 时间段内，温度有小幅上升，而光伏电站的出力呈现下降趋势。图中所示温度最高的一天为 4 月 6 日，与 4 月 5 日和 4 月 8 日相比，其对应的光伏电站出力值最低。而温度最低的一天为 4 月 8 日，与温度较高的 4 月 6 日和 4 月 7 日相比，光伏电站出力值明显增大。因此可以得出，环境温度过高可能会导致光伏电站出力有所下降。

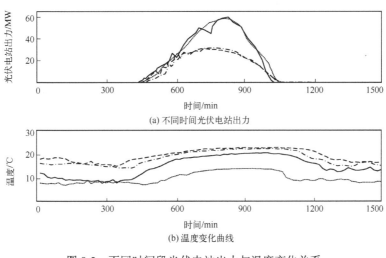

(a) 不同时间光伏电站出力

(b) 温度变化曲线

图 8-2　不同时间段光伏电站出力与温度变化关系

　——— 4月5日　　- - - 4月6日　　-·-· 4月7日　　········· 4月8日

3）风速的影响

由于风速的随机性强，因此对光伏电站出力产生的影响充满了不确定性。例如，光伏组件表面的温度会随着风速的大小而产生变化，进而影响光伏电站的出力值大小；此外，风还可以影响到光伏面板的清洁程度，避免了灰尘堆积造成的光伏电站出力损失。

图 8-3 为光伏电站出力与风速之间的变化关系。为了便于比较不同时间光伏电站出力与风速值之间的关系，将两者的数据均进行归一化处理。由图可得，在光伏电站出力处于较大的时段，风速的变化幅值较大；而在光伏出力较小的时段，风速的变化幅值相对较小。由于风速具有很强的随机性且易受到其他气象因素的影响，光伏电站出力与风速之间的关系不易从直观上进行评价。为了对二者进行更加准确的相关性描述，需要借助数据统计的方式进行定性分析。

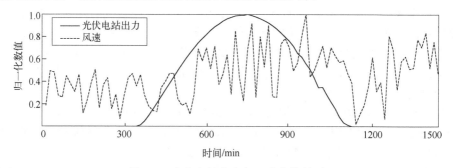

图 8-3　光伏电站出力与风速变化关系

4）相对湿度的影响

图 8-4 为晴天和雨天条件下光伏电站出力与相对湿度之间的关系。如图 8-4（a）所示，晴天条件下相对湿度总体呈现出先降低再上升的变化趋势。当相对湿度值处于下降过程中时，光伏电站出力逐渐上升；当相对湿度增加时，光伏电站出力逐渐减小；当光伏电站出力达到最高时，相对湿度处于最低值附近。由此可得，光伏电站出力与相对湿度呈现出相反的变化趋势。如图 8-4（b）所示，在雨天条件下两者之间的总体变化趋势相似，不同的是雨天时相对湿度始终都处于较高水平，而光伏电站出力整体偏低。

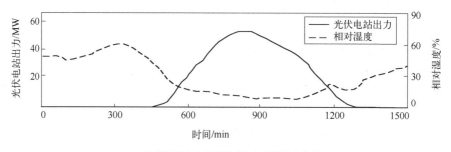

(a)晴天下光伏电站出力与相对湿度变化关系

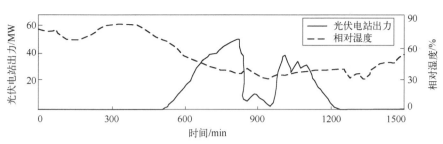

(b) 雨天下光伏电站出力与相对湿度变化关系

图 8-4 光伏电站出力与相对湿度变化关系

综上分析可得光伏电站出力与相对湿度之间存在负相关关系。这是因为空气中水分增加，造成光伏面板接收到的太阳辐照强度降低，从而造成光伏电站出力的下降。另外，空气中水分的增大将导致空气流动的阻力增大，光伏组件表面的散热效果变差，使其表面的温度升高，从而影响光伏电站的出力大小。

5）大气压强的影响

图 8-5 为光伏电站出力与大气压强之间的关系。首先从局部分析：从 0~750min 时间段可以看出，随着大气压强的增加，光伏电站出力值逐渐上升；从 750~1500min 时间段可以得到，随着大气压强的下降，光伏电站出力呈现出下降的趋势。由此可以看出光伏电站出力与大气压强之间存在着一定的正相关关系。从整体上来看：第 1 天和第 2 天为晴天，光伏电站出力较大，此时大气压强普遍偏低；第 3 天为雨天，光伏电站出力较小，然而大气压强较第 1 天和第 2 天明显升高。由此可以分析得到，随着大气压强的升高，光伏电站出力降低，即大气压强和光伏电站出力之间存在负相关关系。综合上述分析可以看出，大气压强与光伏电站出力之间的关系较为复杂，总体呈现负相关关系。

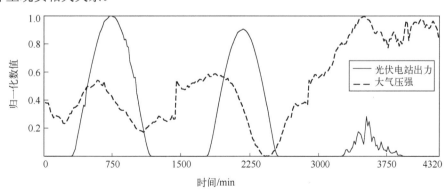

图 8-5 光伏电站出力与大气压强的线形图

8.1.2 天气类型对光伏电站出力的影响分析

天气是某一地域内某一时间内各类气象因素（如相对湿度、太阳辐照强度、大气压强、风速等）的综合体现。天气类型的改变，将导致各类气象因素的数值范围和变化规律发生明显改变，进而对光伏电站的出力值造成明显影响。

在本书研究中选取 3 种典型天气作为主要研究对象，即晴天、阴天和雨天。为了分析不同天气类型条件下不同气象因素体现出的特性，从光伏电站出力数据集合中随机选取 3 种天气类型各一天绘制曲线图，如图 8-6 所示。

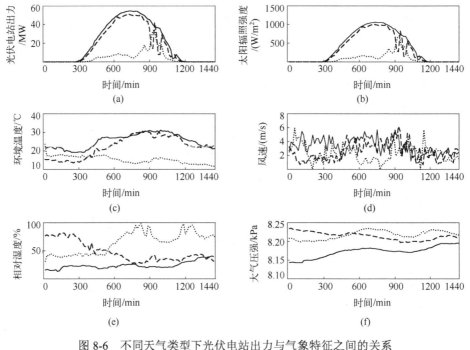

图 8-6　不同天气类型下光伏电站出力与气象特征之间的关系

———— 晴天　　　　 ---- 阴天　　　　 ········· 雨天

图 8-6（a）为光伏电站出力在不同天气类型下的特性曲线。由图可得，晴天条件下，光伏电站出力具有极强的规律性，阴天次之，雨天条件下的光伏电站出力具有强烈的波动性，且雨天条件下光伏电站出力值最小。

图 8-6（b）为不同天气类型条件下的太阳辐照强度曲线图。对比图 8-6（a）与图 8-6（b）可以看出，光伏电站出力与太阳辐照强度之间的联系非常紧密。太阳辐照强度的变化趋势与光伏电站出力相比，无论是在晴天、阴天还是雨天，都体现出了极强的相似性。

图 8-6（c）为不同天气类型条件下环境温度的变化曲线。由图可以看出，在晴天条件下环境温度值较高，阴天条件下环境温度略低。并且在所有环境温度变化曲线中，雨天条件下环境温度较晴天、阴天条件下具有明显差距。

图 8-6（d）为不同天气类型条件下风速的变化曲线。由图可以看出，不同气象条件下风速与光伏电站的出力特性之间的相关性弱于太阳辐照强度、环境温度。在 900～1200min 时，3 种天气类型条件下的光伏电站出力的差距相对较小，与此同时 3 种风速在此时段内相对集中，位于 1.5～4 m/s。由此可见，风速与光伏电站出力之间存在一定的相关性。

图 8-6（e）为不同天气类型条件下相对湿度的变化曲线。由图可以看出，在雨天条件下相对湿度最大。在 900～1200min 为雨天光伏电站出力最大时段，此刻伴随有相对湿度明显下降的情况，在 600～900min 相对湿度大，光伏电站出力存在下降过程；在光伏电站出力最大的晴天，相对湿度最低。相对湿度与其他气象因素之间也存在着明显的相关性，例如，在相对湿度最高的时段，环境温度降低，风速最低，太阳辐照强度也为最低。由此可见，光伏电站出力与相对湿度之间存在着明显的负相关关系。

图 8-6（f）为不同天气类型下的大气压强变化曲线。由图可以看出，大气压强在晴天条件下较低，在阴、雨天条件下较高。在光伏电站出力较高时段，大气压强降低；雨天条件下，900～1200min 时光伏电站出力增大，大气压强明显降低。

通过上述分析可以明显看出，在不同天气条件下，光伏电站出力与各类气象特征间具有差异化相关性，且它们彼此之间互相关联和影响。

8.1.3　光伏系统内部影响因素分析

光伏系统内部因素对光伏电站出力的大小具有直接影响，典型的就是光伏阵列温度对光伏电站出力的影响。下面简要分析在太阳辐照强度相同时，光伏阵列在不同温度条件下的出力特性，分析结果如图 8-7 所示。

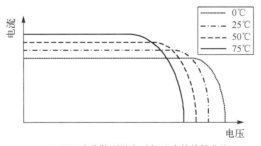

(a) 不同光伏阵列温度下电压-电流特性曲线

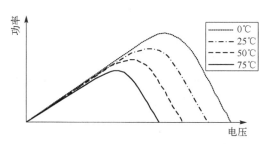

(b) 不同光伏阵列温度下功率-电压特性曲线

图 8-7　不同温度条件下光伏电站出力特性

由图 8-7（a）可知，随着温度的升高，光伏阵列的开路电压逐渐变小，但是短路电流逐渐增大。当电压从 0 开始逐渐增大时，电流先维持不变，当电压超过一定值后迅速减小为 0。从图 8-7（b）可知，光伏阵列的最大发电功率随着温度的升高而逐渐变小。综合图 8-7（a）和（b）可知，随着温度的升高，光伏电站出力呈下降趋势。因此，为了避免环境温度过高对光伏电站发电功率的影响，应该保持组件良好的通风条件，保持散热设备常开，以避免光伏组件的温度过高。

除光伏阵列温度外，还有许多其他因素影响到光伏电站的出力，如光伏组件的遮挡程度、逆变器性能、电网的接入性能等。光伏系统的工作环境多变且内部结构复杂，因此对影响出力效率的内部因素进行综合评价比较困难。由于历史光伏电站的出力序列中包含了大量的内部影响因素的信息，因此在进行光伏电站出力预测分析时，可以采用历史光伏电站出力值作为其内部影响特征。

8.2　基于 K-means 聚类的气象特征与光伏电站出力的相关性分析

8.2.1　K-means 聚类

K-means 算法是 1976 年由 Mac Queen 首次提出的一种经典算法，迄今为止有很多聚类任务都应用该算法。K-means 算法的具体内容如下。

（1）在分类对象中随机选择 K 个数据点，K 个数据点代表 K 个簇的初始均值或中心。

（2）根据剩余对象与各簇中心的距离，将它指派到最近的簇，然后计算每个簇的新均值，得到更新后的簇中心。

（3）不断重复，直到准则函数收敛。通常，采用平方误差准则，即对于每个簇中的每个对象，求对象到其中心聚类的平方和，这个准则试图使生成的 K 个结果簇尽可能地紧凑和独立。

K-means 算法的流程图如图 8-8 所示。

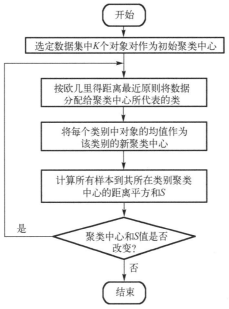

图 8-8 K-means 算法的流程图

为了通过聚类算法得到晴天、阴天和雨天 3 种不同天气类型条件下的光伏电站出力值以及气象数据集，在选取聚类变量时需要综合考虑造成天气类型差异的气象因素。聚类时采用的气象特征包含了上文中提到的 5 类气象特征，即太阳辐照强度、环境温度、风速、相对湿度以及大气压强。具体的聚类向量为 $X = [S, T, W_s, H, P]$，其中 S 为太阳辐照强度，T 为环境温度，W_s 为风速，H 为相对湿度，P 为大气压强。

8.2.2 构建原始特征集合

采用 2014～2015 年西北地区某容量为 70MW 光伏电站及气象监测平台采集的实测数据构建原始特征集合。由于光伏电站的历史出力与待预测光伏电站出力值之间的联系最为紧密，为了确保原始特征信息的全面性和完整性，在构建原始特征集合时，将光伏电站的历史出力同样作为原始特征集合的一部分。因此，原始特征集合中总共包含了 6 种类型的特征，分别为历史光伏电站出力数据、太阳辐照强度数据、环境温度数据、大气压强数据、风速数据以及相对湿度数据，采样点的时间分辨率为 15min。

为构建用于特征重要度分析的原始特征集合，将这 6 种类型的特征按照历史时间序列倒序方式进行特征集合的维度扩充，使每类特征都包含 10 个在时间上相临近历史特征。因此原始特征集合由如下 60 维特征构成：特征 1 到特征 10 为历史光伏电站出力（PV_{t-i}）；特征 11 到特征 20 为太阳辐照强度（S_{t-i}）；特征 21 到特征 30 为环境温度（T_{t-i}）；特征 31 到 40 为风速（$W_{S(t-i)}$）；特征 41 到特征 50 为相对湿度（H_{t-i}）；特征 51 到特征 60 为大气压强（P_{t-i}），$i=1,2,\cdots,10$。其中，t 为待预测的时刻，i 为采样点对应预测点超前的时间间隔，时间间隔为 15min。原始特征集合的结构如图 8-9 所示。

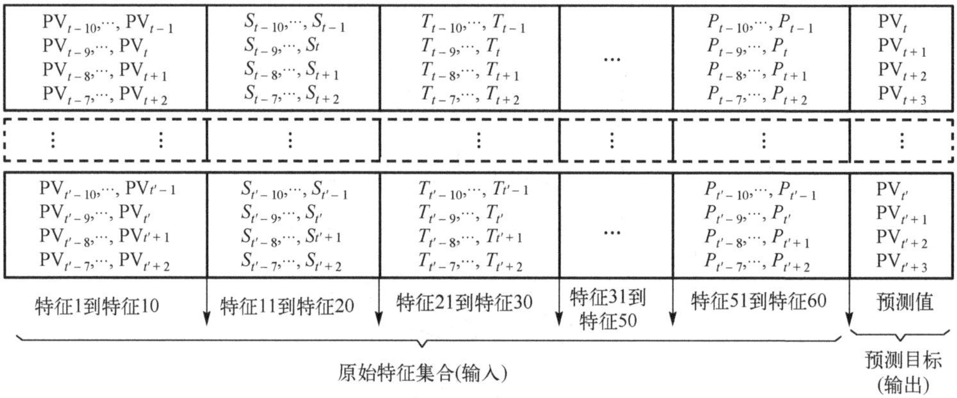

$PV_{t-10},\cdots,PV_{t-1}$ PV_{t-9},PV_t PV_{t-8},PV_{t+1} PV_{t-7},PV_{t+2}	$S_{t-10},\cdots,S_{t-1}$ $S_{t-9},\cdots,S_t$ $S_{t-8},\cdots,S_{t+1}$ $S_{t-7},\cdots,S_{t+2}$	$T_{t-10},\cdots,T_{t-1}$ $T_{t-9},\cdots,T_t$ $T_{t-8},\cdots,T_{t+1}$ $T_{t-7},\cdots,T_{t+2}$	...	$P_{t-10},\cdots,P_{t-1}$ $P_{t-9},\cdots,P_t$ $P_{t-8},\cdots,P_{t+1}$ $P_{t-7},\cdots,P_{t+2}$	PV_t PV_{t+1} PV_{t+2} PV_{t+3}
⋮	⋮	⋮		⋮	⋮
$PV_{t'-10},\cdots,PV_{t'-1}$ $PV_{t'-9},PV_{t'}$ $PV_{t'-8},PV_{t'+1}$ $PV_{t'-7},PV_{t'+2}$	$S_{t'-10},\cdots,S_{t'-1}$ $S_{t'-9},\cdots,S_{t'}$ $S_{t'-8},\cdots,S_{t'+1}$ $S_{t'-7},\cdots,S_{t'+2}$	$T_{t'-10},\cdots,T_{t'-1}$ $T_{t'-9},\cdots,T_{t'}$ $T_{t'-8},\cdots,T_{t'+1}$ $T_{t'-7},\cdots,T_{t'+2}$	...	$P_{t'-10},\cdots,P_{t'-1}$ $P_{t'-9},\cdots,P_{t'}$ $P_{t'-8},\cdots,P_{t'+1}$ $P_{t'-7},\cdots,P_{t'+2}$	$PV_{t'}$ $PV_{t'+1}$ $PV_{t'+2}$ $PV_{t'+3}$

特征1到特征10　　特征11到特征20　　特征21到特征30　　特征31到特征50　　特征51到特征60　　预测值

原始特征集合(输入)　　　　　　　　　　　　　预测目标(输出)

图 8-9　原始特征集合结构

8.2.3　不同天气类型下的特征重要度分析

以 2014 年 1 月 1 日至 2015 年 12 月 31 日的数据为例，经 K-means 聚类后得到的天气类型及其对应的天数如表 8-1 所示。

表 8-1　不同天气类型的聚类结果

年份	天气类型	天数
2014	晴天	175
	阴天	118
	雨天	72
2015	晴天	132
	阴天	119
	雨天	114

为了更加直观地展示出采用 K-means 聚类后的结果，分别从聚类得到的晴天、阴天和雨天的数据集合中随机各挑选出 10 组光伏电力出力值序列绘制成曲线图，如图 8-10 所示。从图中可以看出，3 种天气类型的日光伏电站出力曲线呈现出不同的变化趋势和波动特点。但是通过观察聚类后得到的晴天的光伏电站出力曲线可以发现，其中有几天的出力曲线波动性较大，其波动程度与阴天条件下光伏电站出力情

况较为相近。同样地，聚类后得到的阴天条件下的个别光伏电站出力曲线和晴天条件下的光伏电站出力曲线相似。另外，经 K-means 算法得到的雨天和阴天这两种天气类型的曲线中也掺杂了一些误差较大的曲线。从整体上看，通过聚类得到的 3 类不同类型的数据集之间存在明显的差异性。

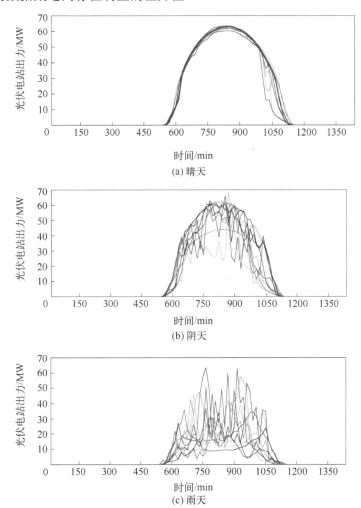

图 8-10　不同天气类型条件下的光伏电站出力特性（彩图扫二维码）

　　上述 3 种不同类型天气对应的光伏电站出力和气象数据之间存在明显的差异。为了更加精确地体现不同天气类型对应的不同特征与待预测光伏电站出力之间存在的内在耦合关系和信息冗余，选用 CMI 对不同天气类型的数据集分别进行特征重要度计算。同时，将 PCC 和 MI 作为对比方法开展对比实验。

　　首先分析的是晴天条件下，原始特征集合中各类特征对待预测光伏电站出力的重要度。在应用相同特征集合的条件下，3 种重要度分析方法的分析结果如图 8-11 所示。图中的重要度数值均经过归一化处理。从图 8-11 中可以看出，采用不同重要度计算方法得到的相同特征的重要度数值具有明显的差异。其中，PCC 在进行特征重要度计算时，同类特征之间的重要度数值极为接近。相比之下，CMI 在进行特征重要度分析后得到的同类型特征的重要度数值具有明显的分散性。图中用灰色标记了 3 种计算方法得到的重要度数值最大的 10 个特征。通过标记为灰色的特征种类可以得到 PCC 计算结果中包含了 2 类特征，分别是历史光伏电站出力和太阳辐照强度。MI 计算结果中同样包含了 2 类特征，分别是历史光伏电站出力和太阳辐照强度。CMI 计算结果中包含了 3 类特征，分别是历史光伏电站出力、太阳辐照强度和环境温度。

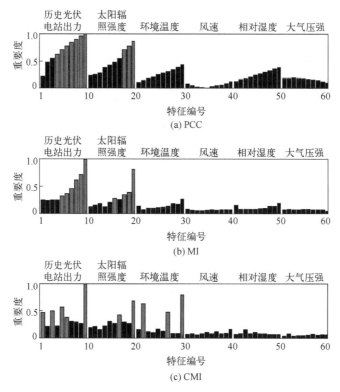

图 8-11　晴天条件下的特征重要度分析结果

　　图 8-12 为阴天条件下不同计算方法得到的特征重要度分析结果。由图可知，随着天气的改变，历史光伏电站出力和太阳辐照强度对光伏电站出力预测的影响程度被削弱。然而，从 PCC 和 MI 的分析结果中可以看出，光伏电站出力和太阳辐照强

度对光伏电站出力预测的影响还是最主要的。从重要度最大的 10 个特征中可以看出，PCC 和 MI 除历史光伏电站出力和太阳辐照强度外，还加入了环境温度特征。与之相比，CMI 包含了更多的特征种类：历史光伏电站出力、太阳辐照强度、环境温度和相对湿度。与晴天条件下的分析结果相比，在阴天条件下，CMI 重要度最大的 10 个特征中又加入了相对湿度特征。

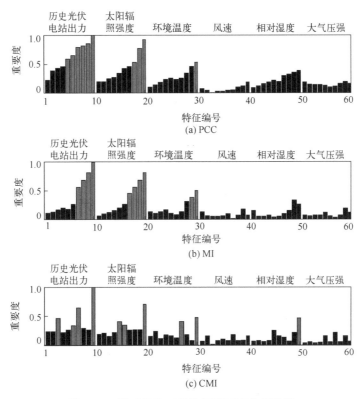

图 8-12　阴天条件下的特征重要度分析结果

图 8-13 为雨天条件下不同计算方法得到的特征重要度分析结果。随着天气条件进一步复杂化，光伏电站出力的波动性也增大。由图 8-13 可得，相较于晴天条件下，3 种重要度计算方法得到的结果呈现出更高的分散性。例如，在雨天条件下，经 CMI 计算得到的重要度最大的 10 个特征中包含了 5 类特征，与其他天气类型对应的结果相比 CMI 包含的特征种类最多。而在雨天条件下经 MI 计算得到的重要度最大的 10 个特征中，包含了 4 类特征，与晴天和阴天相比其包含的特征种类同样最多。由此可见，随着天气类型的复杂化，气象因素与光伏电站出力之间的耦合关系也逐渐变得复杂。

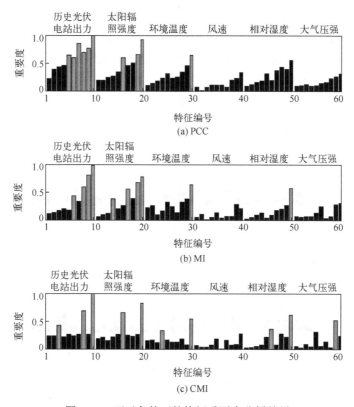

图 8-13 雨天条件下的特征重要度分析结果

表 8-2 展示了 3 种不同气象条件下，采用不同特征重要度计算方法得到的前 10 位特征的重要度排序。在晴天条件下，前 9 位特征排序中，PCC 的结果中包含了历史光伏电站出力和太阳辐照强度，分别为 $PV_{t-1} \sim PV_{t-6}$ 和 $S_{t-1} \sim S_{t-3}$，MI 同样包含了 2 类不同的特征类型，历史光伏电站出力和太阳辐照强度。CMI 中包含了 3 类不同的特征类型，分别历史光伏电站出力、太阳辐照强度和环境温度。并且，在 CMI 的计算结果中，CMI 的前 5 位特征中包含的特征种类最多，为 3 种。在特征集合中，PV_{t-1} 与 PV_{t-2} 隶属同类特征且在时间上最为接近，因此两者之间包含的冗余信息较多，PCC 和 MI 在对其进行重要度计算时，未考虑两者之间的信息冗余关系，因此得到的重要度排序中 PV_{t-1} 与 PV_{t-2} 排在相邻或相近的位置；而采用 CMI 计算得到的特征重要度排序中，PV_{t-1} 与 PV_{t-2} 间隔较远，尽管 PV_{t-1} 排在第一位，但是 PV_{t-2} 却排在了 10 位之后。由此可见，在同种特征间的信息冗余性分析中，CMI 具有明显的优势。

表 8-2　特征重要度排序

天气类型	分析方法	特征重要度排序（前 10 位特征）
晴天	PCC	PV_{t-1}, PV_{t-2}, PV_{t-3}, PV_{t-4}, S_{t-1}, PV_{t-5}, S_{t-2}, S_{t-3}, PV_{t-6}, PV_{t-7}
	MI	PV_{t-1}, S_{t-1}, PV_{t-2}, PV_{t-3}, PV_{t-4}, S_{t-2}, PV_{t-5}, S_{t-3}, PV_{t-6}, S_{t-5}
	CMI	PV_{t-1}, S_{t-1}, PV_{t-6}, PV_{t-8}, T_{t-1}, PV_{t-10}, S_{t-4}, PV_{t-4}, PV_{t-5}, T_{t-4}
阴天	PCC	PV_{t-1}, S_{t-1}, PV_{t-2}, PV_{t-3}, PV_{t-4}, S_{t-2}, PV_{t-5}, PV_{t-6}, S_{t-3}, T_{t-1}
	MI	PV_{t-1}, PV_{t-2}, S_{t-1}, S_{t-2}, PV_{t-3}, PV_{t-4}, S_{t-3}, T_{t-1}, S_{t-4}, T_{t-2}
	CMI	PV_{t-1}, S_{t-1}, PV_{t-4}, T_{t-1}, PV_{t-8}, H_{t-1}, T_{t-4}, S_{t-6}, S_{t-5}, PV_{t-5}
雨天	PCC	PV_{t-1}, S_{t-1}, PV_{t-4}, PV_{t-2}, PV_{t-3}, S_{t-2}, PV_{t-6}, T_{t-1}, PV_{t-5}, S_{t-5}
	MI	PV_{t-1}, PV_{t-2}, S_{t-1}, S_{t-2}, T_{t-1}, PV_{t-3}, H_{t-1}, S_{t-4}, S_{t-7}, PV_{t-7}
	CMI	PV_{t-1}, S_{t-1}, PV_{t-3}, S_{t-5}, H_{t-1}, T_{t-1}, P_{t-1}, PV_{t-8}, H_{t-5}, T_{t-7}

在阴天条件下，PCC 和 MI 的前 10 位特征仅包含了历史光伏电站出力、太阳辐照强度和环境温度，共 3 类特征。CMI 的前 10 位特征中包含了 4 类特征，分别是历史光伏电站出力、太阳辐照强度、环境温度和相对湿度。由此可见，CMI 在进行特征重要度评价的时候，会考虑到更多不同的特征间的耦合关系和贡献程度。

在雨天条件下，通过 PCC 和 MI 计算得到的前 10 位特征中同样包含了 3 类特征，分别是历史光伏电站出力、太阳辐照强度和环境温度。相比之下，CMI 的前 10 位特征包含了 5 类特征，分别是历史光伏电站出力、太阳辐照强度和环境温度、相对湿度和大气压强。通过对雨天条件下特征重要度排序的分析可以看出，在气象条件最为复杂的时候，CMI 能综合衡量不同特征与待预测光伏电站出力之间的关系，将更多的影响光伏电站出力的相关因素考虑在内。

若不对原始特征集合按天气类型开展聚类，将会得到图 8-14 和表 8-3 这样的结果。由图 8-14 可以看出，在 PCC 的特征重要度分析结果中，重要度排前 10 的特征种类有 2 种，与晴天条件下的分析结果相似，分别是历史光伏电站出力和太阳辐照强度；在 MI 的特征重要度分析结果中，重要度排前 10 的特征有 3 种类型，与阴天条件下的分析结果相似，分别是历史光伏电站出力、太阳辐照强度和环境温度；而在 CMI 的特征重要度分析结果中，重要度排前 10 的特征种类有 4 种，与阴天条件下的分析结果相似，分别是历史光伏电站出力、太阳辐照强度、环境温度和相对湿度。特征重要度前 10 的具体排序如表 8-3 所示。

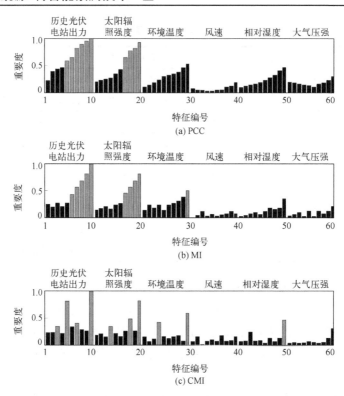

图 8-14　未区分天气类型的特征重要度分析结果

表 8-3　未区分天气类型的特征重要度排序

分析方法	特征重要度排序（前 10 位特征）
PCC	PV_{t-1}, PV_{t-2}, S_{t-1}, PV_{t-3}, PV_{t-4}, S_{t-2}, S_{t-3}, S_{t-4}, PV_{t-5}, PV_{t-6}
MI	PV_{t-1}, PV_{t-2}, S_{t-1}, PV_{t-3}, S_{t-2}, PV_{t-4}, S_{t-3}, T_{t-1}, S_{t-4}, PV_{t-5}
CMI	PV_{t-1}, S_{t-1}, PV_{t-6}, T_{t-1}, S_{t-3}, H_{t-1}, PV_{t-4}, T_{t-7}, PV_{t-8}, S_{t-7}

　　通过比较不同天气条件下的特征重要度分析结果可以看出在晴天、阴天和雨天中，各类特征的重要度在不同程度上得到了强化或弱化。阴雨天气类型下，各类气象特征对光伏电站出力的影响得到加强。通过相关性分析结果可以看出：重要度排在前面的特征中 CMI 包含的种类最多，MI 次之，PCC 包含的同类特征最多。这是因为 PCC 是从线性相关的角度来分析特征重要度的，而光伏电站出力与气象因素之间具有复杂的非线性关系，因此采用 PCC 对光伏电站出力开展重要度评价具有很大的局限性。

　　综合上述分析可得，CMI 计算方法能够综合考虑原始特征集合中同类特征间的信息冗余关系，将携带冗余信息的特征排在次要位置，进而能够最大限度地考虑到不同类型特征与光伏电站出力的相关关系。

8.3 基于条件互信息特征选择的超短期光伏电站出力预测

8.3.1 门控循环单元神经网络

循环神经网络（RNN）是一种将时间序列数据作为模型输入，在时间序列数据的演进方向进行递归且所有节点采用链式连接的方式构成闭合回路的递归神经网络。应用 RNN 开展预测领域研究时，通过引入用于反馈的闭合回路，使网络能够有效地处理输入数据中有效的历史信息，进而实现对时间序列建模的目的。目前，RNN 在预测领域研究中取得了较好的效果。然而在一般情况下，能够被 RNN 有效利用的历史信息有限，在时间距离上与待预测点比较近的信息可以被保留，距离待预测点较远的信息却很难保留，这被称为 RNN 的梯度消失现象。

为解决 RNN 因梯度消失问题导致的不良影响，研究人员进一步提出了神经网络模型。梯度消失的问题在 LSTM 模型上得到了很好的解决，使 LSTM 能够记忆更长的时间序列信息，进一步提高了模型在时间序列预测问题上的性能。

尽管 LSTM 较 RNN 在性能上具有明显的提升，但是 LSTM 存在内部结构复杂导致训练时间较长和预测花费时间较长等问题。在 LSTM 基础上进一步改进和简化，研究人员提出了门控循环单元（gated recurrent unit，GRU）神经网络模型。GRU 神经网络对 LSTM 的改进也正是为了解决上述存在的问题。LSTM 通过遗忘门、输入门和输出门，来实践对输入的信息的剔除或增强，将有效的信息传递到网络的神经元中，实现对细胞状态的控制。GRU 神经网络是将 LSTM 中的遗忘门和输入门整合为一个更新门，简化了"门"的设计，将原来三个门的结构改为两个门的结构，提高了神经网络模型运算的效率。整体的 GRU 神经网络结构如图 8-15 所示。

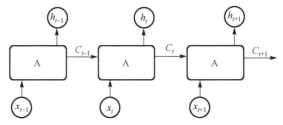

图 8-15 GRU 神经网络结构
C_{t+1} 为记忆单元，h_{t+1} 为状态矩阵，x_{t+1} 为神经元输入

GRU 神经网络是由多个重复的神经单元模块构造的链式模型。然而 GRU 神经网络和传统 RNN 的区别是，GRU 神经网络的神经元 A 是一个复杂的门限结构。GRU 神经网络的单个神经元结构如图 8-16 所示。

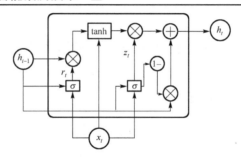

图 8-16 GRU 神经网络单个神经元结构

GRU 神经网络的神经元用公式表示为

$$z_t = \sigma\left(W_z \cdot [h_{t-1}, x_t] + b_z\right) \tag{8-1}$$

$$r_t = \sigma\left(W_r \cdot [h_{t-1}, x_t] + b_r\right) \tag{8-2}$$

$$\tilde{h}_t = \tanh\left(W \cdot [r_t \cdot h_{t-1}, x_t] + b\right) \tag{8-3}$$

$$h_t = (1 - z_t) \cdot h_{t-1} + z_t \cdot \tilde{h}_t \tag{8-4}$$

GRU 神经网络中更新门、重置门、待定输出门和输出门的工作原理如图 8-17 所示。图 8-17(a)为 GRU 神经网络中的更新门。由图 8-17(a)和式(8-1)可以得到：更新门 z_t 是由上一个神经元的输出 h_{t-1} 和本次神经元的输入 x_t 拼接而成的矩阵再乘以更新门权重 W_z，加上更新门的偏置矩阵 b_z，再使用选择的激活函数进行运算得到的。更新门 z_t 的取值越大，则表示当前神经元要保留的信息越多，而上一个神经元要保留的信息越少。

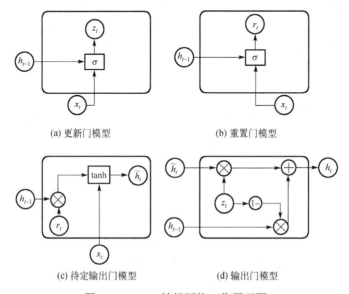

(a) 更新门模型

(b) 重置门模型

(c) 待定输出门模型

(d) 输出门模型

图 8-17 GRU 神经网络工作原理图

图 8-17(b)为 GRU 神经网络中的重置门模型。由图 8-17(b)和式（8-2）可以得到：重置门 r_t 是由上一个神经元的输出 h_{t-1} 和本次神经元的输入 x_t 拼接而成的矩阵乘以重置门权重 W_r，加上更新门的偏置矩阵 b_r，再使用选择的激活函数进行运算得到的。对于重置门 r_t，当式（8-2）取值为 0 时，表示要抛弃上一个神经元传来的信息。因此，只要将当前神经元的输入作为此神经元的输入，就能够使当前的神经元抛弃一些上一个神经元中无用的信息。

图 8-17(c)为 GRU 神经网络中的待定输出门模型。由图 8-17(c)和式（8-3）可以得到：待定的输出值 $\tilde{h}_t$ 是由上一个神经元的输出 h_{t-1} 和重置门 r_t 相乘后与本次神经元的输入 x_t 拼接而成的矩阵，再乘以权重 W，并加上 h_t 的偏置矩阵 b，然后再使用 tanh 函数进行运算得到的。

图 8-17(d)为 GRU 神经网络中的输出门模型。由图 8-17(d)和式（8-4）可以得到：本次神经元的输出值 h_t 是由 1 减去更新门 z_t 后再乘神经元的输出值 h_{t-1} 得到的值，加上更新门 z_t 乘以本次神经元中待定的输出值 $\tilde{h}_t$ 得到的值。

由上述的 GRU 神经网络中的公式和工作原理图可以得到每个神经元都在影响网络模型的输出信息，这造成了神经元之间都存在着相互影响。一般来说，重置门对于短时间序列的学习会比较活跃，更新门对于长时间序列的学习会比较活跃。

经实验证明，GRU 神经网络与 LSTM 的预测效果相当，并且 GRU 神经网络比 LSTM 在训练过程和运算过程中的效率更高。因此，决定采用 GRU 神经网络构建最优光伏电站出力预测模型。

8.3.2　神经网络结构优化

GRU 神经网络模型的隐含层设计对于该模型预测精度的提升发挥着重要的作用。隐含层在光伏电站出力预测研究中具有特征信息提取和预测回归的作用。其中特征信息提取部分由 GRU 层完成，预测回归部分由全连接层完成。为了提高预测模型对特征信息的提取能力，引入了多层 GRU 神经网络预测模型。

多层 GRU 神经网络结构如图 8-18 所示。图中，$t_1,\cdots,t_n$ 是模型的输入数据，$t_1',\cdots,t_n'$ 是模型的输出数据。输入数据按时间顺序依次输入到网络模型中，经过多层 GRU 神经网络，捕捉输入数据间的时序关系，再送入全连接层（FC），输出预测得到的光伏电站出力结果。从结构中可以看出，t_1' 时刻的数据主要涵盖了 t_1 时刻的信息，t_2' 时刻的数据涵盖了 t_1 和 t_2 时刻的信息，以此类推。

除 GRU 神经网络层数外，每层的神经元节点数的设置对预测模型的精度也具有重要的影响。但是神经元节点数的设置没有理论基础，一般都是经过大量统计实验来确定神经元的节点数。

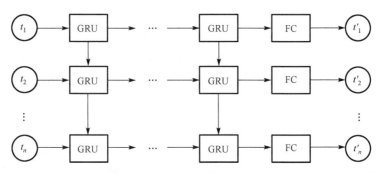

图 8-18 多层 GRU 神经网络结构图

本书在确定 GRU 神经网络层数和神经元节点数时，采用统计实验的方法，通过改变 GRU 神经网络隐含层的层数和每层的神经元节点数改变模型的结构，挑选出预测模型取得最小预测误差时所对应的参数组合。将神经网络模型的全连接层的层数设为 2，其神经元节点数分别设为 25 和 1。实验中，将 MAPE 作为误差衡量指标，MAPE 公式如下：

$$\text{MAPE} = \frac{1}{m} \sum_{i=1}^{m} \frac{|f_i - f_i'|}{f_i} \tag{8-5}$$

式中，m 为预测值个数；f_i 为光伏电站出力的真实值；f_i' 为光伏电站出力的预测值。

图 8-19 为 LSTM 和 GRU 神经网络模型在其他参数设置相同的条件下，选取不同网络层数和神经元节点数进行预测实验得到的误差统计和使用训练集中的全部训练样本训练一次模型的时间统计。其中，S 表示 LSTM 或 GRU 神经网络层，数字为神经元个数，"-"用于区分不同层的神经元个数。由图 8-19(a)可以看出，在采用单层 LSTM 或 GRU 神经网络模型的时候，模型构造简单，趋向于欠拟合，随着参数节点的增多，误差呈现出逐渐降低的趋势，在节点数为 40 时，取得单层 LSTM 和 GRU 神经网络的最小 MAPE 值，为 6.35%和 6.21%。当神经网络层数增加至 2 层时，模型体现出更高的预测精度。第一层为 40 节点、第二层为 20 节点的时候，预测精度达到最高（已用虚线框标记），误差值为 4.80%和 4.82%。在双层 LSTM 和 GRU 神经网络模型中，随着第二层神经网络模型节点数量的增加，误差呈现出先减小后增加的现象。而对于 3 层结构，网络模型的节点数、层数过多，模型结构复杂导致预测结果趋向于过拟合，MAPE 值增大。通过比较 LSTM 和 GRU 神经网络模型的误差统计可以得到，在具有相同结构的神经网络结构条件下，LSTM 和 GRU 网络模型具有相似的预测精度。然而，通过对比图 8-19(b)中 LSTM 和 GRU 神经网络预测模型的计算效率可以看出，GRU 神经网络进行 1 次迭代所需要的时间要明显

低于 LSTM 所需要的时间。因此，为提高光伏电站出力预测和特征选择的效率，本书将基于 GRU 神经网络构建最优预测模型。

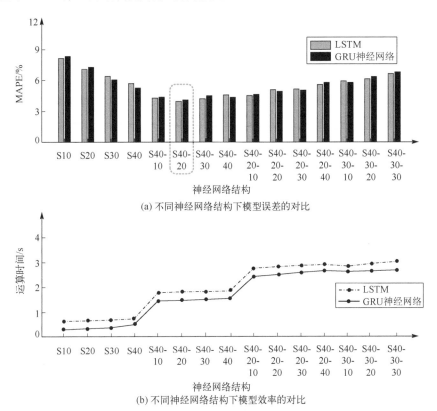

(a) 不同神经网络结构下模型误差的对比

(b) 不同神经网络结构下模型效率的对比

图 8-19　不同神经网络结构下性能的对比

常用的激活函数有以下几种。

1）Linear 激活函数

Linear 激活函数公式为

$$f(x) = x \qquad (8-6)$$

线性的 Linear 激活函数是最简单的一种激活函数，其输入到输出过程中始终维持线性关系。

2）sigmoid 激活函数

具体函数如下：

$$f(x) = \frac{1}{1+e^{-x}} \qquad (8-7)$$

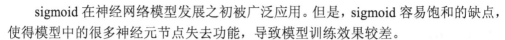

sigmoid 在神经网络模型发展之初被广泛应用。但是，sigmoid 容易饱和的缺点，使得模型中的很多神经元节点失去功能，导致模型训练效果较差。

3）tanh 激活函数

具体函数如下：

$$f(x) = \frac{1 - e^{-2x}}{1 + e^{-2x}} \tag{8-8}$$

采用 tanh 作为激活函数能够显著提升模型的训练速度，然而在模型的训练过程中依然存在饱和现象，容易造成梯度消失的情况。

4）ReLU 激活函数

具体函数如下：

$$f(x) = \begin{cases} 0, & x \leqslant 0 \\ x, & x > 0 \end{cases} \tag{8-9}$$

ReLU 激活函数能够有效避免梯度小时为预测模型构建带来的负面影响。在 $x > 0$ 的情况下，ReLU 函数能够确保梯度不衰减，解决了梯度消失带来的问题。与 tanh 和 sigmoid 函数相比，ReLU 的计算过程更为简洁，提高了模型训练的效率。

激活函数的选择将会影响模型的训练效果和预测精度。本书选用 sigmoid、Linear、tanh 和 ReLU 四种激活函数分别结合最简单 GRU 神经网络和双层 GRU 神经网络预测模型进行光伏电站出力预测实验。实验中，预测模型的各 GRU 层和全连接层均使用相同的激活函数。其中，单层 GRU 神经网络模型神经元节点数为 40，双层 GRU 神经网络的神经元节点数第一层和第二层分别为 40 和 20，Dropout 值为 0.2，优化器为默认的 sigmoid，样本训练尺度 Batch_size 和样本训练次数 Epoches 分别设为 90 和 200。其他参数均采用默认值。

图 8-20 为 GRU 神经网络模型结合不同激活函数开展预测实验时得到的误差统计。由图可以看出，在采用 ReLU 函数的时候得到的误差值最小。而在使用 sigmoid 和 tanh 函数时，其易饱和的特性使得其在开展光伏电站出力实验时具有较大的误差。在采用相同激活函数的条件下，双层 GRU 神经网络的预测误差要明显低于单层 GRU 神经网络。ReLU 与 Linear 相比，其非线性拟合能力较强，实验得到的结果优于 Linear 的结果。因此，在构建最优 GRU 神经网络模型的时候采用 ReLU 作为激活函数。

在构建最优光伏电站出力预测模型时，往往存在所选训练集与网络结构不匹配的情况，例如，在构建预测模型的时候由于训练集数据量过小，将导致得到的预测模型存在过拟合的现象，使得在进行模型测试的时候预测精度降低。针对上述问题，可以通过引入随机失活（Dropout）功能来降低过拟合程度，提高模型的适应性。

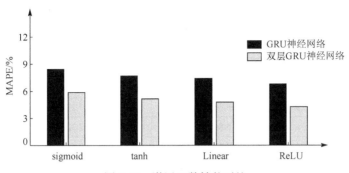

图 8-20　激活函数性能对比

图 8-21 描述了 Dropout 机制，其中灰色底圆表示参与计算的神经元节点。Dropout 功能实现的方法是对大量不同的预测结果进行统计，然后通过求取均值的方式减小模型输出的误差。除此之外，通过对 Dropout 参数的调节可以在短时内得到大量不同的神经网络。

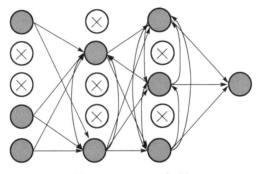

图 8-21　Dropout 机制

Dropout 机制对 GRU 神经网络模型的预测精度具有重要影响，其参数值大小表征的是 Dropout 机制的作用强度。Dropout 的数值越大，此次训练过程中真正发挥作用的神经元节点数就越少，可以防止模型参数复杂造成的过拟合，使得模型的泛化能力得到提高。Dropout 机制通常都是与全连接层进行配合，实现提高模型泛化能力的目的。

为了得到合适的 Dropout 值研究人员做了大量统计实验。表 8-4 为不同结构 GRU 神经网络在不同 Dropout 值下的预测误差统计，预测误差用 MAPE 表示。

表 8-4　不同结构 GRU 神经网络在不同 Dropout 值下的预测误差统计　　（单位：%）

Dropout 值	GRU 神经网络模型结构								
	G10	G20	G30	G40-10	G40-20	G40-30	G40-20-10	G40-20-20	G40-20-30
0.1	9.36	8.31	7.03	6.51	6.17	6.82	7.51	8.00	8.13

Dropout 值	GRU 神经网络模型结构								
	G10	G20	G30	G40-10	G40-20	G40-30	G40-20-10	G40-20-20	G40-20-30
0.2	9.24	8.23	6.98	6.66	6.06	6.72	7.31	7.82	7.87
0.3	9.27	8.21	7.07	6.71	6.09	6.66	7.17	7.26	7.32
0.4	9.42	8.29	7.09	6.76	6.12	6.67	7.27	7.18	7.25
0.5	9.66	8.30	7.33	6.89	6.23	6.76	7.32	7.20	7.19
0.6	9.73	8.36	7.34	7.03	6.21	6.81	7.41	7.23	7.11
0.7	9.80	8.42	7.48	7.12	6.40	6.94	7.67	7.37	7.36
0.8	9.86	8.50	7.45	7.01	6.65	7.02	7.80	7.62	7.76
0.9	9.91	8.54	7.50	7.19	6.98	7.37	7.92	7.70	7.82
1.0	9.98	8.58	7.72	7.30	7.24	7.32	7.71	7.73	8.03

由表 8-4 可以看出，Dropout 值对预测精度影响明显。预测精度最高的 GRU 神经网络模型为 G40-20，其 Dropout 值为 0.2，MAPE 值为 6.06%。在 3 层 GRU 神经网络模型中增大 Dropout 值能够在一定范围内提高其预测精度。但是当 Dropout 的参数增大到一定程度的时候，大部分的神经单元不工作，这相当于减少了模型神经元个数，例如，G40-20 在 Dropout 值大于 0.2 时，MAPE 呈现增加的趋势，这将导致模型中有用的神经元数量减少，模型将处于欠拟合状态，因此模型的表现能力变差。因此，通过合理设置 Dropout 参数对最优光伏电站出力预测模型的构建具有重要意义。通过本实验可以得到，G40-20 在 Dropout 值为 0.2 时具有最高的预测精度。

除神经网络结构、神经元节点数和 Dropout 值外，Batch_size 和 Epoches 的选择同样影响 GRU 神经网络的预测精度。在训练集确定的情况下，若 Batch_size 数值太小将导致模型训练速度过慢；随着 Batch_size 数值的增大，模型训练速度加快，误差收敛时所需要的 Epoches 数量随之增加；但 Batch_size 过大将导致模型陷入局部极值，影响预测精度的提升。如何平衡 Batch_size 和 Epoches 之间的关系对构建最优预测模型，提高光伏电站出力预测精度具有重要意义。本书将采用 GridSearchCV（图 8-22）对 GRU 神经网络的样本训练尺度 Batch_size 和样本训练次数 Epoches 进行寻优，进而得到使光伏电站出力预测达到最高精度的 Batch_size 和 Epoches 的参数组合。

为了得到 Batch_size 和 Epoches 的最优参数组合，引入 GridSearchCV 对参数集合进行优化。其中，Batch_size 和 Epoches 的寻优步进分别设为 10 和 20，Batch_size 的范围设置为 10~10000，Epoches 的范围 20~200。将 MAPE 设为误差衡量指标，对不同 Batch_size 和 Epoches 条件下得到的误差进行统计以判断模型收敛所用的 Epoches 数值和收敛时对应的误差值，实验结果如表 8-5 所示，其中误差值采用 MAPE 表示。

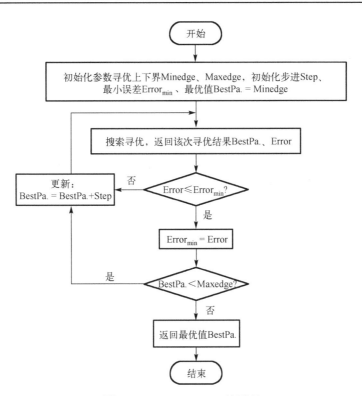

图 8-22 GridSearchCV 的原理

表 8-5 不同 Batch_size 和 Epoches 条件下的误差统计表　　　（单位：%）

Batch_size	Epoches									
	20	40	60	80	100	120	140	160	180	200
10	6.02	6.03	6.02	6.04	6.03	6.05	6.04	6.04	6.03	6.03
20	6.05	6.04	6.05	6.02	6.03	6.05	6.04	6.05	6.06	6.03
30	6.05	6.03	6.04	6.02	6.02	6.03	6.05	6.00	6.03	6.02
40	6.05	6.00	6.02	6.08	6.00	6.02	6.08	6.09	6.01	6.07
50	6.06	6.05	6.03	6.04	6.03	6.05	6.04	6.03	6.04	6.02
60	6.00	6.09	6.08	6.00	6.08	6.07	6.09	6.00	6.09	6.07
70	6.04	6.03	6.04	6.05	6.02	6.04	6.03	6.04	6.05	6.04
80	6.01	6.04	6.05	6.00	6.08	6.05	6.04	6.05	6.04	6.03
90	6.09	6.05	6.10	6.05	6.04	6.06	6.02	6.03	6.05	6.04
100	6.01	6.01	6.00	6.01	6.02	6.01	6.01	6.01	6.02	6.02
200	6.03	6.02	6.03	6.03	6.02	6.02	6.03	6.02	6.03	6.02
300	6.03	6.02	6.04	6.02	6.03	6.04	6.02	6.02	6.03	6.02

续表

Batch_size	Epoches									
	20	40	60	80	100	120	140	160	180	200
400	6.05	6.03	6.03	6.04	6.03	6.04	6.03	6.03	6.03	6.03
500	7.26	7.23	7.21	7.22	7.22	7.21	7.23	7.22	7.22	7.21
600	7.31	7.29	7.33	7.32	7.30	7.29	7.32	7.31	7.28	7.29
700	7.58	7.35	7.26	7.26	7.24	7.27	7.53	7.26	7.23	7.24
800	7.64	7.46	7.32	7.23	7.21	7.25	7.23	7.22	7.21	7.22
900	7.74	7.52	7.49	7.20	7.22	7.23	7.21	7.22	7.22	7.22
1000	7.98	8.01	7.98	7.98	7.98	7.98	7.97	7.96	7.97	7.98
2000	8.00	8.01	7.98	7.99	7.99	7.98	7.98	7.98	7.98	7.98
5000	15.59	12.73	10.04	8.12	9.61	8.19	8.67	8.18	8.02	7.99
8000	20.42	18.73	15.94	11.66	10.54	10.01	9.84	8.31	8.42	7.98
10000	22.34	19.93	16.42	15.56	13.01	11.85	10.13	9.20	8.51	8.02

由表 8-5 能够得到,当 Batch_size 取值较小时,误差收敛需要的 Epoches 少。当误差收敛时,得到的误差趋于稳定但在数值上存在小幅振荡。当 Batch_size 取值为 5000~10000 时,表中数据显示当 Epoches 为 200 时,GRU 误差还没有趋于稳定。综合表 8-5 分析得到,当 Batch_size 取值为 100 时具有最小的误差值。因此在进行光伏电站出力预测实验时,将 Batch_size 设为 100,Epoches 设为 20 即可满足精度要求。

综上所述,得到的最优 GRU 神经网络模型为双层 GRU 神经网络结构模型(下文以 L2-GRU 表示),其激活函数为 ReLU,Dropout 值为 0.2,Batch_size 和 Epoches 分别为 100 和 20。

8.3.3 特征选择

在特征选择实验中,采用优化后的 L2-GRU 预测模型分别与 PCC、MI 和 CMI 方法结合,分不同天气类型开展特征选择实验,得到不同天气类型下的最优特征子集。为了体现 L2-GRU 模型在预测精度上的优势,同时引入了单层 GRU 神经网络作为对比实验。特征选择的过程如图 8-23 所示。

特征选择实验的主要流程如下。

(1)将 2014 年全年数据构成训练集对预测模型进行训练。

(2)将 2015 年的原始数据集进行聚类,进而得到晴天、阴天和雨天对应的 3 类原始数据集。

(3)采用 CMI 对数据集中的特征进行重要度计算,并按照重要度将特征降序排列。

(4)从 3 类原始数据集中分别随机抽取 4 周数据构成特征选择实验的验证集。

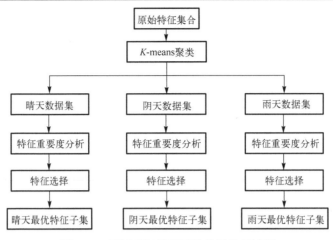

图 8-23　不同天气类型下的特征选择过程

（5）按照重要度排序，依次将原始特征集合中的特征加入训练好的预测模型中，以 MAPE 为误差评价指标进行序列前向检索特征选择实验。

（6）经过统计实验，将具有最小误差的特征子集设为此天气类型下的最优特征子集。

晴天条件下，6 种不同组合预测模型的特征选择实验结果如图 8-24 所示，分别表示的是 GRU 和 L2-GRU 结合不同特征重要度计算方法进行特征选择的过程。误差最小的组合预测方法名称、特征维度和 MAPE 值在图中用圆圈标记。表 8-6 展示了不同组合预测模型在特征选择过程中得到的最小误差值和最优特征子集对应的特征维度。

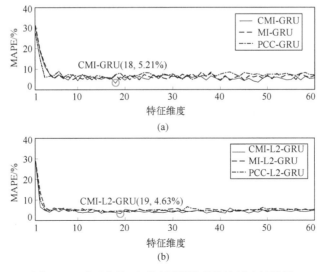

图 8-24　晴天条件下不同预测模型的特征选择结果

表 8-6　晴天条件下不同预测模型的特征选择结果对比

预测模型	MAPE/%	特征维度
CMI-GRU	5.21	18
MI-GRU	5.94	21
PCC-GRU	6.16	34
CMI-L2-GRU	4.63	19
MI-L2-GRU	5.28	26
PCC-L2-GRU	5.38	23

由图 8-24(a)和表 8-6 可得，GRU 结合 CMI 的组合模型具有最小的误差值，为 5.21%，其特征维度为 18。其中，CMI-GRU 的误差值较最优 MI-GRU 的误差值降低了 0.73 个百分点，较最优 PCC-GRU 模型降低了 0.95 个百分点。从特征维度上分析，应用 CMI 得到的最优特征集合中包含的特征数最少，较 MI 方法得到的最优特征子集维度减少 3，较 PCC 得到的最优特征子集维度减少 16。

图 8-24(b)和表 8-6 可得，L2-GRU 结合 CMI 的组合方法具有的最小的误差值，为 4.63%，其特征维度为 19。其中，最优 CMI-L2-GRU 模型的误差值较最优 MI-L2-GRU 的误差值降低了 0.65 个百分点，较最优 PCC-L2-GRU 模型降低了 0.75 个百分点。从特征维度上分析，应用 CMI 得到的最优特征子集中包含的特征数最少，较 MI 方法得到的最优特征子集维度减少 7；较 PCC 得到的最优特征子集维度减少 4。

图 8-25 和图 8-26 分别为阴天和雨天条件下 GRU 和 L2-GRU 结合 PCC、MI 和 CMI 开展特征选择的过程。可以看出，在 3 种特征重要度计算方法中，CMI 算法与 GRU 和 L2-GRU 预测模型配合，具有最小的预测误差。表 8-7 和表 8-8 分别表示了阴天和雨天条件下，不同组合预测模型特征选择的结果。从预测误差的角度分析，在特征选择的过程中，若采用相同的预测模型，经 CMI 算法计算后得到的最优特征子集体现出更高的预测精度。

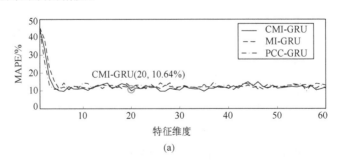

(a)

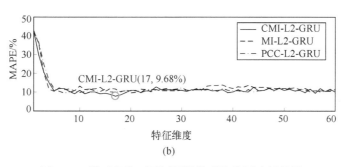

图 8-25　阴天条件下不同预测模型的特征选择结果

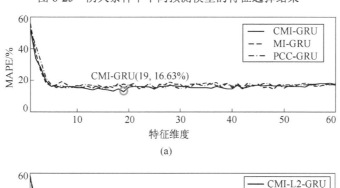

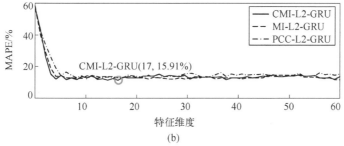

图 8-26　雨天条件下不同预测模型的特征选择结果

表 8-7　阴天条件下不同预测模型的特征选择结果对比

预测模型	MAPE/%	特征维度
CMI-GRU	10.64	20
MI-GRU	11.12	16
PCC-GRU	11.66	29
CMI-L2-GRU	9.68	17
MI-L2-GRU	11.05	20
PCC-L2-GRU	10.83	22

表 8-8 雨天条件下不同预测模型的特征选择结果对比

预测模型	MAPE/%	特征维度
CMI-GRU	16.63	19
MI-GRU	17.77	25
PCC-GRU	18.65	31
CMI-L2-GRU	15.91	17
MI-L2-GRU	16.74	23
PCC-L2-GRU	17.63	22

可见，CMI 算法能够在保证预测精度的同时有效降低最优特征子集中的信息冗余度，减小最优特征子集的维度，有利于最优预测模型构建和光伏电站出力预测精度的提升。

8.3.4 实例分析

在超短期光伏电站出力预测中采用经特征选择得到的最优特征子集作为 GRU 预测模型的输入。晴天、阴天和雨天条件下的最优特征子集参照最小误差对应的子集和特征重要度分析结果构建。将特征选择实验过程中未用到的数据作为验证集，用于开展超短期光伏电站出力预测实验。

为了对预测进行客观、全面的评价，除上文介绍的 MAPE 外，又引入了 RMSE、相对均方根误差（relative root mean square error，rRMSE）、MAE 和相对平均绝对误差（relative mean absolute error，rMAE）作为衡量预测模型精度的指标。其计算公式为

$$\text{RMSE} = \sqrt{\frac{1}{m}\sum_{i=1}^{m}\left(f_i - f_i'\right)^2} \tag{8-10}$$

$$\text{rRMSE} = \frac{\sqrt{\dfrac{1}{m}\sum_{i=1}^{m}\left(f_i - f_i'\right)^2}}{\dfrac{1}{m}\sum_{i=1}^{m}f_i} \times 100\% \tag{8-11}$$

$$\text{MAE} = \frac{1}{m}\sum_{i=1}^{m}\left|f_i - f_i'\right| \tag{8-12}$$

$$\text{rMAE} = \frac{\sum_{i=1}^{m}\left|f_i - f_i'\right|}{\sum_{i=1}^{m}f_i} \times 100\% \tag{8-13}$$

式中，f_i' 和 f_i 分别为对应的光伏电站出力预测值和光伏电站出力实际值；m 为光伏电站出力预测模型输出的数量。针对式（8-13）中可能出现 $\sum\limits_{i=1}^{m} f_i$ 取值为 0，从而导致 rMAE 接近无穷大的情况，剔除此组数据不予考虑。

由于光伏电站出力随不同天气类型呈现出不同的变化规律，因此，在开展光伏电站出力预测实验时分别测试了在晴天、阴天以及雨天条件下最优组合预测模型对光伏电站出力预测的精度。该最优组合预测模型（CMI-L2-GRU、CMI-GRU）均从上述特征选择实验中获得。其中，最优组合预测模型由最优预测模型及最优特征子集两部分构成。为了对比未经特征选择的预测模型和经特征选择后的预测模型的精度差异，将原始特征集合作为 GRU、L2-GRU 模型的输入，开展对比实验。

图 8-27 为晴天条件下光伏电站出力预测结果图。由图 8-27 可得在晴天条件下，4 种预测模型都具有良好的预测精度。原因在于晴朗天气下，光伏电站出力呈现出很强的规律性；在 4 种不同预测模型中，CMI-L2-GRU 的曲线拟合效果最佳，GRU 的拟合效果最差。

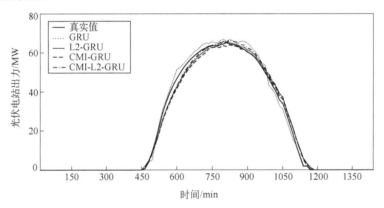

图 8-27　晴天条件下光伏电站出力预测结果

表 8-9 为晴天条件下光伏电站出力预测误差统计表。由表 8-9 可得，CMI-L2-GRU 的预测模型在 4 类预测模型中具有最高的预测精度。从 MAPE 可以看出，CMI-L2-GRU 较 CMI-GRU 降低 0.739 个百分点，较 L2-GRU 降低 0.195 个百分点，较 GRU 降低了 0.937 个百分点。从其他误差指标看，CMI-L2-GRU 具有更高的预测精度。而与 GRU 相比，经过特征选择后的 CMI-GRU 的精度更高。由此可见，最优特征子集对模型的预测精度具有重要影响。

表 8-9　晴天条件下光伏电站出力预测误差统计表

指标	预测模型			
	GRU	L2-GRU	CMI-GRU	CMI-L2-GRU
MAPE/%	6.713	5.971	6.515	5.776

指标	预测模型			
	GRU	L2-GRU	CMI-GRU	CMI-L2-GRU
RMSE/kW	4.903	4.362	4.415	3.563
rRMSE/%	5.641	5.018	5.475	4.854
MAE/kW	4.054	3.861	3.912	3.093
rMAE/%	7.865	7.490	7.589	6.027

图 8-28 为阴天条件下光伏电站出力预测结果图。从图中可以看出阴天条件下，4 种预测模型较晴天条件下的预测结果的误差普遍升高，特别是在波形波动剧烈的位置具有明显的预测误差。表 8-10 为阴天条件下光伏电站出力预测误差统计表。由表得，CMI-L2-GRU 较 L2-GRU 在 MAPE 指标上降低了 0.568 个百分点，较 CMI-GRU 降低 0.662 个百分点。从 rMAE 指标可以看出，CMI-L2-GRU 的误差值最小，CMI-GRU 较 L2-GRU 误差升高了 0.313 个百分点。综合表 8-10 的各项指标可以得到，CMI-L2-GRU 具有更高的预测精度。

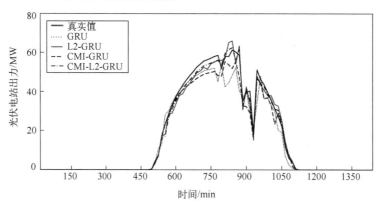

图 8-28　阴天条件下光伏电站出力预测结果

表 8-10　阴天条件下光伏电站出力预测误差统计表

指标	预测模型			
	GRU	L2-GRU	CMI-GRU	CMI-L2-GRU
MAPE/%	11.403	10.540	10.634	9.972
RMSE/kW	6.855	6.171	6.602	5.842
rRMSE/%	8.418	7.578	8.107	7.174
MAE/kW	5.251	4.835	5.003	4.785
rMAE/%	9.767	8.993	9.306	8.900

图 8-29 为雨天条件下光伏电站出力预测结果图。由图可以看出，雨天条件下所有模型的预测效果是最差的。雨天条件下光伏电站出力的预测值同样呈现出强不规律的抛物线形状，波动性较上述 2 种天气类型突出了其强随机波动性的特点，在对雨天光伏电站出力值进行预测时，预测误差大，曲线拟合效果较差。

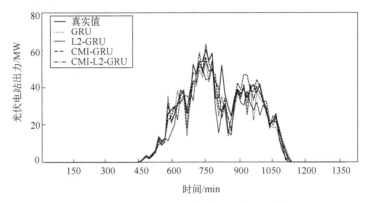

图 8-29　雨天条件下光伏电站出力预测结果

为了更加直观地比较不同预测模型在雨天条件下的预测性能，表 8-11 列出了雨天条件下 4 种预测模型的预测误差值。由表 8-11 可得，GRU、L2-GRU、CMI-GRU 和 CMI-L2-GRU 的 MAPE 值分别为 17.732%、16.362%、17.180% 和 16.086%，其数值均高于晴天、阴天条件下的光伏电站出力预测误差。但是，通过比较不同预测模型之间的误差可以看出，CMI-L2-GRU 较 L2-GRU 的 MAPE 值降低 0.276 个百分点。CMI-GRU 较 GRU 的 MAPE 值降低了 0.552 个百分点。由此可见，经特征选择后的最优特征子集能够有效提高预测模型的预测精度。

表 8-11　雨天条件下光伏电站出力预测误差统计表

指标	预测模型			
	GRU	L2-GRU	CMI-GRU	CMI-L2-GRU
MAPE/%	17.732	16.362	17.180	16.086
RMSE/kW	9.762	8.826	9.289	8.520
rRMSE/%	11.460	10.890	11.234	9.964
MAE/kW	8.273	7.207	8.014	6.425
rMAE/%	13.237	11.531	12.822	10.280

同时，从验证集中随机抽取春季、夏季、秋季和冬季连续一周的数据，比较分析分天气类型开展特征选择和不分天气类型开展特征选择情况下的光伏电站出力预测实验结果。实验结果如图 8-30～图 8-33 和表 8-12 所示。

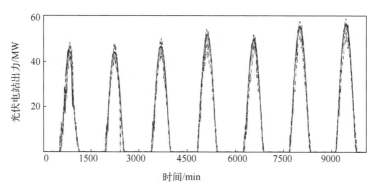

图 8-30　春季光伏电站出力预测结果

—— 真实值　－ － － CMI-L2-GRU(分天气类型)　－ － － CMI-GRU(分天气类型)
········· CMI-L2-GRU(不分天气类型)　－·－·CMI-GRU(不分天气类型)

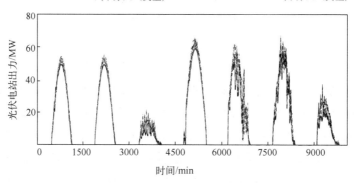

图 8-31　夏季光伏电站出力预测结果

—— 真实值　－ － － CMI-L2-GRU(分天气类型)　－ － － CMI-GRU(分天气类型)
········· CMI-L2-GRU(不分天气类型)　－·－·CMI-GRU(不分天气类型)

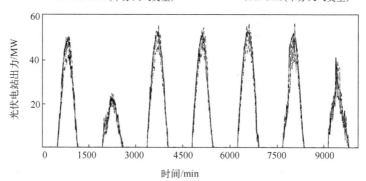

图 8-32　秋季光伏电站出力预测结果

—— 真实值　－ － － CMI-L2-GRU(分天气类型)　－ － － CMI-GRU(分天气类型)
········· CMI-L2-GRU(不分天气类型)　－·－·CMI-GRU(不分天气类型)

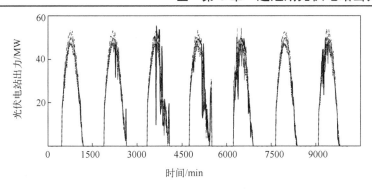

图 8-33   冬季光伏电站出力预测结果

—— 真实值 — — — CMI-L2-GRU(分天气类型) — — — CMI-GRU(分天气类型)
·········· CMI-L2-GRU(不分天气类型) — · — · CMI-GRU(不分天气类型)

表 8-12   光伏电站出力预测误差统计表

季节	预测模型		误差指标				
			MAPE/%	RMSE/kW	MAE/kW	rRMSE/%	rMAE/%
春季	分天气类型	CMI-L2-GRU	6.982	4.010	3.046	6.336	4.872
		CMI-GRU	7.627	5.047	4.206	7.974	6.725
	不分天气类型	CMI-L2-GRU	7.025	4.924	3.228	7.780	5.162
		CMI-GRU	7.961	5.224	4.635	8.254	7.411
夏季	分天气类型	CMI-L2-GRU	15.534	9.950	8.252	11.858	12.378
		CMI-GRU	16.162	12.056	10.290	14.371	15.435
	不分天气类型	CMI-L2-GRU	15.881	10.208	8.497	12.168	12.746
		CMI-GRU	16.304	12.367	10.336	14.741	15.504
秋季	分天气类型	CMI-L2-GRU	10.978	7.997	6.401	8.716	10.032
		CMI-GRU	12.537	9.841	7.393	10.727	11.607
	不分天气类型	CMI-L2-GRU	11.123	8.220	6.762	8.960	10.616
		CMI-GRU	12.820	10.144	7.713	11.057	12.109
冬季	分天气类型	CMI-L2-GRU	12.672	9.051	7.271	10.029	12.070
		CMI-GRU	13.628	11.249	8.506	12.464	14.120
	不分天气类型	CMI-L2-GRU	12.742	9.160	7.793	10.149	12.936
		CMI-GRU	13.992	11.386	8.946	12.616	14.850
平均	分天气类型	CMI-L2-GRU	11.542	7.752	6.243	9.235	9.838
		CMI-GRU	12.489	9.548	7.599	11.384	11.972
	不分天气类型	CMI-L2-GRU	11.693	8.128	6.570	9.764	10.365
		CMI-GRU	12.769	9.780	7.908	11.667	12.469

由实验结果可以得到，在预测模型相同的情况下，分天气类型特征选择得到的光伏电站出力预测的误差值较不分天气类型特征选择得到的预测误差值小。例如，当采用 CMI-L2-GRU 作为预测模型时，分天气类型特征选择的得到的 MAPE 比不分天气类型特征选择得到的 MAPE 平均值减小了 0.151 个百分点，rRMSE 减少了 0.529 个百分点，rMAE 减少了 0.527 个百分点。而在 CMI-GRU 作为预测模型时，分天气类型的特征选择得到的预测误差与不分天气类型得到的误差相比也明显减小。由此可见，分天气类型开展特征选择的建模方法具有更高的光伏电站出力预测精度。

8.4 本章小结

在光伏电站出力预测中，若加入过多的冗余信息将带来预测模型精度下降、预测模型复杂化等不利影响。因此，如何从原始特征集合中保留有效信息、过滤冗余信息对光伏电站出力预测精度的提升具有重要意义。

本章以降低特征子集冗余度、提高光伏电站出力预测精度为出发点开展研究，取得的成果如下。

（1）分析了影响光伏电站出力的各类气象因素。通过分析得到，太阳辐照强度和环境温度与光伏电站出力之间具有正相关关系，相对湿度和大气压强与光伏电站出力之间存在负相关关系，风速与光伏电站出力之间的相关性相对较弱；在不同天气类型条件下，光伏电站出力值与各类气象因素在晴天、阴天和雨天时的变化趋势和数值范围具有明显差异。

（2）构建了计及气象因素和历史光伏电站出力的原始特征集合，对不同天气类型下的光伏电站出力与气象特征之间的相关性和冗余性进行分析。通过实验得到，PCC 和 MI 分别从线性相关性和信息熵的角度对特征的重要度进行评价，并没有考虑到不同类型特征之间复杂的耦合关系和冗余性问题。而 CMI 能够从相关性和冗余性的角度出发，对特征的重要度进行综合评价。CMI 的这一特性为开展特征选择和构建低冗余度、高精度的最优特征子集奠定了基础。

（3）与 PCC 和 MI 相比，基于 CMI 特征选择得到的最优特征子集具有最低的特征维度和最高的预测精度，有效地实现了对特征集合中冗余信息的过滤和重要信息的提取。由于最优特征子集具有较低的维度，因此能够有效降低模型训练的难度，提高光伏电站出力预测的效率。

（4）通过开展超短期光伏电站出力预测实验，得到如下结论：双层 GRU 模型强化了对有效信息的挖掘能力，在预测精度上要明显高于单层 GRU 模型；与未经特征选择的 L2-GRU、GRU 预测方法相比，经特征选择后得到的 CMI-L2-GRU、CMI-GRU 预测方法具有更高的精度；分天气类型进行特征选择，能够分别得到不同天气类型下的最优特征子集，实现有针对性的特征提取，有利于提高不同天气类型下的光伏电站出力预测精度。

由于各种条件限制，虽然在光伏电站出力预测研究的问题上取得了一定成果，但还有很多需要进行更加深入研究的内容。例如，从信息挖掘的角度上看，可以考虑进一步采用分季节聚类、分季节特征选择的方式进一步提高最优特征子集信息的准确性；从原始特征集合构建的角度上看，可以尝试加入更多的内部影响因素来提高光伏电站出力预测的精度。

参 考 文 献

[1] 卢国波. 基于智能电表数据分析的精细化时-空负荷特性分析[D]. 吉林：东北电力大学，2017.

[2] 陈梦丹. 微电网短期负荷预测算法研究[D]. 武汉：华中科技大学，2019.

[3] 许飞. 基于机器学习的短期负荷预测[D]. 广州：华南理工大学，2020.

[4] 赵威. 基于大数据的短期负荷预测关键技术研究[D]. 济南：山东大学，2019.

[5] Quan H, Srinivasan D, Khosravi A. Short-term load and wind power forecasting using neural network-based prediction intervals[J]. IEEE Transactions on Neural Networks & Learning Systems, 2017, 25(2): 303-315.

[6] Kong W, Dong Z Y, Jia Y, et al. Short-term residential load forecasting based on LSTM recurrent neural network[J]. IEEE Transactions on Smart Grid, 2017, (99): 1.

[7] 王文锦，戚佳金，王文婷，等. 基于人工蜂群优化极限学习机的短期负荷预测[J]. 电测与仪表，2017, 54(11)：32-35, 48.

[8] 胡智强，黄南天，王文婷，等. 基于布谷鸟搜索优化支持向量机的短期负荷预测[J]. 水电能源科学，2016, 34(12)：209-212.

[9] 齐斌. 计及多源气象信息与评价指标冲突的概率短期负荷预测[D]. 吉林：东北电力大学，2019.

[10] Christiaanse W R. Short-term load forecasting using general exponential smoothing [J]. IEEE Transactions on Power Apparatus & Systems, 1971, 90(2): 900-911.

[11] Wang B, Tai N L, Zhai H Q, et al. A new ARMAX model based on evolutionary algorithm and particle swarm optimization for short-term load forecasting [J]. Electric Power Systems Research, 2008, 78(10): 1679-1685.

[12] A damowski J , Chan H F , Prasher S O , et al. Comparison of multiple linear and nonlinear regression, autoregressive integrated moving average, artificial neural network, and wavelet artificial neural network methods for urban water demand forecasting in Montreal, Canada[J]. Water Resources Research, 2012, 48(1): 273-279.

[13] Hannan E J . The Estimation of ARMA Processes[M]. New York:Springer, 1984.

[14] Wi Y M, Joo S K, Song K B. Holiday load forecasting using fuzzy polynomial regression with weather feature selection and adjustment[J]. IEEE Transactions on Power Systems, 2012, 27(2): 596-603.

[15] Wang J, Wang J, Li Y, et al. Techniques of applying wavelet de-noising into a combined model for short-term load forecasting [J]. International Journal of Electrical Power & Energy Systems, 2014, 62(11):816-824.

[16] Nie H, Liu G, Liu X, et al. Hybrid of ARIMA and SVMs for short-term load forecasting[J]. Energy Procedia, 2012, 16(5):1455-1460.

[17] Hinojosa V H, Hoese A. Short-term load forecasting using fuzzy inductive reasoning and evolutionary algorithms [J]. IEEE Transactions on Power Systems, 2010, 25(1):565-574.

[18] Mamlook R, Badran O, Abdulhadi E. A fuzzy inference model for short-term load forecasting [J]. Energy Policy, 2009, 37(37):1239-1248.

[19] Yu F, Xu X. A short-term load forecasting model of natural gas based on optimized genetic algorithm and improved BP neural network [J]. Applied Energy, 2014, 134(134):102-113.

[20] Hernández L, Baladrón C, Aguiar J M, et al. Artificial neural networks for short-term load forecasting in microgrids environment [J]. Energy, 2014, 75:252-264.

[21] Che J X, Wang J Z. Short-term load forecasting using a kernel-based support vector regression combination model [J]. Applied Energy, 2014, 132(11):602-609.

[22] Ceperic E, Ceperic V, Baric A. A strategy for short-term load forecasting by support vector regression machines [J]. IEEE Transactions on Power Systems, 2013, 28(28):4356-4364.

[23] Jurado S, Nebot À, Mugica F, et al. Hybrid methodologies for electricity load forecasting: Entropy-based feature selection with machine learning and soft computing techniques [J]. Energy, 2015, 86:276-291.

[24] Huang N, Lu G, Xu D. A permutation importance-based feature selection method for short-term electricity load forecasting using random forest [J]. Energies, 2016, 9(10):767.

[25] Wang J, Li L, Niu D, et al. An annual load forecasting model based on support vector regression with differential evolution algorithm [J]. Applied Energy, 2012, 94(6):65-70.

[26] Breiman L. Random forest [J]. Machine Learning, 2001, 45:5-32.

[27] 史佳琪, 张建华. 基于多模型融合 Stacking 集成学习方式的负荷预测方法[J]. 中国电机工程学报, 2019, 39(14): 4032-4042.

[28] Ghofrani M, Ghayekhloo M, Arabali A, et al. A hybrid short-term load forecasting with a new input selection framework [J]. Electric Power Systems Research, 2015, 81(119):777-786.

[29] Kouhi S, Keynia F. A new cascade NN based method to short-term load forecast in deregulated electricity market [J]. Energy Conversion & Management, 2013, 71(1):76-83.

[30] 肖白, 周潮, 穆钢. 空间电力负荷预测方法综述与展望[J]. 中国电机工程学报, 2013, 33(25): 78-92.

[31] Gu C, Yang D, Jirutitijaroen P, et al. Spatial load forecasting with communication failure using time-forward kriging[J]. IEEE Transactions on Power Systems, 2014, 29(6):2875-2882.

[32] Jetcheva J G, Majidpour M, Chen W P. Neural network model ensembles for building-level electricity load forecasts [J]. Energy & Buildings, 2014, 84:214-223.

[33] Horowitz S, Mauch B, Sowell F. Forecasting residential air conditioning loads [J]. Applied Energy, 2014, 132(11):47-55.

[34] Sandels C, Widén J, Nordström L. Forecasting household consumer electricity load profiles with a combined physical and behavioral approach [J]. Applied Energy, 2014, 131(9):267-278.

[35] Kouhi S, Keynia F, Ravadanegh S N. A new short-term load forecast method based on neuro-evolutionary algorithm and chaotic feature selection [J]. International Journal of Electrical Power & Energy Systems, 2014, 62(11):862-867.

[36] 张素香, 刘建明, 赵丙镇, 等. 基于云计算的居民用电行为分析模型研究[J]. 电网技术, 2013, 37(6): 1542-1546.

[37] D'Adamo C, Jupe S, Abbey C. Global survey on planning and operation of active distribution networks - update of CIGRE C6.11 working group activities[C]// International Conference and Exhibition on Electricity Distribution, Prague, 2009: 1-4.

[38] Jin N, Flach P, Wilcox T, et al. Subgroup discovery in smart electricity meter data [J]. IEEE Transactions on Industrial Informatics, 2014, 10(10):1327-1336.

[39] López G, Moreno J I, Amarís H, et al. Paving the road toward smart grids through large-scale advanced metering infrastructures[J]. Electric Power Systems Research, 2015, 120:194-205.

[40] 王德文, 孙志伟. 电力用户侧大数据分析与并行负荷预测[J]. 中国电机工程学报, 2015, 35(3): 527-537.

[41] Beckel C, Sadamori L, Staake T, et al. Revealing household characteristics from smart meter data[J]. Energy, 2014, 78:397-410.

[42] Mcloughlin F, Duffy A, Conlon M. A clustering approach to domestic electricity load profile characterisation using smart metering data [J]. Applied Energy, 2015, 141:190-199.

[43] Perez K X, Cole W J, Rhodes J D, et al. Nonintrusive disaggregation of residential air-conditioning loads from sub-hourly smart meter data [J]. Energy & Buildings, 2014, 81:316-325.

[44] Guo Z, Wang Z J, Kashani A. Home appliance load modeling from aggregated smart meter data [J]. IEEE Transactions on Power Systems, 2015, 30(1):254-262.

[45] Chang H H, Lin L S, Chen N, et al. Particle swarm optimization based non-intrusive demand monitoring and load identification in smart meters[C]// Industry Applications Society Meeting, Las Vegas, 2012:1-8.

[46] 刘科研, 盛万兴, 张东霞, 等. 智能配电网大数据应用需求和场景分析研究[J]. 中国电机工程学报, 2015, 35(2): 287-293.

[47] 赵希人，李大为，李国斌，等. 电力系统负荷预报误差的概率密度函数建模[J]. 自动化学报，1993，19(5)：562-568.

[48] Ranaweer A D K，Karady G G，Farmer R G. Effect of probabilistic inputs on neural network-based electric load forecasting[J]. IEEE Transactions on Neural Networks, 1996, 7(6):1528-1532.

[49] Taylor J W, Buizza R. Neural network load forecasting with weather ensemble predictions[J]. IEEE Transactions on Power Systems, 2002, 17(3): 626-632.

[50] Mori H, Ohmi M. Probabilistic short-term load forecasting with Gaussian processes[C]// International Conference on Intelligent Systems Application to Power Systems, Arlington, 2006:6.

[51] 杨文佳，康重庆，夏清，等. 基于预测误差分布特性统计分析的概率短期负荷预测[J]. 电力系统自动化，2006，(19)：47-52.

[52] 方仍存，周建中，张勇传，等. 短期负荷概率性预测的混沌时间序列方法[J]. 华中科技大学学报(自然科学版)，2009，37(5)：125-128.

[53] 周建中，张亚超，李清清，等. 基于动态自适应径向基函数网络的概率短期负荷预测[J]. 电网技术，2010，34(3)：37-41.

[54] 何耀耀，许启发，杨善林，等. 基于 RBF 神经网络分位数回归的电力负荷概率密度预测方法[J]. 中国电机工程学报，2013，33(1):93-98.

[55] 何耀耀，闻才喜，许启发，等. 考虑温度因素的中期电力负荷概率密度预测方法[J]. 电网技术，2015，39(1)：176-181.

[56] He Y, Liu R, Li H, et al. Short-term power load probability density forecasting method using kernel-based support vector quantile regression and Copula theory[J]. Applied Energy, 2017, 185:254-266.

[57] 宗文婷，卫志农，孙国强，等. 基于改进高斯过程回归模型的短期负荷区间预测[J]. 电力系统及其自动化学报，2017，29(8)：22-28.

[58] 黄南天，齐斌，刘座铭，等. 采用面积灰关联决策的高斯过程回归概率短期负荷预测[J]. 电力系统自动化，2018，42(23)：64-75.

[59] He Y, Xu Q, Wan J, et al. Short-term power load probability density forecasting based on quantile regression neural network and triangle kernel function[J]. Energy, 2016, 114: 498-512.

[60] 王成山，李鹏. 分布式发电、微网与智能配电网的发展与挑战[J]. 电力系统自动化，2010，34(2)：10-23.

[61] 张晓辉，董兴华. 含风电场多目标低碳电力系统动态经济调度研究[J]. 电网技术，2013，37(1)：24-31.

[62] Men Z X，Yee E，Lien F S，et al. Short-term wind speed and power forecasting using an ensemble of mixture density neural networks[J]. Renewable Energy，2016，87: 203-211.

[63] 张文秀，武新芳，陆豪乾. 风电功率预测技术综述与改进建议[J]. 电力与能源，2014，35(4)：436-441.

[64] 江岳春，张丙江，邢方方，等．基于混沌时间序列 GA-VNN 模型的超短期风功率多步预测[J]．电网技术，2015，39(8)：2160-2166．

[65] 叶林，任成，赵永宁，等．超短期风电功率预测误差数值特性分层分析方法[J]．中国电机工程学报，2016，36(3)：692-700．

[66] 刘仍祥．相关性指标及其置信区间在季风风速预测中的应用[D]．天津：天津大学，2018．

[67] Rana M，Koprinska I，Agelidis V G. Univariate and multivariate methods for very short-term solar photovoltaic power forecasting[J]. Energy Conversion & Management，2016，121(1)：380-390.

[68] 刘伟，彭冬，卜广全，等．光伏发电接入智能配电网后的系统问题综述[J]．电网技术，2009，33(9)：1-6．

[69] Leone R D，Pietrini M，Giovannelli A. Photovoltaic energy production forecast using support vector regression[J]. Neural Computing & Applications，2015，26(8)：1955-1962.

[70] Lu Y，Chang R，Lim S. Crowdfunding for solar photovoltaics development：A review and forecast[J]. Renewable & Sustainable Energy Reviews，2018，93(3)：439-450.

[71] Takeda H. Short-term ensemble forecast for purchased photovoltaic generation[J]. Solar Energy，2017，149(2)：176-187.

[72] Wan C，Jian Z，Song Y，et al. Photovoltaic and solar power forecasting for smart grid energy management[J]. CSEE Journal of Power & Energy Systems，2016，1(4)：38-46.

[73] Huang N，Li R，Lin L，et al. Low redundancy feature selection of short term solar irradiance prediction using conditional mutual information and Gauss process regression[J]. Sustainability, 2018, 10(8):2889.

[74] Bracale A，Carpinelli G，Falco P D. A probabilistic competitive ensemble method for short-term photovoltaic power forecasting[J]. IEEE Transactions on Sustainable Energy，2017，8(2)：551-560.

[75] Yue Z，Beaudin M，Taheri R，et al. Day-ahead power output forecasting for small-scale solar photovoltaic electricity generators[J]. IEEE Transactions on Smart Grid，2015，6(5)：2253-2262.

[76] 董雷，周文萍，张沛，等．基于动态贝叶斯网络的光伏发电短期概率预测[J]．中国电机工程学报，2013，33(1)：38-45．

[77] 程启明，张强，程尹曼，等．基于密度峰值层次聚类的短期光伏功率预测模型[J]．高电压技术，2017,(4)：164-172．

[78] Bizzarri F，Bongiorno M，Brambilla A，et al. Model of photovoltaic power plants for performance analysis and production forecast[J]. IEEE Transactions on Sustainable Energy，2013，4(2)：278-285.

[79] Mellit A，Pavan A M，Lughi V. Short-term forecasting of power production in a large-scale photovoltaic plant[J]. Solar Energy，2014，105(2)：401-413.

[80] Nijhuis M，Rawn B，Gibescu M. Prediction of power fluctuation classes for photovoltaic installations and potential benefits of dynamic reserve allocation[J]. IET Renewable Power Generation，2014，8(3)：314-323.

[81] 王蓓蓓，唐楠，赵盛楠，等. 需求响应参与风电消纳的随机&可调节鲁棒混合日前调度模型[J]. 中国电机工程学报，2017，37(21)：6339-6346.

[82] 叶一达，魏林君，乔颖，等. 非参数条件概率预测提高风电消纳的优化方法[J]. 电网技术，2017，(5)：94-101.

[83] Huang N, Xing E, Cai G, et al. Short-term wind speed forecasting based on low redundancy feature selection[J]. Energies, 2018, 11(7):1-19.

[84] Huang N, Wu Y, Cai G, et al. Short-term wind speed forecast with low loss of information based on feature generation of OSVD[J]. IEEE Access, 2019, (7):81027-81049.

[85] Huang N, Wu Y, Lu G, et al. Combined probability prediction of wind power considering the conflict of evaluation indicators[J]. IEEE Access, 2019, (7):174709-174724.

[86] 邢恩恺. 基于改进 VMD 预处理与双向 LSTM 的风功率预测研究[D]. 吉林：东北电力大学，2019.

[87] 彭小圣，熊磊，文劲宇，等. 风电集群短期及超短期功率预测精度改进方法综述[J]. 中国电机工程学报，2016，36(23):6315-6326,6596.

[88] 姜漫利. 基于大数据分析的风电机组运行状态建模与监测[D]. 北京：华北电力大学，2017.

[89] 李瑞生，周逢权，李燕斌. 地面光伏发电系统及应用[M]. 北京：中国电力出版社，2011.

[90] 王坤. 考虑多重不确定性因素的光伏出力预测研究[D]. 北京：华北电力大学，2013.

[91] 苗楠. 风速风功率短期预测研究[D]. 济南：山东大学，2014.

[92] 冬雷，廖晓钟，王丽婕. 大型风电场发电功率建模与预测[M]. 北京：科学出版社，2014.

[93] Hansen A D , Sorensen P , Janosi L , et al. Wind farm modelling for power quality[C]// Conference of the IEEE Industrial Electronics Society, Seville, 2002.

[94] Barthelmie R J, Murray F, Pryor S C. The economic benefit of short-term forecasting for wind energy in the UK electricity market[J]. Energy Policy, 2008, 36(5):1687-1696.

[95] Xie K, Billinton R. Energy and reliability benefits of wind energy conversion systems[J]. Renewable Energy, 2011, 36(7):1983-1988.

[96] 李辉. 风电场风速和输出功率的多尺度预测研究[D]. 兰州：兰州理工大学，2010.

[97] Hu Q H，Zhang R J，Zhou Y C. Transfer learning for short-term wind speed prediction with deep neural networks[J]. Renewable Energy，2016，85(14)：83-95.

[98] Lee D，Baldick R. Short-term wind power ensemble prediction based on gaussian processes and neural networks[J]. IEEE Transactions on Smart Grid，2014，5(1)：501-510.

[99] Erdem E , Shi J . ARMA based approaches for forecasting the tuple of wind speed and direction[J]. Applied Energy, 2011, 88(4):1405-1414.

[100] Poncela M , Poncela P , Perán J R. Automatic tuning of Kalman filters by maximum likelihood methods for wind energy forecasting[J]. Applied Energy, 2013, 108:349-362.

[101] Venayagamoorthy G K, Rohrig K, Erlich I. One step ahead: Short-term wind power forecasting and intelligent predictive control based on data analytics[J]. IEEE Power & Energy Magazine, 2012, 10(5):70-78.

[102] Yao Z, Wang J, Wang X. Review on probabilistic forecasting of wind power generation[J]. Renewable and Sustainable Energy Reviews, 2014,32:255-270.

[103] Jung J , Broadwater R P . Current status and future advances for wind speed and power forecasting[J]. Renewable and Sustainable Energy Reviews, 2014, 31(2):762-777.

[104] Hu Q, Zhang S, Man Y, et al. Short-term wind speed or power forecasting with heteroscedastic support vector regression[J]. IEEE Transactions on Sustainable Energy, 2017, 7(1):241-249.

[105] 徐曼，乔颖，鲁宗相．短期风电功率预测误差综合评价方法[J]．电力系统自动化，2011，35(12):20-26.

[106] 师洪涛，杨静玲，丁茂生，等．基于小波-BP 神经网络的短期风电功率预测方法[J]．电力系统自动化，2011，35(16)：44-48．

[107] Peng X, Zheng W, Dan Z, et al. A novel probabilistic wind speed forecasting based on combination of the adaptive ensemble of on-line sequential ORELM (outlier robust extreme learning machine) and TVMCF (time-varying mixture copula function)[J]. Energy Conversion & Management, 2017, 138:587-602.

[108] Niu M , Wang Y , Sun S , et al. A novel hybrid decomposition-and-ensemble model based on CEEMD and GWO for short-term PM2.5 concentration forecasting[J]. Atmospheric Environment, 2016, 134:168-180.

[109] Niu M , Hu Y , Sun S , et al. A novel hybrid decomposition-ensemble model based on VMD and HGWO for container throughput forecasting[J]. Applied Mathematical Modelling, 2018,57(1): 163-178.

[110] Deng W , Zheng Q , Chen L . Regularized extreme learning machine[C]//Computational Intelligence and Data Mining，Nashville, 2009：389-395．

[111] Torres M E, Colominas M A, Schlotthauer G, et al. A complete ensemble empirical mode decomposition with adaptive noise[C]// Proceedings of the IEEE International Conference on Acoustics, Speech, and Signal Processing, Prague, 2011.

[112] Dragomiretskiy K , Zosso D . Variational mode decomposition[J]. IEEE Transactions on Signal Processing, 2014, 62(3): 531-544.

[113] 田丽，凤志民，刘世林．基于 CEEMD-PSR-FOA-LSSVM 的短期风电功率预测[J]．可再生能源，2016，34(11)：1632-1638．

[114] Lahmiri S．Intraday stock price forecasting based on variational mode decomposition[J]．Journal of Computational Science，2016，12：23-27．

[115] Sun G Q，Chen T，Wei Z N，et al．A carbon price forecasting model based on variational mode decomposition and spiking neural networks[J]．Energies，2016，9(1)：54-59．

[116] Wang Y X，Markert R．Filter bank property of variational mode decomposition and its applications[J]．Signal Processing，2016，120(10)：509-521．

[117] Zhang Y C，Liu K P，Qin L，et al．Deterministic and probabilistic interval prediction for short-term wind power generation based on variational mode decomposition and machine learning methods[J]．Energy Conversion and Management，2016，112：208-219．

[118] Lecun Y，Bengio Y，Hinton G．Deep learning [J]．Nature, 2015, 521(7553):436．

[119] Bottou L，Chapelle O，Decoste D，et al. Scaling Learning Algorithms toward AI[M]. Cambridge: MIT Press, 2007．

[120] Greff K，Srivastava R K，Koutník J，et al. LSTM: A search space odyssey[J]. IEEE Transactions on Neural Networks & Learning Systems, 2015, 28(10):2222-2232．

[121] Huang Z，Xu W，Yu K．Bidirectional LSTM-CRF models for sequence tagging[J]. arXiv preprint arXiv:1508.01991, 2015．

[122] Goodfellow I, Bengio Y, Courville A. Deep Learning[M]. Cambridge: MIT press, 2016．

[123] Kandola E J，Hofmann T，Poggio T，et al. A neural probabilistic language model[J]. Studies in Fuzziness and Soft Computing, 2006, 194:137-186．

[124] Lee H Y，Tseng B H，Wen T H，et al. Personalizing recurrent-neural-network-based language model by social network[J]. IEEE/ACM Transactions on Audio, Speech, and Language Processing, 2017, 25(3):519-530．

[125] 牛哲文，余泽远，李波，等．基于深度门控循环单元神经网络的短期风功率预测模型[J]．电力自动化设备，2018，38(5)：36-42．

[126] Lipton Z C，Berkowitz J，Elkan C．A critical review of recurrent neural networks for sequence learning[J]. 10.48550/arXiv.1506.00019, 2015．

[127] Shu F, Liao J R, Yokoyama R, et al. Forecasting the wind generation using a two-stage network based on meteorological information[J]. IEEE Transactions on Energy Conversion, 2009, 24(2):474-482．

[128] 董广涛，穆海振，周伟东，等. 基于气象数值模式的风电功率预测系统[J]. 太阳能学报，2012，33(5)：776-781．

[129] Haque A V, Mandal P, Meng J, et al. A novel hybrid approach based on wavelet transform and fuzzy ARTMAP network for predicting wind farm power production[C]// Industry Applications Society Meeting, Las Vegas, 2012．

[130]何东，刘瑞叶. 基于主成分分析的神经网络动态集成风功率超短期预测[J]. 电力系统保护与控制，2013，41(4)：50-54.

[131]Dash H L M. Feature selection for classification[J]. Intelligent Data Analysis, 1997, 1(3): 131-156.

[132]姚旭，王晓丹，张玉玺，等.特征选择方法综述[J].控制与决策，2012，27(2)：161-166.

[133]韩敏，刘晓欣. 基于互信息的分步式输入变量选择多元序列预测研究[J]. 自动化学报，2012，38(6)：999-1006.

[134]李扬，顾雪平. 基于改进最大相关最小冗余判据的暂态稳定评估特征选择[J]. 中国电机工程学报，2013，(34)：179-186.

[135]Li S，Wang P，Goel L . A novel wavelet-based ensemble method for short-term load forecasting with hybrid neural networks and feature selection[J]. IEEE Transactions on Power Systems, 2015, 31(3):1-11.

[136]方江晓，周晖，黄梅，等.基于统计聚类分析的短期风电功率预测[J].电力系统保护与控制，2011，39(11)：67-73.

[137]王飞，米增强，杨奇逊，等. 基于神经网络与关联数据的光伏电站发电功率预测方法[J]. 太阳能学报，2012，33(7)：1171-1177.

[138]刘念，张清鑫，李小芳. 基于核函数极限学习机的分布式光伏短期功率预测[J]. 农业工程学报，2014，30(4)：152-159.

[139]Zhang X，Li Y，Lu S，et al. A solar time based analog ensemble method for regional solar power forecasting[J]. IEEE Transactions on Sustainable Energy，2018，10(1)：268-279.

[140]李芬，李春阳，糜强，等. 基于 GRA-BPNN 时变权重的光伏短期出力组合预测[J]. 可再生能源，2018，36(11)：1605-1611.

[141]宋小会，郭志忠，郭华平，等. 一种基于森林模型的光伏发电功率预测方法研究[J]. 电力系统保护与控制，2015,(2)：13-18.

[142]Gandoman F H，Aleem S H E A，Omar N，et al. Short-term solar power forecasting considering cloud coverage and ambient temperature variation effects[J]. Renewable Energy，2018，123(8)：793-805.

[143]Ogliari E，Dolara A，Manzolini G，et al. Physical and hybrid methods comparison for the day ahead PV output power forecast[J]. Renewable Energy，2017，113(2)：11-21.

[144]程泽，刘冲，刘力. 基于相似时刻的光伏出力概率分布估计方法[J]. 电网技术，2017,(2)：117-124.

[145]Jie S，Lee W J，Liu Y，et al. Forecasting power output of photovoltaic systems based on weather classification and support vector machines[J]. IEEE Transactions on Industry Applications，2015，48(3)：1064-1069.

[146]陈通，孙国强，卫志农，等. 基于 Spiking 神经网络的光伏系统发电功率预测[J]. 电力系统及其自动化学报，2017，29(6)：7-12.

[147]Malvoni M，de Giorgi M G，Congedo P M . Photovoltaic forecast based on hybrid PCA-LSSVM using dimensionality reducted data[J]. Neurocomputing，2016，211(4)：72-83.

[148]程泽，李思宇，韩丽洁，等. 基于数据挖掘的光伏阵列发电预测方法研究[J]. 太阳能学报，2017，38(3)：726-733.

[149]赵唯嘉，张宁，康重庆，等. 光伏发电出力的条件预测误差概率分布估计方法[J]. 电力系统自动化，2015,(16)：8-15.

[150]李育强，晁勤，索南加乐. 基于线性回归算法光伏电站短期功率预报模型研究[J]. 可再生能源，2013，31(1)：25-28.

[151]杨德全. 基于神经网络的光伏发电系统发电功率预测[D]. 北京：华北电力大学，2014.

[152]Durrani S P，Balluff S，Wurzer L，et al. Photovoltaic yield prediction using an irradiance forecast model based on multiple neural networks[J]. Journal of Modern Power Systems & Clean Energy，2018，6(2)：255-267.

[153]Li Y，Su Y，Shu L. An ARMAX model for forecasting the power output of a grid connected photovoltaic system[J]. Renewable Energy，2014，66(6)：78-89.

[154]丁明，徐宁舟. 基于马尔可夫链的光伏发电系统输出功率短期预测方法[J]. 电网技术，2011,(1)：152-157.

[155]丁明，鲍玉莹，毕锐. 应用改进马尔科夫链的光伏出力时间序列模拟[J]. 电网技术，2016，40(2)：459-464.

[156]高阳，张碧玲，毛京丽，等. 基于机器学习的自适应光伏超短期出力预测模型[J]. 电网技术，2015，39(2)：307-311.

[157]王昕，黄柯，郑益慧，等. 基于 PNN/PCA/SS-SVR 的光伏发电功率短期预测方法[J]. 电力系统自动化，2016，40(17)：156-162.

[158]王育飞，付玉超，孙路，等. 基于混沌-RBF 神经网络的光伏发电功率超短期预测模型[J]. 电网技术，2018，42(4)：1110-1116.

[159]王新普，周想凌，邢杰，等. 一种基于改进灰色 BP 神经网络组合的光伏出力预测方法[J]. 电力系统保护与控制，2016，44(18)：81-87.

[160]Cervone G，Clemente-Harding L，Alessandrini S，et al. Short-term photovoltaic power forecasting using artificial neural networks and an analog ensemble[J]. Renewable Energy，2017，108(3)：274-286.

[161]Ehsan R M，Simon S P，Venkateswaran P R. Day-ahead forecasting of solar photovoltaic output power using multilayer perceptron[J]. Neural Computing & Applications，2016，28(12)：1-12.

[162]Brano V L，Ciulla G，Falco M D. Artificial neural networks to predict the power output of a PV panel[J]. International Journal of Photoenergy，2014，14(1)：784-793.

[163] 黎静华，黄乾，韦善阳，等. 基于 S-BGD 和梯度累积策略的改进深度学习方法及其在光伏出力预测中的应用[J]. 电网技术，2017,(10)：209-217.

[164] Zang H，Cheng L，Ding T，et al. Hybrid method for short-term photovoltaic power forecasting based on deep convolutional neural network[J]. IET Generation, Transmission & Distribution，2018，12(20)：4557-4567.

[165] Abdel-Nasser M，Mahmoud K. Accurate photovoltaic power forecasting models using deep LSTM-RNN[J]. Neural Computing & Applications，2017,(10)：1-14.